高等职业院校精品教材系列

平板显示技术

谢 莉 主 编
陈 刚 副主编
王钧铭 主 审

电子工业出版社
Publishing House of Electronics Industry
北京·BEIJING

内 容 简 介

　　平板显示技术作为新型产业技术，近年来取得了飞速发展。本书根据教育部最新的职业教育教学改革要求，结合国家职业院校骨干专业课程建设成果及行业企业职业岗位技能需求编写而成，主要介绍主流显示器件，如液晶显示器（LCD）、等离子体显示器（PDP）、发光二极管显示器（LED），以及具有发展前景的有机发光二极管显示器（OLED）和场发射显示器（FED），如场离子显示（FID）和真空荧光显示（VFD）等，内容丰富全面，讲解侧重于器件的结构、工作原理、主要工艺及驱动原理等。

　　本书既可作为高等职业院校电子信息类、通信类、自动化类、机电类等专业的教材，也可作为开放大学、成人教育、自学考试、中职学校和培训班的教材，以及显示器领域技术人员的参考书。

　　本书配有电子教学课件、习题参考答案及精品课网站等，详见前言。

未经许可，不得以任何方式复制或抄袭本书之部分或全部内容。
版权所有，侵权必究。

图书在版编目（CIP）数据

平板显示技术/谢莉主编. —北京：电子工业出版社，2015.2
全国高等职业院校规划教材. 精品与示范系列
ISBN 978-7-121-25334-8

Ⅰ.①平… Ⅱ.①谢… Ⅲ.①平板显示器件－高等职业教育－教材 Ⅳ.①TN873

中国版本图书馆 CIP 数据核字（2014）第 310179 号

策划编辑：陈健德（E-mail：chenjd@phei.com.cn）
责任编辑：谭丽莎
印　　刷：北京七彩京通数码快印有限公司
装　　订：北京七彩京通数码快印有限公司
出版发行：电子工业出版社
　　　　　北京市海淀区万寿路 173 信箱　邮编 100036
开　　本：787×1 092　1/16　印张：12.5　字数：320 千字
版　　次：2015 年 2 月第 1 版
印　　次：2022 年 1 月第 5 次印刷
定　　价：42.00 元

　　凡所购买电子工业出版社图书有缺损问题，请向购买书店调换。若书店售缺，请与本社发行部联系，联系及邮购电话：(010) 88254888，88258888。
　　质量投诉请发邮件至 zlts@phei.com.cn，盗版侵权举报请发邮件至 dbqq@phei.com.cn。
　　本书咨询联系方式：chenjd@phei.com.cn。

前言

人们天生喜爱图像，通过作为人机界面的显示器，人们可以获得大量的图文信息，还可以借助显示器进行各种交流，进而通过交流参与许多社会活动，享受生活乐趣。在信息社会飞速发展的今天，显示器行业充满活力，并已成为世界电子信息工业的一大支柱产业。

在众多的显示器中，液晶显示器一枝独秀地立于平板显示领域，并将在相当长一段时间内处于平板显示器的霸主地位，但其他显示器件也不甘落后，如发光二极管显示器（LED）以其独特的优势，在大屏幕显示中占据优势，而有机发光二极管显示器（OLED）也在加紧研制过程中，经过近二三十年的发展，显示器件作为信息产业的重要组成，正加速推进平板化进程。21世纪的电子显示的舞台将是平面显示技术的春天。随着平面显示技术的飞速发展，行业企业需要大量的专业技能人才，因此高等职业院校开设了相应的专业课程。

本书根据教育部最新的职业教育教学改革要求，结合国家职业院校骨干专业课程建设成果及行业企业职业岗位技能需求编写而成。全书分为7章，第1章介绍显示技术和显示光学技术的基础知识，为后续章节的学习打好基础，第2章到第7章分别介绍液晶显示器、等离子体显示器、有机发光二极管显示、发光二极管显示、场发射显示器、场离子显示器和真空荧光显示技术。

本书由南京信息职业技术学院谢莉副教授主编，王钧铭教授主审。其中第1章由南京信息职业技术学院陈刚编写，第2～4章、第6～7章由南京信息职业技术学院谢莉编写，第5章由常州裕成光电有限公司葛海涛编写。本书在编写过程中得到了清华大学高鸿锦教授、南京平板显示协会薛文进会长的大力支持，同时也得到了南京中电熊猫液晶显示科技有限公司的帮助，在此一并表示感谢。

受编者的学识和水平所限，书中难免有不少错误和疏漏，恳请读者批评指正。

为方便教学，本书配有免费的电子教学课件、习题参考答案，请有需要的教师登录华信教育资源网（http://www.hxedu.com.cn）免费注册后进行下载，如有问题请在网站留言或与电子工业出版社联系（E-mail:hxedu@phei.com.cn）。

编 者

目 录

第 1 章 显示技术与显示光学基础 (1)
- 1.1 平板显示器件的种类与主要参数 (1)
  - 1.1.1 显示器件的发展历史 (1)
  - 1.1.2 显示器件的种类及特点 (3)
  - 1.1.3 显示器件的主要参数 (6)
  - 1.1.4 主要显示器的用途与市场比较 (9)
- 1.2 显示光学基础 (11)
  - 1.2.1 视觉光学基础 (11)
  - 1.2.2 光度学基础 (15)
  - 1.2.3 色度学基础 (21)
  - 1.2.4 显示器发光基础 (29)
- 思考与练习题 1 (31)

第 2 章 液晶显示器 (32)
- 2.1 液晶的基本概念 (32)
  - 2.1.1 液晶发展简史 (32)
  - 2.1.2 液晶的分类 (33)
- 2.2 液晶用于显示的性能 (37)
  - 2.2.1 液晶的物理特性及其测定方法 (37)
  - 2.2.2 液晶的光学性质 (47)
- 2.3 LCD 的电气光学效应及其分子排列 (49)
  - 2.3.1 液晶的电气光学效应及各种显示方式 (49)
  - 2.3.2 液晶显示器的基本结构 (50)
  - 2.3.3 液晶分子的排列及实现方法 (50)
- 2.4 各种类型的液晶显示器 (52)
  - 2.4.1 扭曲向列型（TN-LCD） (52)
  - 2.4.2 超扭曲向列型（STN-LCD） (54)
  - 2.4.3 铁电型（FLC） (56)
  - 2.4.4 反铁电型（AFLC） (60)
  - 2.4.5 宾—主型（GH-LCD） (62)
  - 2.4.6 电控双折射型 (63)
  - 2.4.7 高分子分散型 (66)
  - 2.4.8 彩色 LCD 的各种显示方式 (68)

· V ·

- 2.5 LCD 的驱动方式 (71)
  - 2.5.1 普通点阵液晶显示器件的静态驱动技术 (73)
  - 2.5.2 普通点阵液晶显示器件的动态驱动技术 (74)
  - 2.5.3 灰度显示法 (78)
- 2.6 有源矩阵液晶显示器件（AM-LCD） (79)
  - 2.6.1 二端有源器件 (80)
  - 2.6.2 三端有源器件 (81)
- 2.7 LCD 的宽视角技术 (83)
- 思考与练习题 2 (91)

第3章 等离子体显示器 (92)

- 3.1 PDP 的分类与特点 (92)
  - 3.1.1 PDP 的定义与分类 (92)
  - 3.1.2 PDP 的发展史 (93)
  - 3.1.3 PDP 的特点 (97)
- 3.2 气体放电的物理基础 (98)
  - 3.2.1 气体放电的伏安特性 (98)
  - 3.2.2 辉光放电的发光空间分布 (99)
  - 3.2.3 帕邢定律及影响着火电压的因素 (101)
- 3.3 彩色 AC-PDP (102)
  - 3.3.1 PDP 的结构 (102)
  - 3.3.2 PDP 的放电气体和三基色荧光粉 (103)
  - 3.3.3 PDP 发光机理 (105)
  - 3.3.4 PDP 的壁电荷和存储特性 (107)
  - 3.3.5 PDP 的工作原理 (108)
  - 3.3.6 壁电荷的擦除方式 (109)
  - 3.3.7 PDP 的寿命 (110)
- 3.4 PDP 的驱动和多灰度级实现方法 (111)
  - 3.4.1 PDP 的 ADS 驱动原理 (111)
  - 3.4.2 多灰度级的实现方法 (113)
- 3.5 彩色 AC-PDP 的制造材料和工艺 (114)
  - 3.5.1 彩色 AC-PDP 的主要部件及其制作材料 (115)
  - 3.5.2 丝网印刷技术和光刻技术 (117)
  - 3.5.3 前基板的关键制造工艺 (119)
  - 3.5.4 后基板的关键制造工艺 (121)
  - 3.5.5 总装工艺 (124)
- 3.6 PDP 的应用及展望 (125)
  - 3.6.1 PDP 面临的挑战 (125)
  - 3.6.2 PDP 的应用领域 (126)

3.6.3　展望 ··(127)
　思考与练习题 3 ··(127)

第 4 章　有机发光二极管显示 ···(128)
4.1　有机发光二极管的显示原理与分类 ··(128)
　　4.1.1　有机发光二极管的发展 ···(128)
　　4.1.2　有机发光二极管的显示原理 ···(130)
　　4.1.3　有机发光二极管的分类 ···(132)
4.2　有机发光二极管制备工艺 ··(132)
　　4.2.1　基片清洗 ···(133)
　　4.2.2　表面预处理 ···(134)
　　4.2.3　阴极隔离柱技术 ···(136)
　　4.2.4　有机薄膜或金属电极的制备 ···(136)
　　4.2.5　彩色化技术 ···(137)
　　4.2.6　OLED 器件封装技术 ··(138)
　　4.2.7　OLED 器件的寿命和稳定性 ···(139)
4.3　有机发光二极管显示驱动技术 ··(141)
　　4.3.1　静态驱动器原理 ···(141)
　　4.3.2　动态驱动器原理 ···(143)
　　4.3.3　带灰度控制的显示 ··(145)
　思考与练习题 4 ··(146)

第 5 章　发光二极管显示 ···(147)
5.1　发光二极管的概念及半导体基础 ···(147)
　　5.1.1　发光二极管的概念 ··(147)
　　5.1.2　能带 ···(148)
　　5.1.3　p-n 结 ···(151)
　　5.1.4　复合理论 ···(154)
5.2　p-n 结注入发光 ···(156)
　　5.2.1　同质 p-n 结 ···(156)
　　5.2.2　异质结 ··(157)
5.3　发光二极管的发光效率与提高方法 ··(158)
　　5.3.1　发光效率 ···(158)
　　5.3.2　如何提高 LED 的发光效率 ···(158)
5.4　发光二极管的主要制造工艺 ···(160)
　　5.4.1　单晶制作技术 ··(160)
　　5.4.2　外延生长技术 ··(161)
　　5.4.3　扩散技术 ···(164)
5.5　发光二极管的材料 ··(164)
　　5.5.1　二元合金 ···(164)

5.5.2 三元合金 …………………………………… (165)
　　　5.5.3 四元合金 …………………………………… (166)
　　　5.5.4 蓝色 LED 材料 ……………………………… (166)
　思考与练习题 5 ………………………………………… (167)

第 6 章 场发射显示器和场离子显示器 …………………… (168)
　6.1 场发射显示器的显示原理与关键工艺 ………………… (168)
　　　6.1.1 FED 显示原理 ………………………………… (168)
　　　6.1.2 场致发射电流的不稳定性和不均匀性 ………… (169)
　　　6.1.3 FED 平板显示器的构成 ……………………… (170)
　　　6.1.4 FED 关键工艺技术材料 ……………………… (171)
　6.2 场离子显示器的工作原理与优点 ……………………… (174)
　　　6.2.1 场离子发射原理 ……………………………… (174)
　　　6.2.2 FID 的结构和工作原理 ……………………… (177)
　　　6.2.3 FID 的优点及发展前景 ……………………… (178)
　思考与练习题 6 ………………………………………… (179)

第 7 章 真空荧光显示（VFD） …………………………… (180)
　7.1 VFD 的结构与工作原理 ………………………………… (181)
　　　7.1.1 VFD 的结构 …………………………………… (181)
　　　7.1.2 工作原理 ……………………………………… (182)
　7.2 VFD 的电学和光学特性 ………………………………… (182)
　　　7.2.1 电压电流二极管特性 ………………………… (182)
　　　7.2.2 电气及光学特性 ……………………………… (183)
　　　7.2.3 截止特性 ……………………………………… (183)
　7.3 VFD 的构成材料 ………………………………………… (183)
　　　7.3.1 玻璃 …………………………………………… (184)
　　　7.3.2 阴极材料 ……………………………………… (184)
　　　7.3.3 金属材料 ……………………………………… (184)
　　　7.3.4 厚膜材料 ……………………………………… (184)
　　　7.3.5 荧光粉 ………………………………………… (184)
　7.4 VFD 的驱动 ……………………………………………… (186)
　　　7.4.1 静态驱动 ……………………………………… (186)
　　　7.4.2 动态驱动 ……………………………………… (186)
　　　7.4.3 矩阵驱动 ……………………………………… (187)
　7.5 VFD 的制造工艺 ………………………………………… (188)
　7.6 VFD 的基本设计 ………………………………………… (189)
　思考与练习题 7 ………………………………………… (190)

第1章 显示技术与显示光学基础

1.1 平板显示器件的种类与主要参数

1.1.1 显示器件的发展历史

研究表明,在人的各种感觉器官从外界获得的信息中,视觉信息占60%,听觉信息占20%,触觉信息占15%,味觉信息占3%,嗅觉信息占2%,近2/3的信息是通过眼睛获得的,由此也就促进人们对显示技术的研究开发,从而使得图像显示成为显示中最重要的方式。

1897年,德国的K. F.布劳恩发明了阴极射线管,用于在测量仪器上显示快速变化的电信号。第二次世界大战期间,它又被用来显示雷达信号。战后,电视技术的发展成为显示技术发展的重要基础。20世纪50年代初期,电子束管开始用于计算机的输出显示。50年代初期制成了电致发光显示器件,用于探索交、直流粉末型和交、直流薄膜等显示技术,并逐步提高了亮度和发光效率。20世纪60年代制成了液晶显示器件。这一时期还出现了等离子体显示和发光二极管显示,并对电致变色显示和电泳显示等进行了研究。激光器出现以后,激光在显示上的应用受到重视,产生了全息显示。为了军事指挥中心的需要,人们研制出了多种大屏幕显示设备。20世纪70年代初期,微型计算机的出现和大规模集成电路技术的发展,使显示设备的处理部件得到重大改进,显示软件也得到相应的发展。因此,以电子束管为基础的图形、图像、彩色显示设备的应用进入一个新的发展时期。

20世纪,阴极射线管(CRT)由于很低的价格、无可匹敌的性价比、高亮度和高对比度、非常好的发光效率(10 lm/W)、强大的颜色显示性能、非常长的使用寿命(可达10万小时),

极快的响应速度等优势,在图像显示器件中占了绝对统治地位,如电视机显示器等绝大多数都采用 CRT。与此同时,平板显示器也在迅速发展,其中液晶显示器以其大幅度改善的质量、持续下降的价格、低辐射量等优势在中小屏幕显示中开始代替 CRT。而另一种适合大屏幕的显示器件——等离子显示器(PDP),也逐渐发展并且商品化。

近十年,显示器件的研究制造开始进入人类社会文化活动的中心,并且在技术和商业上取得了重大进展。人类在现代生活中追求轻、薄且具有便携性能的显示器件,以便随时随地获取信息。由于 CRT 大尺寸带来的大体积和质量让人无法接受,且屏内有光散射,图像有闪烁,最大的显示尺寸被限制在 114 cm,无数字寻址,图像有畸变,应用电压很高(2万伏左右),彩色分辨率有限,因此各种各样的平板显示技术被广泛地应用于多种不适合 CRT 技术的场合。随着各类平板显示器件的相互竞争,使得平板显示技术迅速成长,导致 CRT 市场迅速萎缩(如图 1-1 所示),同时显示市场又在不断寻求新的显示技术。平板显示技术中实现商品化的主流产品只有 LCD 和 PDP。时下这些热门的平板显示器又遇到了新的显示器件,如 OLED、FED 和柔性显示器件的挑战,而这些新的显示器件又有可能取代 LCD、PDP,就如 LCD、PDP 取代 CRT 那样。但是,很难预计今后数年这些新的显示器件在市场上是获得成功还是以失败告终。但可以预计直到 2016 年,LCD 在平板显示世界中的主导地位还不会发生改变,因为目前没有任何平板显示技术可以挑战 LCD 技术。2016 年以后,在电子纸、柔性显示和印刷显示领域中将会产生新的技术突破。

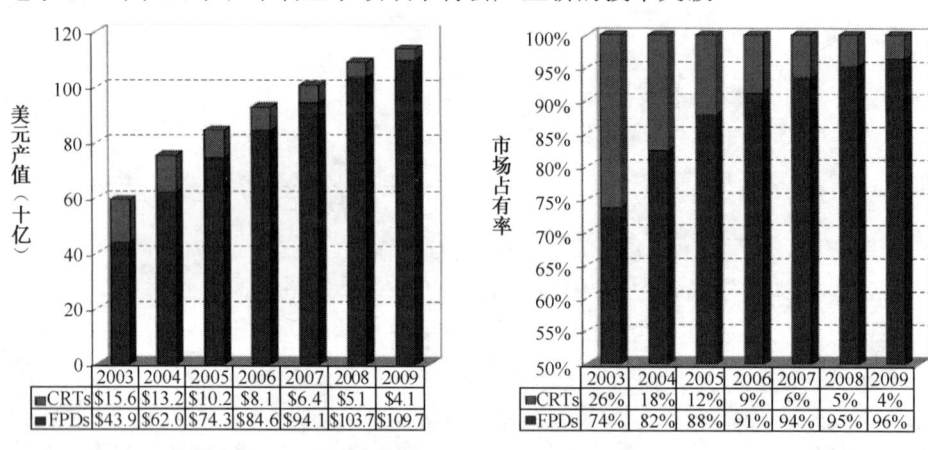

图 1-1 CRT 与平板显示器的对比

信息时代的一个重要环节就是信息显示技术,它在人类知识的获得和生活质量的改善方面扮演着重要的角色。显示技术是人机联系和信息展示的窗口,广泛应用于娱乐、工业、军事、交通、教育、航空航天,以及医疗等社会的各个领域。电子显示产业是信息产业的重要组成部分,全球 2005 年显示产品销售总额约为 720 亿美元,到 2010 年达到 1 000 亿美元。平板显示产业作为新兴产业,目前正步入快速发展期。

完整的显示器一般由因电光转换效应而形成图像的显示器件、周边电路、光学系统等部件组成。显示器件为核心,包括:

① 各种显示方式的基本原理和结构;
② 各种发光材料发光机理的研究;
③ 各种显示器的制作工艺;

④ 显示器件上、下游产业链中所用各种材料的选择。

周边电路的技术重点是：显示器件的驱动与控制技术。

光学系统的技术重点是：辅助光学系统的设计与制作。

本书以显示器件为重点内容进行讲解。

1.1.2　显示器件的种类及特点

显示器件的分类方法有多种，通常按器件技术分为直视型、投影型及空间成像型，如图 1-2 所示；按显示器的形态可分为阴极射线管显示器（Cathode Ray Tube，CRT）和平板显示器（Flat Panel Display，FPD）。平板显示器没有电子束管，作为大屏幕显示时不存在投射距离问题，因此是一种比较理想的显示器。由于它多采用矩阵控制，所以又叫作矩阵控制平板显示或简称为矩阵显示。它所控制的显示材料有场致发光材料、发光二极管、等离子、液晶等。

（a）直视型　（b）投影型

（c）空间成像型

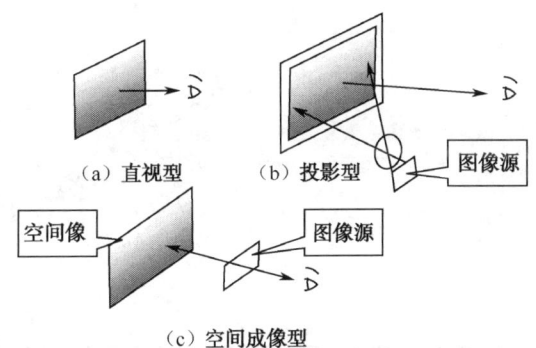

图 1-2　显示器按技术分类

直视型显示器是目前显示器的主流。按屏是否主动发光，显示器分为主动发光型和非主动发光型两大类。主动发光型显示是指利用电能使器件发光，显示文字和图像的显示技术。非主动发光型显示是指器件本身不发光，用电路控制它对外来光的反射率和透射率，借助于太阳光或照明光实现显示的显示技术。图 1-3 中列出了已产业化和具有发展前景的电子显示器件。除了传统的阴极射线管（CRT）显示器外，其他显示器件都是平板显示器（FPD）。

- 显示器件
  - 主动发光型
    - 阴极射线管显示器（Cathode Ray Tube，CRT）
    - 等离子体显示器（Plasma Display Panel，PDP）
    - 电致发光显示器（Electroluminescent Display，ELD）
    - 真空荧光显示器（Vacuum Fluorescence Display，VFD）
    - 发光二极管显示器（Light Emitting Diode，LED）
    - 有机发光二极管显示器（Organic Light Emitting Diode，OLED）
    - 场致发射显示器（Field Emission Display，FED）
  - 非主动发光型
    - 液晶显示器（Liquid Crystal Display，LCD）
    - 电致变色显示器（Electrochromism Display，ECD）

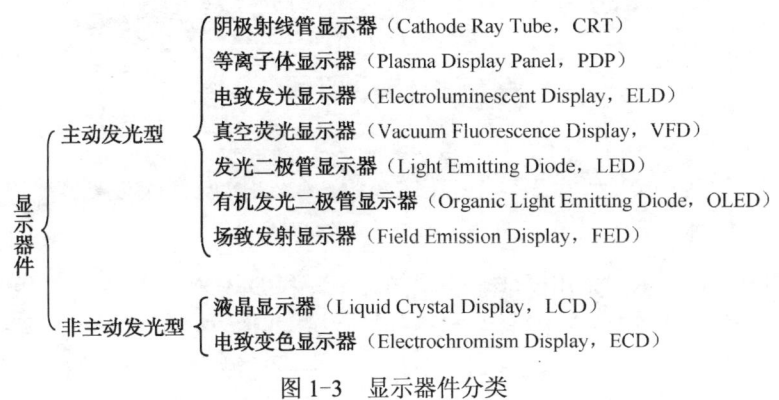

图 1-3　显示器件分类

平板显示技术

投影型显示器是大屏幕、高清晰的一种显示器件，可分为背投和正投两种。

现在流行的背投可以分为三种，第一种叫作液晶（LCD）式背投，第二种叫作 DLP 背投，第三种叫作 LCoS 背投。其基本的原理都是通过物理透镜组的组合，把图像用投影的方式投射到屏幕的背部，这样就可以实现画面的重现。

液晶式背投（如图 1-4 所示）的原理是采用一块精度相当高的液晶显示片，用幻灯机般的架构把图像透射出来，属于穿透式成像。而另外一种比较流行的 DLP 架构（如图 1-5 所示），来自于美国德州仪器公司，由它所开发的数字微反射器件——DMD 组件是 DLP 的核心部件，DMD 上面集成了多个微型的可活动镜片，用于反射灯光。正常来说，一个具备 800×600 清晰度的 DMD 组件，里面容纳的可动镜片就有 480 000 个可活动镜片，这些镜片负责把带有颜色信号的光投射出来，经过物镜组打到屏幕上，形成图像。这种 DMD 组件采用的是反射式投影系统，因此其亮度、对比度都超越了穿透式液晶系统，画质上有了大大的提高。

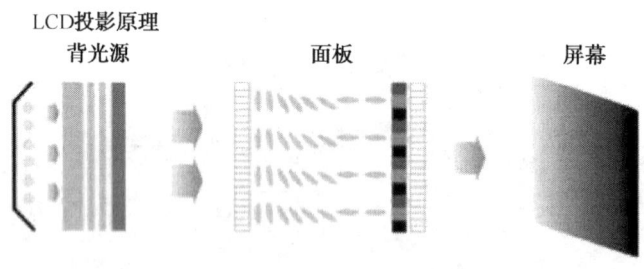

图 1-4　LCD 投影原理

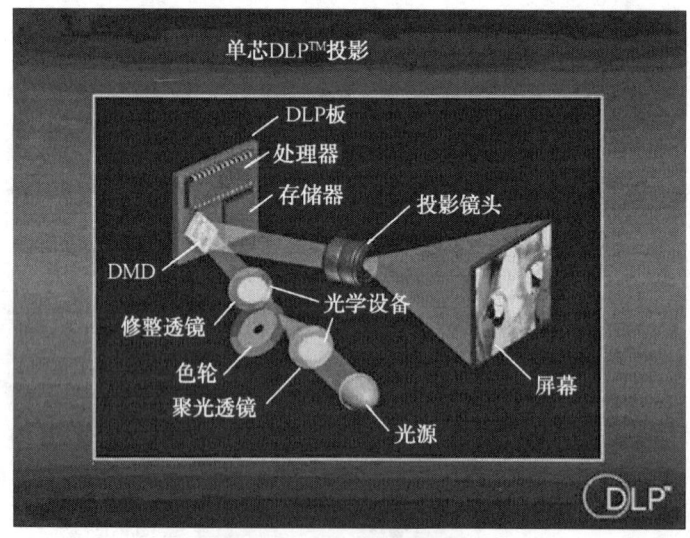

图 1-5　DLP 投影原理

LCoS（如图 1-6 所示）采用了非常相似的思想。和 DMD 一样，LCoS 器件非常小，大多数不足 6.45 cm^2。这两种技术都采用了反射的方法，即通过器件把来自光源的光线反射到用于聚光和成像的透镜或棱镜上。但是，LCoS 不是通过微小反射镜的打开和关闭控制光的，而是使用液晶来控制反射光的数量的。

第 1 章　显示技术与显示光学基础

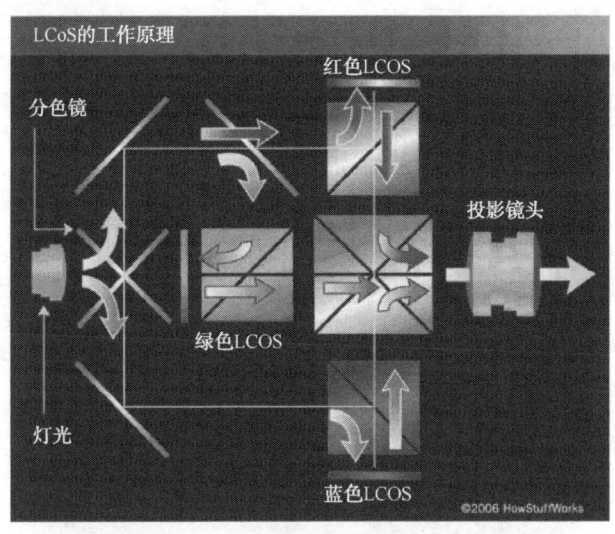

图 1-6　LCoS 投影原理

正投基本上与背投差不多，除了有 LCD、LCoS 和 DLP 以外，它还使用了在背投界短暂出现过的 CRT 投影。这个技术也叫作三枪投影技术，它是采用超高亮度 CRT 制作而成的投影系统，图像来源于三个非常小而且精密的 CRT 显像管（如图 1-7 所示）。这三个显像管采用了独立的三原色重现架构，把红、绿、蓝三个电子三原色信号分别分配到三组显像管上扫描形成高亮图像，这种显像管经过特殊处理，其输出的亮度是正常电视机亮度的好几倍，因此不能够用人眼直接观看。显示器发出的高亮图像信号经过透镜组的折射，投射到屏幕上形成图像。CRT 投影由于造价过高，在背投上得不到很大的应用，所以昙花一现般的在背投界消失了。

图 1-7　CRT 投影机

空间成像型显示器是空间虚拟图像，也是投影的一种，其代表技术是头盔显示器（Head Mounted Display，HMD）和全息显示器。头盔显示器（如图 1-8 所示）是虚拟现实系统中重要的视觉设备，它的核心部件是两个显示器和位置跟踪器。头盔显示器可屏蔽来自真实世界的干扰光线，佩戴了头盔显示器之后，人能感觉到真实的视觉效果。头盔显示

5

器内置了两个能与计算机相连的 LCD 或 CRT 小型彩色液晶显示器,由计算机程序控制输出不同的图像。根据人眼的视差原理,组合成可在人脑中产生的三维立体图像。头盔显示器中的位置跟踪器能够跟踪头部移动,能够获得头部 6 个自由度的移动信号并将这些动态信号输入计算机。计算机根据头部位置和移动方向的变化能及时匹配并输出相应的图像,从而使头盔显示器能模拟不同观察角度的真实景象。

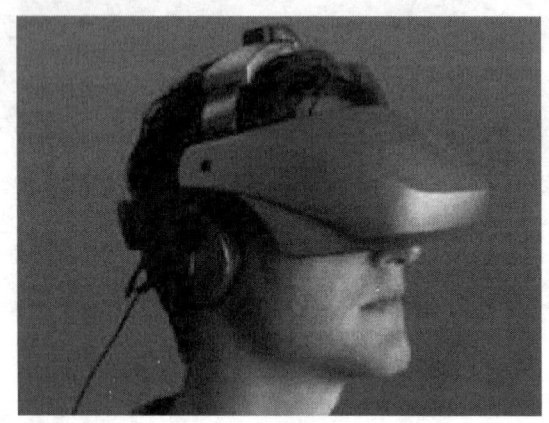

图 1-8 头盔显示器

1.1.3 显示器件的主要参数

由于显示器件可用来重现图像图形、显示信号波形和参数,因此对显示器件来说最重要的是显示彩色图像的质量。下面介绍与表征所显示的图像质量有关的主要参数。

1. 辉度和亮度（L——单位:坎得拉每平方米,即 cd/m²）

辉度用于评价主动发光型显示器件的发光强度；亮度一般用于评价非主动发光型显示器件。

对显示器画面辉度或亮度的要求与环境光强度有关。下面看一下显示器的亮度或辉度应为多少才合适。

首先,在电影院中,电影的亮度（或辉度）为 30~45 cd/m²；其次,在室内看电视,显示器的亮度（或辉度）>70 cd/m²；最后,在室外看画面,显示器的亮度（或辉度）≈300 cd/m²。

因此可以得出结论:高质量的显示器画面亮度或辉度的要求为 300 cd/m² 左右。

2. 对比度 C 和灰度

（1）对比度 C 是指画面最大亮度 L_{max} 和最小亮度 L_{mix} 之比,即

$$C = \frac{L_{max}}{L_{min}}$$

对比度分亮场对比度和暗场对比度。暗场对比度是在全黑环境下测得的,亮场对比度是在有一定环境光的条件下测得的。对比度与测试方法有很大关系。

电视机或显示器的对比度是在对比度和亮度控制正常位置,在同一幅图像中,显示图像最亮部分的亮度与最暗部分之比。对比度越高,图像的层次越多,清晰度越高。

在《数字电视液晶显示器通用规范》(SJ/T 11343—2006) 中规定:

LCDTV 的对比度值≥150∶1；
PDP、CRT 的对比度值≥150∶1。

在普通观察环境下，好的图像显示要求显示器的对比度至少要大于 30∶1。

应注意的是，有时报道中提出的显示器件的对比度达到数百或更高，是指在没有环境光的暗室中测试的数据。因此在有环境光的情况下，有

$$C = \frac{L_{max} + L_{外}}{L_{min} + L_{外}}$$

$L_{外}$——指环境光照到显示屏上产生的亮度。

（2）灰度是指图像的黑白亮度之间的一系列过渡层次。

灰度与图像的对比度的对数成正比，并受图像最大对比度的限制。日常生活中，一般图像的对比度不超过 100。为了使图像显示得更丰富，更有层次感，图像更柔和，人们在黑白亮度之间划分出了若干灰度等级。而在彩色显示时，灰度等级表示各基色的等级。在现代显示技术中，通常用 2 的整数次幂来划分灰度级。例如，人们将灰度分为 256 级（用 0～255 表示），它正好占据了 8 bit 的计算机空间。因此，256 级灰度又称为 8 bit 灰度级。全彩色显示时是 1 670 万色。

3. 分辨率

分辨率是指能够分辨出电视图像的最小细节的能力，是人眼观察图像清晰程度的标志，通常用屏面上能够分辨出的明暗交替线条的总数来表示。而对于用矩阵显示的平板显示器而言，常用电极数目表示其分辨力。普通电视图像要求扫描行电极数为 600；高清晰度电视图像要求行扫描行电极数 $N>1\,000$。具有高分辨率、高亮度和高对比度的图像才是高清晰度的图像。分辨率一般用表 1-1 中的标准表示。

表 1-1　各种显示器分辨率标准

	标　准	分　辨　率
计算机显示器	QVGA	320×240
	VGA	640×480
	SVGA	800×600
	XGA	1 024×768
	SXGA	1 280×1 024
	UXGA	1 600×1 200
	QXGA	2 048×1 536
电视显示器	NTSC	720×480
	高清电视	1 920×1 035
	美国 ATV	1 920×1 080
	UDTV-1	3 840×2 160

4. 响应时间

响应时间是指显示器各像素点在激励信号作用下，亮度由暗变亮和由亮变暗的全过程

平板显示技术

所需的时间，响应时间等于上升时间与下降时间之和。如图 1-9 所示，图像亮度从 10%上升到 90%所需的时间为上升时间；图像亮度从 90%下降到 10%所需的时间为下降时间。

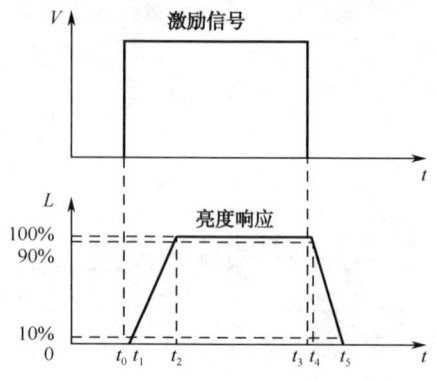

图 1-9　响应时间的表示

显示器件中，一个像素的响应速度与显示画面整体的响应速度不一定一样。一般使用比较实用的方法，即用画面整体的响应速度来表示。

在电视图像显示中要求响应时间 $t<1/30$ s（≈33 ms）。电子显示器件中主动显示器的响应时间较短（<0.1 ms），而非主动显示器的响应时间（10～500 ms）要长得多。

5. 显示色

显示色为主动发光型显示器件所发光的颜色，非主动发光型显示器透射或反射光的颜色称为显示色。

显示色根据显示原理和显示材料不同，可分为黑白、单色、多色和全彩色四大类。

对于日常生活中需要的电视显示技术，可以做到全色显示的有：阴极射线管显示器（CRT）、液晶显示器（LCD）、等离子显示器（PDP）和发光二极管显示器（LED）。

6. 发光效率

发光效率是指发光显示器件所发出的光通量与器件所消耗的功率之比，单位为流明每瓦（lm/W）。

发光效率高说明功耗（相对而言）小，特别是对于手提显示器来说就更重要了。目前手提电脑使用的液晶（LCD）屏，主要是其微小的功耗（$\mu w/cm^2$）起了主要的作用。

表 1-2 简单地给出了各种显示器的发光效率数据，以便进行比较。

表 1-2　各种显示器的发光效率比较

名　称	发 光 效 率	备　注
真空荧光管显示器（VFD）	最高≈10 lm/W	
发光二极管显示器（LED）	1～4 lm/W	材料不同，效率不同
有机发光二极管显示器（OLED）	15 lm/W	
等离子显示器（PDP）	1 lm/W	
其他	0.1 lm/W	

7. 工作电压和消耗电流

（1）工作电压——驱动显示器件（进行显示）所要施加的电压（V）。

（2）消耗电流——驱动时所流过的电流（A）。

两者的乘积为消耗功率（W），即

$$消耗功率 = 工作电压 \times 消耗电流$$

施加的工作电压可分为直流电压和交流电压两种（即直流驱动和交流驱动）。针对相当成熟的集成电路 IC 而言，希望显示器的工作电压与 IC 的驱动电压相匹配，这样可以大大降低驱动电路的成本。

如果显示器的工作电压≤45 V，则容易采用 IC 驱动。例如，LCD、LED 和 VFD 的工作电压较低，在 0.5～40 V 之间，因此发展较好；而 PDP 的工作电压在 200 V 左右，要求使用具有耐高压的 MOS 晶体管集成电路来驱动，因此 PDP 驱动部分的成本相对较高。

8. 视角

视角一般用面向画面的上下左右的有效视场角度来表示。在国际电工委员会公布的文件中对视角进行了规定，即在屏中心的亮度减小到最大亮度的 1/3 时（也可以是 1/2 或 1/10 时）的水平和垂直方向的视角。也就是说，首先测量屏中心点的亮度 L_0，然后水平移动测量仪器的位置，分别在中心点的左右水平方向测得亮度为 $L_0/3$ 时，得到的左视角和右视角的和即为水平视角；采用同样的方法，在垂直方向测得上、下视角的和即为垂直视角。

在《数字电视液晶显示器通用规范》（SJ/T 11343—2006）中规定：水平视角≥120°；垂直视角≥80°。

9. 存储功能

切断施加电压后仍能保持显示状态的功能称为存储功能。

显示器的存储功能除了可以降低显示器件的功耗外，还有利于简化驱动电路，特别是采用多路传输驱动的时候更是如此。

10. 寿命

对于实用化的显示器件，要求使用寿命≥30 000 小时。

不同类型的显示器受显示原理的控制，其寿命略有不同，已经实用化了的显示器 LED、VFD、PDP、LCD、ELD、CRT，其连续工作寿命按顺序加长，一般在 104～105 h 之间。

1.1.4 主要显示器的用途与市场比较

在平板显示技术中，液晶显示器具有体积小、质量轻、工作电压低、功耗小、无辐射，对人体健康无害、抗干扰能力强等优点，已经在便携式显示器市场中得到了广泛的应用，并占整个平板显示市场的 90%以上的份额。图 1-10 列出了目前电视市场中各类显示器的市场占有率。在未来 5～10 年内，液晶显示器仍将占据显示市场的主要份额。

平板显示技术

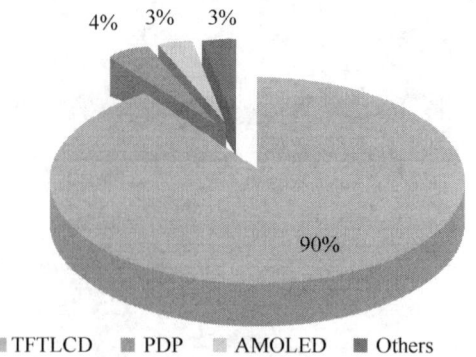

图 1-10 电视市场中的不同类型显示器的产量对比

PDP 适合大屏幕显示而不适合小屏幕显示，因此 PDP 显示器主要应用在数字电视、高清晰度电视、多媒体显示上。但随着液晶技术的发展，制作大尺寸的液晶屏已不是问题，50 寸液晶面板价格不断下降。由于液晶的竞争，目前 PDP 的市场份额已经不足 5%。尤其是在电视机市场，PDP 份额还在继续下降。图 1-11 对比了从 2009 年到 2013 年，全球 LCD 和 PDP 电视机出货量及市场占有率。

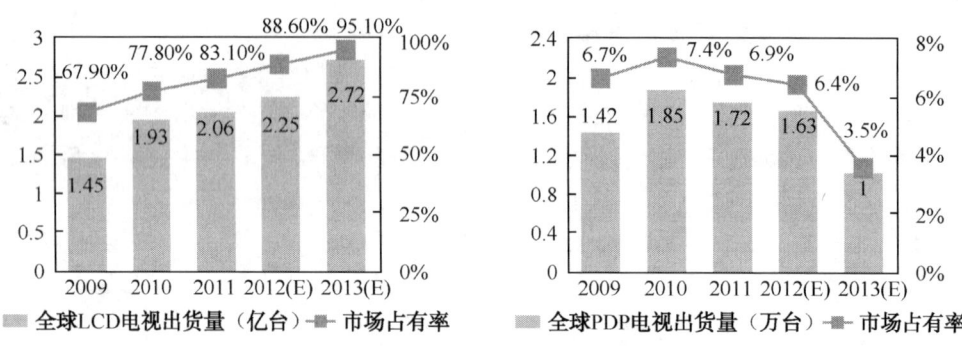

图 1-11 全球 LCD 与 PDP 电视机出货量及市场占有率

FED 从理论上讲具有 CRT 和 LCD 的优点，既是平板显示器件，又可利用电子束轰击荧光粉主动发光显示。但是尖锥阴极型 FED 只停留在小屏幕显示器上，其应用主要是军用，未能进入大屏幕消费领域，其原因是生产成本太高。目前，被大家看好的是碳纳米管阴极显示器，已有 40 英寸的样管，但还需解决发光均匀性问题。

随着超高亮度的 AlGaInPLED 和蓝色 InGaNLED 的大量投产，LED 显示屏已从单色显示发展为全彩色显示，已从室内显示发展为户外显示，已从低密度信息显示发展为高密度信息显示。LED 全彩屏已成为大屏幕（100～200 英寸）显示的主要方式，是超大屏幕（≥200 英寸）显示的唯一方式。

OLED 显示器被业界认为是理想的最具有发展前途的下一代显示器。但目前 OLED 还面临很多问题，有待进一步研发和改进，如发光材料的优化、彩色化技术、有源驱动技术、封装技术等方面仍存在重大基础问题上的不清楚，使得器件寿命短、效率低等成为制约其广泛应用的瓶颈。随着 OLED 技术的发展，OLED 产业进程加快，如图 1-12 所示，在中小尺寸市场，OLED 市场规模开始增长；如图 1-13 所示，大尺寸 OLED 正在实现市场化，2015 年有望实现爆发式增长。

第1章 显示技术与显示光学基础

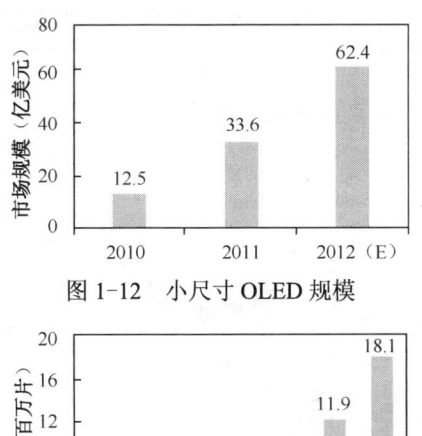

图 1-12 小尺寸 OLED 规模

图 1-13 大尺寸 OLED 面板出货量预测

1.2 显示光学基础

1.2.1 视觉光学基础

光是波长在 380～780 nm 范围内能对人的视觉形成刺激,并能被人感受到的电磁辐射。如图 1-14 所示,可见光仅仅是电磁辐射光谱中非常小的一部分。

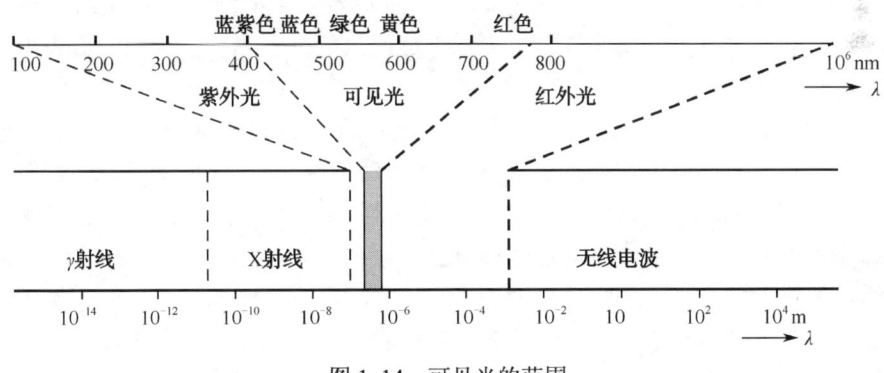

图 1-14 可见光的范围

人眼是人身体中最重要的感觉器官,非常完善、精巧和不可思议,是生命长期进化到高级形式的必然产物。在人感觉的外界信息中,有 90%以上是通过眼睛获得的。

人眼的特性主要取决于人眼的构造,包括光线如何会聚、如何检测及视觉信号如何传导。另外,神经系统的特性,尤其是人脑对视觉信息的处理过程也起着一定的作用。

1. 人眼的构造

如图 1-15 所示,人眼的构造相当于一架摄像机或照相机。前面是由角膜、晶状体、前

11

房、后房、玻璃体所共同组成的具备镜头功能的组合,把物体发出的光线聚焦到后面的相当于胶卷的用于检测光线的视网膜上。

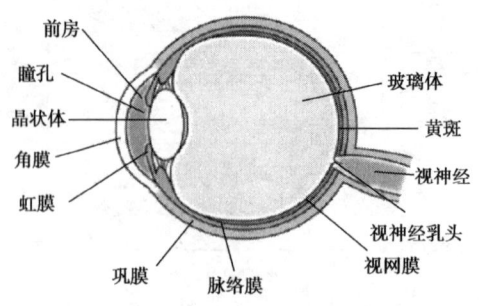

图 1-15 人眼的结构

角膜是一直径为 11 mm 的透明膜,镶嵌于巩膜前面的圆孔内,其中央部分的曲率半径为 8 mm,周边部分比较平坦。角膜的屈光指数为 1.376,为眼球的主要屈光媒质。

晶状体为一形似双凸透镜的透明组织,由小带纤维悬挂于瞳孔后面,睫状肌收缩时小带松弛,晶状体依靠其本身的弹性而变厚,前后表面的曲度增加,整体屈光度增加,利于看清近处物体,称为调节。在角膜和水晶体之间为虹膜,中间开有一个可以自动控制大小的孔,让适当的光线进来,称为瞳孔。

前房、后房:前房为角膜后面、虹膜和晶状体前面的空隙,充满着房水;后房为位于虹膜后面,睫状体、晶状体周边部分之间的空隙,也充满着房水。房水的主要功能是维持眼内压,并维持晶状体的代谢。

玻璃体为一透明胶样组织,充填于视网膜内的空间,占眼球 4/5 的容积,具有保护视网膜、缓冲震动的功能。

视网膜是接近黑的深红色,反光很弱,其上面布满感光细胞。正对眼球中心有一个直径约 2 mm 的黄色区域(折合 6° 视角),称为黄斑。黄斑中心有一小凹,称为中央凹,面积约为 1 mm^2。

视网膜上有两种感光细胞,一种叫作视锥细胞,另一种叫作视杆细胞,均以它们外表的形状命名。一只眼睛里面大约分别有 7 百万个视锥细胞和 1 亿两千万个视杆细胞。视锥细胞是像一个玉米的锥形,尖向外,只对较强的光敏感,至少有分别感觉红、绿、蓝三种颜色的视锥细胞存在,因此能够感知颜色;视杆细胞只有一种,因此没有颜色感觉,但灵敏度非常高,可以看到非常暗的物体。如图 1-16 所示视锥细胞在黄斑里非常集中,尤其是在中央凹里最为密集,是产生最清晰视觉的地方。视杆细胞恰好在黄斑里最少,除此之外分布得比较均匀,距离中心 10~20° 的范围内相对集中些。

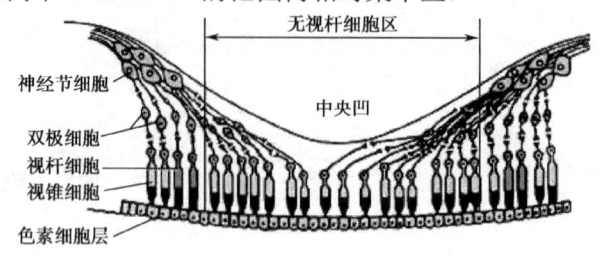

图 1-16 感光细胞在黄斑里的分布

人眼前面等效于一个比较理想的镜头，其焦距为 17 mm（物方）和 23 mm（像方），相对光圈为 f/2.1～f/8.4（对应 2～8 mm 的瞳孔大小）。眼球前后直径与像方焦距相同，为 23 mm，也相当于+43D 屈光度。

2. 人眼的特性

人能感觉到图像的颜色和亮度是由眼睛的生理结构所决定的。电影和电视都是根据人眼的视觉特性发明的。电影每秒投射 24 幅静止画面，每幅画面投射 2 次，由于人眼的视觉惰性，看起来就与活动景象一样。电视每秒扫描 50 幅画面，每幅画面是由 312 根扫描线组成的，由于人眼的视觉惰性和有限的细节分辨能力，看起来就成了整幅的活动景象。人眼的视觉特性是电视技术发展的重要依据。

1）视觉灵敏度

波长不同的可见光光波给人的颜色感觉不同，亮度感觉也不同，人眼对不同波长光的灵敏度是不同的。

人眼的灵敏度因人而异，同一个人眼睛的灵敏度也随年龄和健康状况有所变化，因此一般采用统计方法，用许多正常视力的观察者来做实验，取其平均值。

经过对各种类型人的实验进行统计，国际照明委员会推荐标准视敏度曲线（也称相对视敏函数曲线）如图 1-17 中的 $V(\lambda)$ 曲线所示。图中曲线表明具有相等辐射能量、不同波长的光作用于人眼时，引起的亮度感觉是不一样的。可以看出，人眼最敏感的光波长为 555 nm，颜色是草绿色，这一区域颜色，人眼看起来省力，不易疲劳。在 555 nm 两侧，随着波长的增加或减少，亮度感觉逐渐降低。在可见光谱范围之外，辐射能量再大，人眼也是没有亮度感觉的。

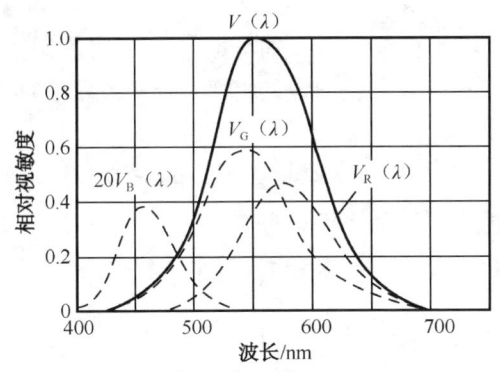

图 1-17 标准视敏度曲线

2）彩色视觉

人眼视网膜上有大量的光敏细胞，按形状分为杆状细胞和锥状细胞（如图 1-18 所示），杆状细胞灵敏度很高，但对彩色不敏感，人的夜间视觉主要靠它起作用，因此，人在暗处只能看到黑白形象而无法辨别颜色。锥状细胞既可辨别光的强弱，又可辨别颜色，白天视觉主要由它来完成。关于彩色视觉，科学家曾做过大量实验并提出视觉三色原理的假设，认为锥状细胞又可分成三类，分别称为红敏细胞、绿敏细胞、蓝敏细胞。它们各自的相对视敏函数曲线分别为图 1-17 中所示的 $V_R(\lambda)$、$V_G(\lambda)$、$V_B(\lambda)$，其峰值分别在

580 nm、540 nm、440 nm 处。图中的 $V_B(\lambda)$ 曲线幅度很低，已将其放大了 20 倍。三条曲线的总和等于相对视敏函数曲线 $V(\lambda)$。三条曲线是部分交叉重叠的，很多单色光同时处于两条曲线之下，如 600 nm 的单色黄光就处在 $V_R(\lambda)$、$V_G(\lambda)$ 曲线之下，因此 600 nm 的单色黄光既激励了红敏细胞，又激励了绿敏细胞，可产生混合的感觉。当混合红绿光同时作用于视网膜时，分别使红敏细胞、绿敏细胞同时受激励，只要混合光的比例适当，所引起的彩色感觉可以与单色黄光引起的彩色感觉完全相同。不同波长的光对三种细胞的刺激量是不同的，产生的彩色视觉各异，人眼因此能分辨出五光十色的颜色。电视技术利用了这一原理，在图像重现时，不是重现原来景物的光谱分布，而是利用三种类似于红、绿、蓝锥状细胞特性曲线的三种光源进行配色，在色感上得到了相同的效果。

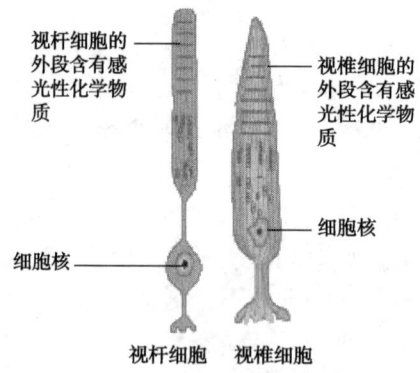

图 1-18 杆状细胞和锥状细胞

3）分辨力

分辨力是指人眼在观看景物时对细节的分辨能力。对人眼进行分辨力测试的方法如图 1-19 所示，在眼睛的正前方放一块白色的屏幕，屏幕上面有两个相距很近的小黑点，逐渐增加画面与眼睛之间的距离，当距离增加到一定长度时，人眼就分辨不出两个黑点存在，感觉只有一个黑点，这说明眼睛分辨景色细节的能力有一个极限值，我们将这种分辨细节的能力称为人眼的分辨力或视觉锐度。

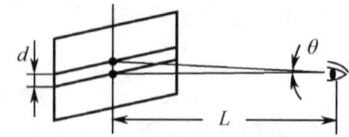

图 1-19 对人眼进行分辨力测试的方法

分辨力的定义是：眼睛对被观察物上相邻两点之间能分辨的最小距离所对应的视角 θ 的倒数，即

$$\text{分辨力} = \frac{1}{\theta} \qquad (1-1)$$

如图 1-19 所示，用 L 表示眼睛与图像之间的距离，d 表示能分辨的两点间最小距离，则有：

$$\frac{d}{\theta} = \frac{2\pi L}{360 \times 60}$$

$$\theta = 3438 \frac{d}{L}$$
(1-2)

人眼的最小视角取决于相邻两个视敏细胞之间的距离。对于正常视力的人，在中等亮度情况下观看静止图像时，θ 为 1~1.5′。分辨力在很大程度上取决于景物细节的亮度和对比度，当亮度很低时，人的视力很差，这是因为亮度低时锥状细胞不起作用。但是亮度过大时，视力不再增加，甚至由于炫目现象，人的视力反而有所降低。此外，细节对比度越小，也越不易分辨，会造成分辨力降低。在观看运动物体时，分辨力更低。

人眼对彩色细节的分辨力比对黑白细节的分辨力要低。例如，黑白相间的等宽条子，相隔一定距离观看时，刚能分辨出黑白差别，如果用红绿相间的同等宽度条替换它们，此时人眼已分辨不出红绿之间的差别，而是一片黄色。实验还证明，人眼对不同彩色的分辨力也各不相同。如果眼睛对黑白细节的分辨力定义为 100%，则实验测得人眼对各种颜色细节的相对分辨力用百分数表示如表 1-3 所示。

表 1-3 人眼对各种颜色细节的相对分辨力

细节颜色	黑白	黑绿	黑红	黑蓝	红绿	红蓝	绿蓝
相对分辨率/(%)	100	94	90	26	40	23	19

4）视觉惰性

人眼的视觉惰性如图 1-20 所示。

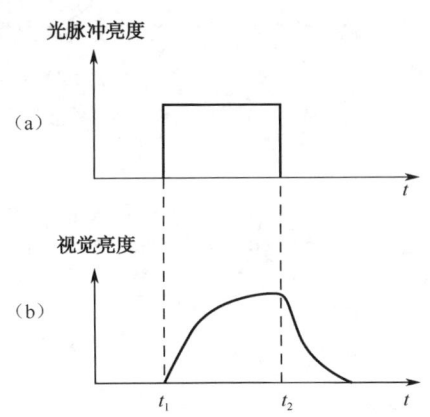

（a）作用于人眼的光脉冲亮度；(b) 主观亮度感觉

图 1-20 人眼的视觉惰性

1.2.2 光度学基础

1. 辐射通量

辐射通量是指单位时间内光源发出或通过一定接收截面的电磁辐射能量，也称辐射功率，用 Φ_e 表示。实际上，光源所发射的能量往往由很多波长的单色辐射所组成，为了研究各种波长的辐射能量，引入了辐射量光谱密度 $P(\lambda)$ 来描述辐通量随波长的变化。辐射源总

15

的辐射通量为

$$\Phi_e = \int_0^\infty P(\lambda) \, d\lambda \quad (1-3)$$

2. 视见函数

辐射功率相同、波长不同的光对人眼产生的亮度感觉是不相同的。1933 年，国际照明委员会（CIE）经过大量实验和统计，给出人眼对不同波长光亮度感觉的相对灵敏度，称为视见函数（如图 1-21 所示）。实验表明：在同一亮度环境中，在辐射功率相同的条件下，波长等于 555 nm 的黄绿光给人的亮度感觉最大，并令其亮度感觉灵敏度为 1；人眼对其他波长光的亮度感觉灵敏度均低于黄绿光（555 nm），因此其他波长光的相对视敏度 $V(\lambda)$ 都小于 1。例如，波长为 660 nm 的线光的相对视敏度 $V(660)=0.061$，因此这种红光的辐射功率应比黄绿光（555 nm）大 16 倍（即 1/0.061=16），才能给人相同的亮度感觉。当波长 $\lambda<380$ nm 和波长 $\lambda>780$ nm 时，$V(\lambda)=0$。这说明紫外线和红外线的辐射功率再大，也不能引起亮度感觉，因此红外线和紫外线是不可见光。这也是自然选择的结果，假如人眼对红外线也能反应，那么这种近似光雾的热辐射将会成为人们观察外部世界的一种干扰。

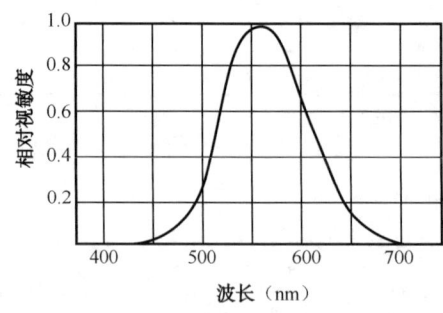

图 1-21 视见函数

3. 光通量

光通量指人眼所能感觉到的辐射能量，它等于单位时间内某一波段的辐射能量 $\Phi_e(\lambda)$ 和该波段的相对视见率的乘积，即

$$\Phi_v = K_m \cdot V(\lambda) \cdot \Phi_e(\lambda) \quad (1-4)$$

式中，K_m 称为明视觉最大光谱光视效能，它表示人眼对波长为 555 nm 的光辐射产生的光感效能。K_m 等于 683 lm/W。

由于人眼对不同波长光的相对视见率不同，所以不同波长光的辐射功率相等时，其光通量并不相等。例如，当波长为 555×10^{-7} m 的绿光与波长为 650×10^{-7} m 的红光辐射功率相等时，前者的光通量为后者的 10 倍。光通量的单位为"流明"，符号为 lm。

对于含有不同光谱辐通量的一个辐射量，它产生的光通量为

$$\Phi_v = K_m \int_{380}^{780} V(\lambda) P(\lambda) \, d\lambda \quad (1-5)$$

4. 光照度

光照度定义为入射在被照物体单位面积上的光通量：

$$E = \frac{d\Phi_v}{dS} \tag{1-6}$$

光照度可用照度计直接测量。光照度的单位是勒克斯，是英文 lux 的音译，也可写为 lx。被光均匀照射的物体，在 1 平方米面积上得到的光通量是 1 流明时，它的照度是 1 勒克斯。有时为了充分利用光源，常在光源上附加一个反射装置，使得某些方向能够得到比较多的光通量，以增加这一被照面上的照度，如汽车前灯、手电筒、摄影灯等。

以下是各种环境照度值（单位 lux）。

黑夜：0.001～0.02；月夜：0.02～0.3；阴天室内：5～50；阴天室外：50～500；晴天室内：100～1000；夏季中午太阳光下的照度：约为 10^9；阅读书刊时所需的照度：50～60；家用摄像机标准照度：1 400。

5. 发光强度

发光强度简称为光强，如图 1-22 所示，定义为点光源沿某一方向上单位立体角内发出的光通量：

$$I = \frac{d\Phi_v}{d\Omega} \tag{1-7}$$

其国际单位是 candela（坎德拉），简写为 cd。Ω 为立体角，单位为球面度（sr）：

$$\Omega = A/r^2 \tag{1-8}$$

式中，A 为立体角对应的球面面积；r 为球面半径。

以球体为例：

$$\Omega = \frac{4\pi r^2}{r^2} = 4\pi \tag{1-9}$$

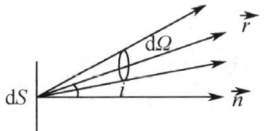

图 1-22 发光强度示意图

6. 光亮度（亮度、辉度）

光亮度是表示发光面明亮程度的，指发光表面在指定方向的发光强度与垂直且指定方向的发光面的面积之比：

$$L = \frac{dI}{dS \cos i} \tag{1-10}$$

其单位是坎德拉/平方米。对于一个漫散射面，尽管各个方向的光强和光通量不同，但各个方向的亮度都是相等的。电视机的荧光屏就近似于这样的漫散射面，因此从各个方向上观看图像都有相同的亮度感。

以下是部分光源的亮度值（单位 cd/m^2）。

太阳：$1.5×10$；日光灯：$(5～10)×10^3$；月光（满月）：$2.5×10^3$；黑白电视机荧光屏：120 左右；彩色电视机荧光屏：80 左右。

7. 光源光通量计算

由光通量关系式（1-7）可知：

$$d\Phi = \int_0^\theta I(\theta) d\Omega \tag{1-11}$$

理想光源有两种：点光源与朗伯（Lambertian）面光源。

1）点光源

由于点光源是一个等向辐射光源，所以光强（I: luminous intensity，单位为 cd）=单位立体角（单位为 sr）所辐射的光通量（Φ: luminous flux，单位为 lm），为定值，即

$$I = \frac{d\Phi}{d\Omega} = 定值 \tag{1-12}$$

若点光源光强度为 I，在半径为 r 的半球体中微表面积分 dA_n 所接收光功率为

$$d\Phi = I \cdot d\Omega$$

其中 $d\Omega$ 为微表面积 dA_n 所对应的立体角，则光通量为

$$\Phi = \int_{上半球} I \cdot d\Omega = I \int_{上半球} d\Omega = 2\pi I \tag{1-13}$$

2）朗伯面光源（Lambertian）

一个有面积的光源若是各个方向亮度相等，则为朗伯（Lambertian）光源。朗伯（Lambertian）光源的辉度（L，单位为 cd/m^2）为定值。朗伯光源为面光源，由式（1-10）考察发光面上的面元 dS 应满足：

$$L = \frac{dI}{dS \cos\theta} = 定值 \tag{1-14}$$

$$或 \quad I(\theta)/I(0) = \cos\theta \tag{1-15}$$

其光强分布如图 1-23 所示。

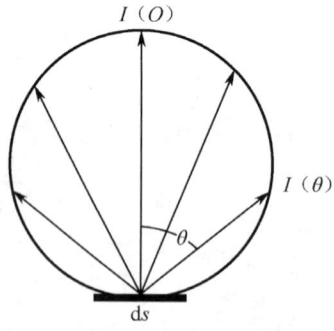

图 1-23 朗伯光源的余弦光强分布

假设朗伯光源发光面积为 A_s，亮度为 L，如图 1-24 所示，由式（1-15）知此光源在 θ 方向的光强为

$$I_\theta = I_0 \cdot \cos\theta = L \cdot A_s \cdot \cos\theta$$

而在半径为 R 的半球环带面积为 dA_R 所接收到的光功率为

$$\mathrm{d}\Phi = I_0\cos\theta \cdot \mathrm{d}\Omega = I_0\cos\theta \cdot \frac{\mathrm{d}A_R}{R^2} = I_0\cos\theta \cdot \frac{2\pi \cdot R\sin\theta \cdot R\mathrm{d}\theta}{R^2} = 2\pi \cdot I_0\cos\theta \cdot \sin\theta \cdot \mathrm{d}\theta$$
$$= 2\pi \cdot L \cdot A_s \cdot \cos\theta \cdot \sin\theta \cdot \mathrm{d}\theta$$

因此整个半球接收的光功率 Φ 为

$$\Phi = \int_0^{\pi/2} 2\pi \cdot L \cdot A_s \cdot \cos\theta \cdot \sin\theta \cdot \mathrm{d}\theta = \pi \cdot L \cdot A_s \quad (1\text{-}16)$$

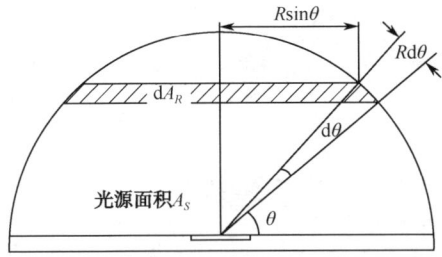

图 1-24　朗伯光源光通量积分计算

8. 光源照度计算

下面分别模拟点光源与朗伯（Lambertian）面光源计算其法线照度、水平照度及垂直照度，作为参考。

1）点光源

如图 1-25 所示，离点光源某一特定距离的点照度，可依平方反比定律计算。若是在距光源 r 处，面积 A 上具有光通量 Φ，由式（1-6）知则倾斜角为 α 的面积 A 上的照度为

$$E = \frac{\Phi}{A} = \frac{I\Omega}{A_g/\cos\alpha} = \frac{I}{p^2}\cos\alpha \quad (1\text{-}17)$$

式中，A_g 为 A 在半径为 r 球面的投影面积。

由于受光面的方向会影响照度的值，因此分别以法线照度 E_n、水平照度 E_h 及垂直照度 E_v 进行计算。若光源 S 距水平面高度为 h 米，距光源垂直下 O 点 x 米，假设 S 至 P 的直线距离为 p，则 $p^2 = h^2 + x^2$。

S 的光度为 I，P 的法线照度、水平照度及垂直照度如下。

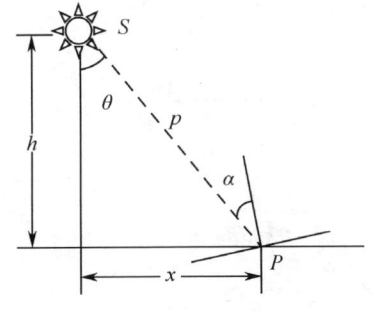

图 1-25　照度计算模型

由式（1-17）知

当 $\alpha = 0$ 时，为法向照度：

平板显示技术

$$E_n = \frac{I}{p^2}\cos\alpha = \frac{I}{h^2}\cos^2\theta \tag{1-18}$$

当 $\alpha = \theta$ 时，为水平照度：

$$E_h = \frac{I}{p^2}\cos\alpha = \frac{I}{h^2}\cos^3\theta \tag{1-19}$$

当 $\alpha = \frac{\pi}{2} - \theta$ 时，为垂直照度：

$$E_v = \frac{I}{p^2}\cos\alpha = \frac{I}{h^2}\cos^2\theta\sin\theta \tag{1-20}$$

式中，$\theta = \tan^{-1}\frac{x}{h}$。

2）朗伯（Lambertian）面光源

若一面光源 S 完全漫射，可以将面光源切成小的 ds 单位，若 ds 与 P 点的距离为 p，与法线交角为 θ，由式（1-15）知在 P 点朝 p 方向而被 ds 照射的光强度为

$$dI = Lds\cos\theta \tag{1-21}$$

由式（1-17）知

$$dE = \frac{Lds\cos\theta}{p^2}\cos\alpha = \frac{Lds\cos^3\theta}{h^2}\cos\alpha$$

当 $\alpha = 0$ 时，为法向照度：

$$dE_n = \frac{Lds\cos^3\theta}{h^2} \tag{1-22}$$

当 $\alpha = \theta$ 时，为水平照度：

$$dE_h = \frac{Lds\cos^4\theta}{h^2} \tag{1-23}$$

当 $\alpha = \frac{\pi}{2} - \theta$ 时，为垂直照度：

$$dE_v = \frac{Lds\cos^3\theta}{h^2}\sin\theta \tag{1-24}$$

若朗伯光源面积 A_s 相对于距离 p 很小，则将式（1-22）～式（1-24）积分时，θ 可看成常量，可得积分结果为

$$E_n = \frac{LA_s\cos^3\theta}{h^2} \tag{1-25}$$

$$E_h = \frac{LA_s\cos^4\theta}{h^2} \tag{1-26}$$

$$E_v = \frac{LA_s\cos^3\theta}{h^2}\sin\theta \tag{1-27}$$

9. 光源配光曲线

光源配光曲线用数据或图形把照明灯具发光强度在空间的分布状况记录下来。通常以坐标原点为中心，把各方向上的发光强度用矢量标注出来，连接矢量的端点，即形成光强

分布曲线，也叫光源配光曲线。光源配光曲线其实就是表示一个灯具或光源发射出的光在空间中的分布情况，它可以记录光源在各个方向上的光强（如图 1-26 所示）。

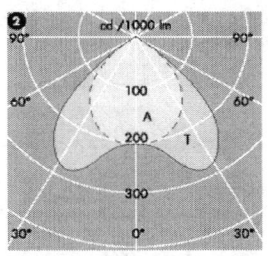

图 1-26　极坐标配光曲线

如果照明灯具的发光强度在空间的分布是不对称的，如长条形的荧光灯具，则需要用若干测光平面的光强度分布曲线来说明空间光分布。取与灯具长轴相垂直的通过灯具中心下垂线的平面为 C0 平面，与 C0 平面垂直且通过灯具中心下垂线的平面为 C90 平面。至少要用 C0、C90 两个平面的光强分布说明非对称灯具的空间配光（如图 1-27 所示）。

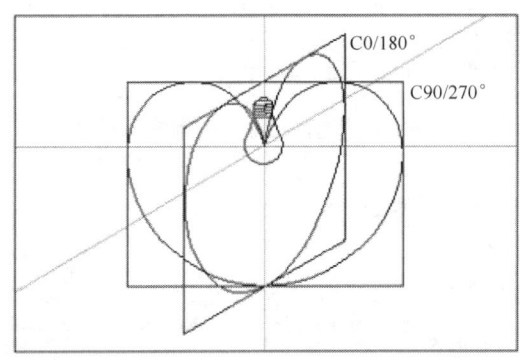

图 1-27　C0 平面、C90 平面的配光曲线

为了便于对各种照明灯具的光分布特性进行比较，统一规定以光通量为 1 000 流明（lm）的假想光源来提供光强分布数据。因此，实际光强应是测光资料提供的光强值乘以光源实际光通量与 1 000 之比。

1.2.3　色度学基础

我们生活在一个多彩的世界里。白天，在阳光的照耀下，各种色彩争奇斗艳，并随着照射光的改变而变化无穷。但是，每到黄昏，大地上的景物，无论多么鲜艳，都将被夜幕缓缓吞没。在漆黑的夜晚，我们不但看不见物体的颜色，甚至连物体的外形也分辨不清。同样，在暗室里，我们什么色彩也感觉不到。这些事实告诉我们：没有光就没有色，光是人们感知色彩的必要条件，色来源于光。因此说：光是色的源泉，色是光的表现。

1. 彩色三要素

描述一种色彩需要使用亮度、色调和饱和度三个基本参量，这三个参量称为彩色三要素。

亮度反映光的明亮程度。彩色光辐射的功率越大，亮度越高，反之亮度越低。不发光物体的亮度取决于它反射光功率的大小。若照射物体的光强度不变，物体的反射性能越好则物体越明亮，反之越暗。对于一定的物体，照射光越强，物体越明亮，反之越暗。

色调反映彩色的类别，如红、橙、黄、绿、青、蓝、紫等不同颜色。发光物体的色调由光的波长决定，不同波长的光呈现不同的色调，不发光物体的色调由照明光源和该物体的吸收、反射或透射特性共同决定。

色饱和度反映彩色光的深浅程度。同一色调的彩色光，会给人以深浅不同的感觉，如深红、粉红是两种不同饱和度的红色，深红色饱和度高，粉红色饱和度低。饱和度与彩色光中的白光比例有关，白光比例越大，饱和度越低。高饱和度的彩色光可加白光来冲淡成低饱和度的彩色光。饱和度最高的彩色称为纯色或饱和色。谱色光就是纯色光，其饱和度为100%。饱和度低于100%的彩色称为非饱和色，日常生活中所见到的大多数彩色是非饱和色。白光的饱和度为0。色饱和度和色调合称为色度，它表示彩色的种类和彩色的深浅程度。

2. 三基色原理

根据人眼的视觉特性，在电视机中重现图像时并不要求完全重现原景物反射或透射光的光谱成分，而应获得与原景物相同的彩色感觉。因此，仿效人眼的三种锥状细胞，可以任选三种基色，三种基色必须是相互独立的，任意一种基色都不能由其他两种基色混合得到，将它们按不同比例进行组合，可得到自然界中绝大多数的彩色。

具有这种特性的三个单色光叫基色光，这三种颜色叫三基色。三基色原理为：自然界中绝大多数的彩色可以分解为三基色，三基色按一定比例混合可得到自然界中的绝大多数彩色。混合色的色调和饱和度由三基色的混合比例决定，混合色的亮度等于三种基色亮度之和。

因为人眼的三种锥状细胞对红光、绿光和蓝光最敏感，所以在红色、绿色和蓝色光谱区中选择三个基色按适当比例混色可得到较多的彩色。在彩色电视中，选用了红、绿、蓝作为三基色，分别用 R、G、B 来表示。国际照明委员会（CIE）选定了红基色的波长为 700 nm，绿基色的波长为 546.1 nm，蓝基色的波长为 435.8 nm。

三基色原理是彩色电视技术的基础，摄像机把图像分解成三基色信号，电视机又用三基色信号还原出原图像的色彩。三基色光相混合得到的彩色光的亮度等于三种基色亮度之和，这种混合色称为相加混色。将三束等强度的红、绿、蓝圆形单色光同时投射到白色屏幕上，会出现三基色的圆图，其混合规律如图 1-28 所示。

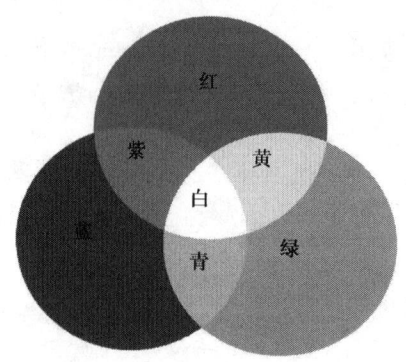

图 1-28 相加混色

适当改变三束光的强度，可以得到自然界中常见的彩色光：

$$红色+绿色=黄色$$
$$绿色+蓝色=青色$$
$$蓝色+红色=紫色$$
$$红色+绿色+蓝色=白色$$

当两种颜色混合得到白色时，这两种颜色称为互补色。红与青为互补色，绿与紫为互补色，蓝与黄为互补色。

$$红色+青色=白色$$
$$绿色+紫色=白色$$
$$蓝色+黄色=白色$$

在彩色电视技术中，常使用以下两种相加混色法。

空间混色法同时将三种基色光分别投射到同一表面上彼此相距很近的三个点上，由于人眼的分辨力有限，能产生三种基色光混合的色彩感觉。空间混色法是同时制彩色电视的基础。

时间混色法将三种基色光轮流投射到同一表面上，只要轮换速度足够快，加上视觉惰性，就能得到相加混色的效果。时间混色法是顺序制彩色电视的基础。

3. 颜色的度量

1）配色实验

给定一种彩色光，可通过配色实验来确定其所含三基色的比例，配色实验装置如图 1-29 所示。用两块互成直角的理想白板将观察者的视场一分为二，在一块白板上投射待配色，另一块白板上投射三基色。调节三基色光的强度，直至两块白板上彩色光引起的视觉效果完全相同。记下三基色调节器上的光通量读数，便可写出配色方程：

$$F=R(R)+G(G)+B(B) \tag{1-28}$$

式中，F 为任意一个彩色光；(R)、(G)、(B) 为三基色单位量；R、G、B 为三色分布系数。要配出彩色量 F，必须将 R 单位的红基色、G 单位的绿基色和 B 单位的蓝基色加以混合。R、G、B 的比例关系确定了所配彩色光的色度（含色调和饱和度），R、G、B 的数值确定了所配彩色光的光通量（亮度）。$R(R)$、$G(G)$、$B(B)$ 分别代表彩色量 F 中所含三基色的光通量成分，又称为彩色分量。

配成标准白光 $E_白$ 所需红、绿、蓝三基色的光通量比为 1：4.5907：0.0601，为了简化计算，规定红基色光单位量的光通量为 1 lm，绿基色光和蓝基色光单位量的光通量分别为 4.590 7 lm 和 0.060 1 lm。

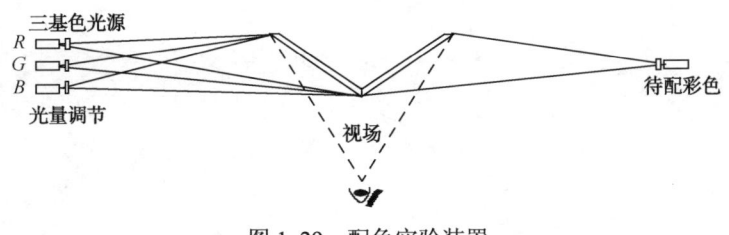

图 1-29 配色实验装置

2）XYZ 制色度图

配色实验的物理意义明确，但进行定量计算比较复杂，实际使用很不方便，为此进行了坐标变换：

$$(X)=0.4185(R)-0.0912(G)+0.0009(B)$$
$$(Y)=-0.1587(R)+0.2524(G)+0.0025(B)$$
$$(Z)=-0.0828(R)+0.0157(G)+0.1786(B)$$
(1-29)

在 XYZ 计色制中，任何一种彩色的配色方程式可表示为

$$F=X(X)+Y(Y)+Z(Z) \tag{1-30}$$

式中，X、Y、Z 为标准三色系数；(X)、(Y)、(Z) 为标准三基色单位。

在 XYZ 计色制中，标准三色系数均为正数，系数 Y 的数值等于合成彩色光的全部亮度，系数 X、Z 不包含亮度，合成彩色光色度仍由 X、Y、Z 的比值决定。当 $X=Y=Z$ 时，配出等能白光 $E_白$。

色度是由三色系数 X、Y、Z 的相对值确定的，与 X、Y、Z 的绝对值无关，如果仅考虑色度值，可以用三色系数的相对值表示。

$$m = X + Y + Z$$
$$x = \frac{X}{X+Y+Z} = \frac{X}{m}$$
$$y = \frac{Y}{X+Y+Z} = \frac{Y}{m}$$
$$z = \frac{Z}{X+Y+Z} = \frac{Z}{m}$$
(1-31)

式中，m 为色模，表示某彩色光所含标准三基色单位的总量，它与光通量有关，对颜色不产生影响；x、y、z 为相对色度系数，又叫色度坐标。由上式可知：

$$x+y+z=1 \tag{1-32}$$

当某一彩色量 F 的相对色度系数 x、y 已知时，则 z 也为已知，即 z 是一个非独立的参量。这样就可将由配色实验得到的数据换算成 x、y 坐标值，并画出其平面图形，即 x-y 标准色度图，如图 1-30 所示。

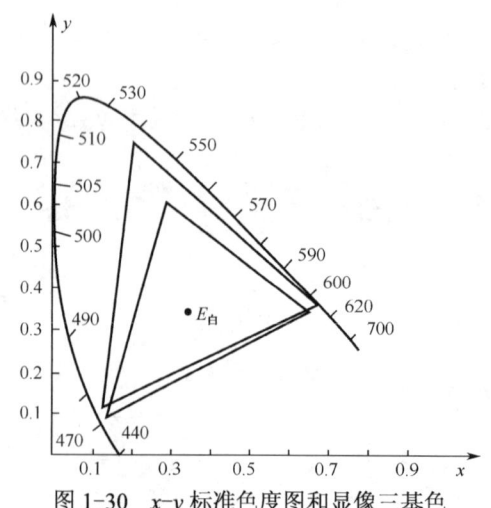

图 1-30　x-y 标准色度图和显像三基色

第 1 章　显示技术与显示光学基础

在 x-y 色度图中，所有光谱色都在图中所示的舌形曲线上。曲线上各点的单色光既可用一定的波长来标记，也可用色度坐标来表示，该曲线也称为光谱色曲线。舌形曲线下面不是闭合的，用直线连接起来，则自然界中的所有实际彩色都包含在这封闭的曲线之内。

$E_白$点的坐标为 $x=1/3$，$y=1/3$，谱色曲线上任意一点与 $E_白$点的连线称为等色调线。该线上所有的点都对应同一色调的彩色，线上的点离 $E_白$点越近，该点对应的彩色的饱和度就越小。

谱色曲线内的任意两点表示了两种不同的彩色，这两种彩色的全部混色都在这两点的连线上。合成光的点离该两点的距离与这两种彩色在合成光中的强度成反比。

在谱色曲线内，任取三点所对应的彩色作为基色混合而成的所有彩色都包含在以这三点为顶点的三角形内。三角形外的彩色不能由此三基色混合得到。

彩色显示器都以 RGB 三基色混合作为基本工作原理，每个像素点都包含红、绿、蓝三种颜色的子像素，这个像素所显示出的颜色正是由这三个子像素按一定亮度比例混合而成的，只是这些像素很小，人眼无法直接看清，看到的就是混合后的颜色。目前的色域通常是在 CIE1931 上体现的，由 RGB 三种纯色的坐标所围成的三角形的面积就是其色域面积，因此，彩色显示选择的三基色应在色度图上有尽量大的三角形面积。如图 1-31 所示，习惯上用 sRGB 色彩空间的色域范围在色度图上的三角形面积与 NTSC 色域的面积相比得出的百分数来体现。NTSC 制式又简称为 N 制，是 1952 年 12 月由美国国家电视标准委员会（National Television System Committee，NTSC）制定的彩色电视广播标准。

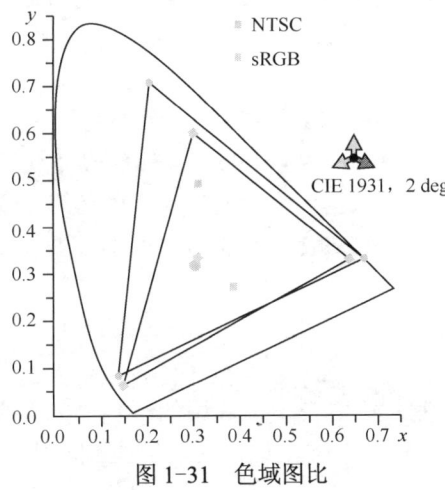

图 1-31　色域图比

图 1-32 列出了市场上一些液晶显示器的色域测量结果。

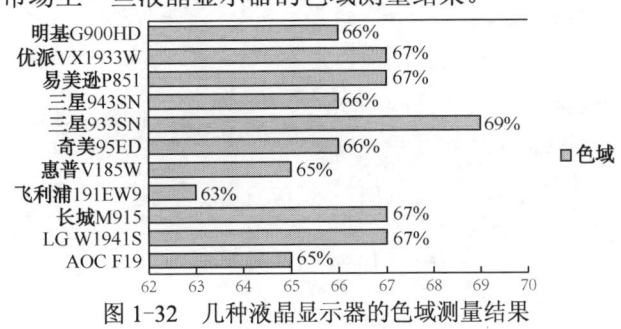

图 1-32　几种液晶显示器的色域测量结果

25

4. 显像三基色和亮度公式

1) 显像三基色

彩色图像是靠红、绿、蓝三种基色光混合得到的，这三种基色称为显像三基色。我们希望选出的显像三基色在色度图上的三角形面积尽可能大些，这会使混合出来的色彩更丰富。

不同彩色电视制式所选用的显像三基色是不同的，选用的标准白光也不一样。NTSC 制和 PAL 制采用的显像三基色和标准白光的色度坐标如表 1-4 所示，在色度图中的位置分别见图 1-30 中的三角形。

表 1-4　显像三基色和标准白光的色度坐标

制　　式		NTSC 制				PAL 制			
基色和标准白光		R_{e1}	G_{e1}	B_{e1}	C_{r1}	R_{e2}	G_{e2}	B_{e2}	C_{65}
白度坐标	X	0.67	0.21	0.14	0.31	0.64	0.29	0.15	0.313
	Y	0.33	0.71	0.08	0.316	0.33	0.6	0.06	0.329

2) 亮度公式

由显像三基色和标准白光的色度坐标经线性矩阵变换可导出 NTSC 制中显像三基色 R_{e1}、G_{e1}、B_{e1} 和 X、Y、Z 之间的关系式为

$$X = 0.607 R_{e1} + 0.174 G_{e1} + 0.200 B_{e1}$$
$$Y = 0.299 R_{e1} + 0.587 G_{e1} + 0.114 B_{e1}$$
$$Z = 0.000 R_{e1} + 0.066 G_{e1} + 1.116 B_{e1} \tag{1-33}$$

式中，Y 代表彩色的亮度，由显像三基色配出的任意彩色光的亮度为

$$Y = 0.299 R_{e1} + 0.587 G_{e1} + 0.114 B_{e1}$$

通常简化为

$$Y = 0.3R + 0.59G + 0.11B \tag{1-34}$$

式（1-34）称为亮度公式。

由表 1-4 可知，在 PAL 制彩色电视中，选用的三基色和标准白光的色度坐标与 NTSC 制不一样，亮度公式中的系数有所不同，但是两者的差别不大，因此在 PAL 制中也采用式（1-34）作为亮度公式。

5. 光源色度测量方法

1) 色度测定原理

为了定量地表示颜色，通常的方法是采用标准三基色，即红、绿、蓝，分别用 X、Y、Z 标准三色系数表示。在理论上有

$$X = k \int_\lambda \varphi(\lambda) \overline{x}(\lambda) \mathrm{d}\lambda$$
$$Y = k \int_\lambda \varphi(\lambda) \overline{y}(\lambda) \mathrm{d}\lambda \tag{1-35}$$
$$Z = k \int_\lambda \varphi(\lambda) \overline{z}(\lambda) \mathrm{d}\lambda$$

式中，$\varphi(\lambda)$ 为光源的相对光谱密度功率分布；$\bar{x}, \bar{y}, \bar{z}$ 描述的是人眼的三种锥状细胞对各种色光的感应度，该图被称为 CIE 1931 配色函数曲线，如图 1-33 所示；k 为明视觉最大光谱光视效能，它表示人眼对波长为 555 nm 的光辐射产生光感效能。

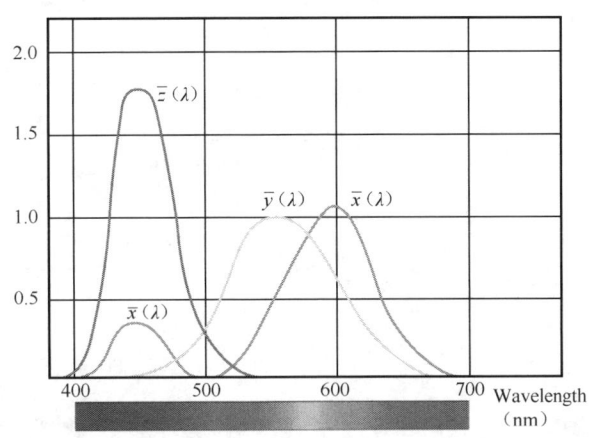

图 1-33 CIE 1931 配色函数曲线

再由式（1-31），可求出相对色度系数 x、y、z，即色度坐标。

光谱辐射测定方法是目前最精确，也是最完整的描述色彩的方法。光谱能量分布曲线可以用来进行简单的目测分析，也可以和另一种光源的曲线数据进行比较。最好的应用是将光谱数据和 CIE 的配色函数曲线一起进行积分，得到 CIE 三刺激值。然后将三刺激值通过公式转换，计算得出各种 CIE 色度坐标和亮度值，也就是通常所接触到的色空间。

● 三刺激测量法。

三刺激测量法（如图 1-34 所示）：此方法测量速度快，测量范围广。传感器精度与 CIE 曲线的吻合度总是有限的，一些小的误差偏离会存在于测量仪器的敏感度曲线上。在测量一些整个可见光谱段放射连续能量的光源时，这些小的误差可以被忽略。但是，如果光谱的谱线比较特殊或带宽非常窄，则测量就可能出现较大误差。因此，三滤光片测色仪通常不适用于测量谱线特殊的光源或谱线带宽非常狭窄的光源（如高压放电灯、LED）。

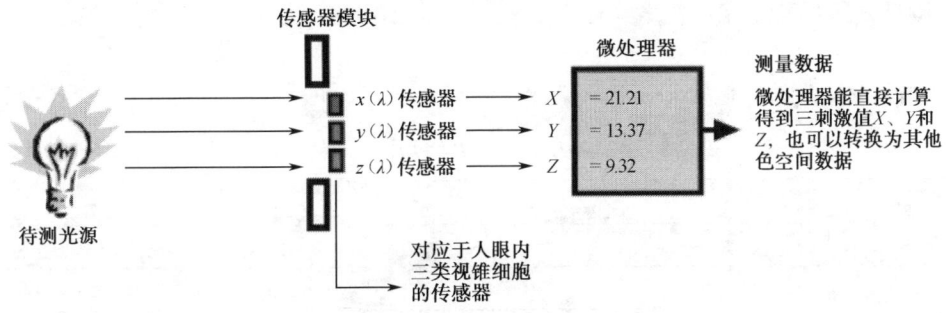

图 1-34 CIE 1931 色度三刺激测量法

● 分光型测量法。

分光型测量法（如图 1-35 所示）：分光型测量法是测量光源光谱能量分布的最理想方法，不仅能测量辐射度值或光度值，还可以测量色度值。采用这种方法的仪器测量光源的辐射光谱,并计算得到所需的参数。无论是使用光栅分光,还是用棱镜分光,仪器测得的光源数据都是一致的。无热能辐射体,能量分布带宽非常狭窄的一些物体,都只能使用分光辐射度计测量。但其测量速度较慢,价格高且携带不方便。

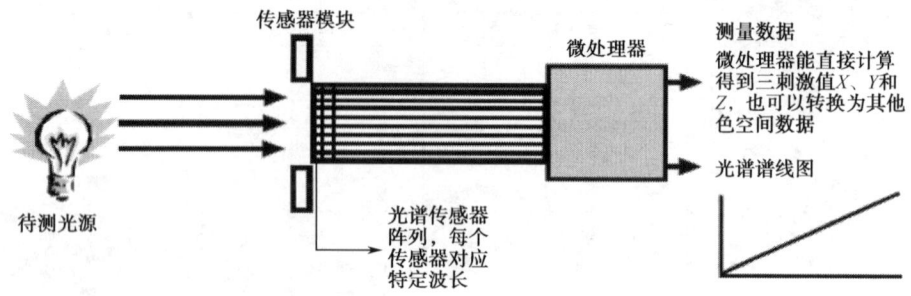

图 1-35　CIE 1931 色度分光型测量法

2)色度测定设备

如图 1-36 所示,BM-7 主要应用于各种显示器光学特性的测试,可以用来测定亮度、色度、色温 CIELAB、CIELUV、色差等。由于其高性价比,目前成为行业内的标准测试仪器。如图 1-37 所示,它配合自动测量台,可实现 5 点、9 点、13 点等多点自动测试。

图 1-36　BM-7

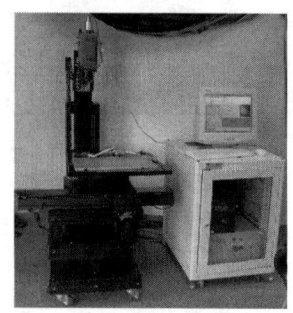

图 1-37　BM-7 测试系统

BM-7 的技术指标如下。
- 测定角:2°/1°/0.2°/0.1°。
- 测试内容:亮度 L;色度($x.y$)、($u'.v'$ CIE1976L 标准);三色值($X.Y.Z$);色温(Tc);
- 测试范围,见表 1-5。

表 1-5　测试范围

		测试值 cd/m²			
		2°	1°	0.2°	0.1°
量程	1	0.01～30	0.04～120	1～3 000	4～12 000
	2	0.03～90	0.12～360	3～9 000	12～36 000
	3	0.1～300	0.4～1 200	10～30 000	40～120 000
	4	1～3000	4～12 000	100～300 000	400～1 200 000
	5	10～30 000	40～120 000	1 000～3 000 000	4 000～12 000 000

- 测试距离：350mm～∞，见表1-6。

表1-6 测试距离

光圈(⌀mm) / 测试角	测试距离（m）				
	0.35	0.5	1	5	10
2°	10.0	15.4	32.8	169	341
1°	5.0	7.7	16.4	85	170
0.2°	1.0	1.5	3.3	17	34
0.1°	0.5	0.8	1.6	8	17

1.2.4 显示器发光基础

1. 显示发光原理

1）光源发光原理

自然界的一切发光都可以归结为原子发光。简单来说，光源的发光过程就是光源发光物质内部原子的发光过程，即发光物质原子受到内部或外部的某种激励，由低能态跃迁到某高能态，然后通过自发辐射或受激辐射的方式向低能态跃迁，释放光子。

2）光源的发光方法

按照激发的方式可将发光物质的发光分为由热激发的热致发光、由电磁辐射激发的光致发光、由电子束激发的阴极射线发光及由电压激发的电致发光。

普通的白炽灯属于热致发光。白炽灯通电后钨丝达到近 3 000 ℃的高温，钨原子剧烈的热运动导致发光。普通的荧光灯属于光致发光。荧光灯通电以后，电子轰击汞蒸气产生紫外线，紫外线激发管壁荧光粉产生可见光。普通的 CRT 电视属于阴极射线发光。CRT 电视电子枪发出的高能电子激发荧光粉原子发光。普通激光器大多是电压激发工作物质发光的。

3）显示光源

显示器可分为主动发光显示器和非主动发光显示器。主动发光显示器的屏本身就是显示光源。非主动发光显示器需要另外的光源。如表 1-7 所示为显示器光源列表及其比较。

表1-7 显示器光源列表及其比较

显示器	光源	发光物质	形态	激励方式
阴极射线管显示器（CRT）	显示屏	高能电子荧光粉	固态	阴极射线发光
等离子体显示器（PDP）	显示屏	汞蒸气/紫外荧光粉	气态/固态	光致发光
电致发光显示器（ELD）	显示屏	电致发光荧光粉	固态	电致发光
真空荧光显示器（VFD）	显示屏	低能电子荧光粉	固态	阴极射线发光

续表

显示器	光源	发光物质	形态	激励方式
发光二极管显示器（LED）	显示屏	半导体	固态	电致发光
有机发光二极管显示器（OLED）	显示屏	有机薄膜	固态	电致发光
场致发射显示器（FED）	显示屏	高能电子荧光粉	固态	阴极射线发光
液晶显示器（LCD）	冷阴极荧光灯（CCFL）	汞蒸气/紫外荧光粉	气态/固态	光致发光
	发光二极管（LED）	半导体	固态	电致发光
电致变色显示器（ECD）	自然光	/	/	/
LCD 投影 DLP 投影 LCoS 投影	钨卤素灯	钨，卤素	固态/气态	热致发光
	超高压汞灯、金属卤化物灯和氙灯	汞，金属卤化物，氙	气态	电致发光
	LED	半导体	固态	电致发光
CRT 投影	阴极射线管	高能电子荧光粉	固态	阴极射线发光

2. 显示色彩技术

显示色彩通常采用 RGB 三色系统实现。为了获得三基色，不同的显示器采用的方法有所不同。

CRT、PDP 采用三色荧光粉获得三基色。

LED 全彩色显示则采用红色、绿色、蓝色三种发光二极管直接得到三基色。

LCD 有两种背光源：一种为 CCFL 背光，光谱如图 1-38（a）所示；另一种为 LED 背光，光谱如图 1-38（b）所示。它们均是利用光源发出的白光通过三色滤光片获得三基色的。

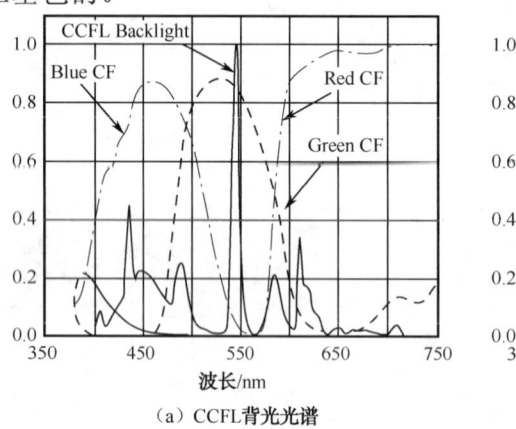

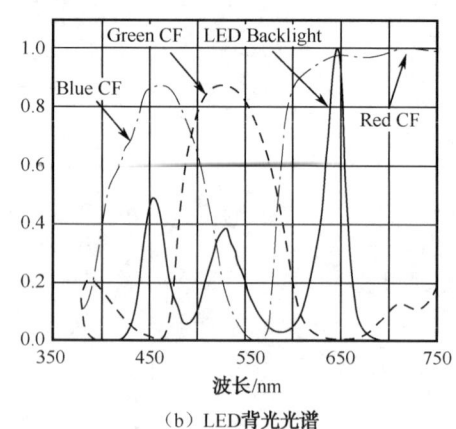

(a) CCFL背光光谱　　　　　(b) LED背光光谱

图 1-38　LCD 背光光谱

DLP 投影显示大部分使用金属卤素灯，采用三色轮；三色轮由红 R、绿 G、蓝 B 三段色组成，后来又出现了四色轮技术，它在原有的三色基础上增加了纯白色，这在一定限度上提高了图片的亮度和表现力，之后又出现了五色轮技术，它在四色轮的基础上加入了黄色，使得投影效果有了极大的提高，因此得到了主流厂商的推崇，并很快成为现在投影机市场的主流。

思考与练习题 1

1. 显示器的主要参数有哪些？
2. 平板器件响应时间指的是什么？
3. 如何才算是高清晰显示器？
4. 全彩色的灰度指的是什么？
5. 什么是可见光，可见光的范围是由什么决定的？
6. 人眼有哪些特性？人眼是怎样分辨颜色的？
7. 光度学的主要物理量是什么，它们的含义是什么？
8. 什么是朗伯发光体？
9. 什么是饱和度？在色度坐标中，离边缘近的颜色饱和度高还是离中心近的颜色饱和度高？
10. 发光体的颜色是如何度量的？

第2章 液晶显示器

液晶显示器是目前众多平板显示器中发展最成熟、应用面最广、已经产业化并且仍迅速发展着的一种显示器件。从液晶材料的发现直到显示器件的研制、产品的开发、显示模式的发展经历了漫长的过程。目前，我国已是液晶显示器的生产大国，生产的产品有从小尺寸的手机到大尺寸的液晶电视，且我国拥有相当大的消费市场。

2.1 液晶的基本概念

2.1.1 液晶发展简史

1888年，奥地利植物学家F. Reinitzer在测定有机物熔点时发现某些有机物熔化后会经历一个不透明浑浊液态阶段，继续加热，才成为透明的各向同性液态。1889年，德国物理学家O. Lehmann观察到同样的现象，并且发现呈浑浊状液体的中间具有和晶体相似的性质，因此定名为"液晶"。尽管如此，液晶这种材料一直没有得到有效的利用。直到20世纪60年代这一现象才有了改观。

1961年，美国无线电公司（RCA）普林斯顿研究所的一位年轻的技术工作者名叫G. H. Heimeier，他一直从事微波固体元件的研究。有一天，他的一位从事有机半导体研究的同事向他介绍了自己所从事的研究工作，Heimeier对此产生了极大的兴趣。于是Heimeier改变了自己的专业，将自己的电子学知识应用到了有机化学领域，很快便取得了成绩，一年就发表了5篇论文。他将染料与向列液晶混合，夹在两片透明导电玻璃之间，只施加了几伏电压，功率不到几个微瓦每平方厘米（$\mu W/cm^2$），液晶盒就由红色变成透明态，这就是液晶显示器的雏形。以此为开端，Heimeier 的研究小组相继发现了液晶的动态散射和相变等一系列液晶的电光效应，并研究出了一系列数字、字符显示器件，以及液晶钟表、驾驶台显示器等应用产品。

1968 年，美国无线电公司（RCA）向世界公布了这些研究成果。此时正是日本经济高速发展的时期，美国的研究成果引起了日本科技界和工业界的兴趣。日本将当时正在兴起的大规模集成电路与液晶相结合，以个人电子化市场为导向，很快开发出液晶手表、液晶计算器等低档产品，打开了液晶显示实用化的局面，并由此发展到小尺寸无源矩阵的黑白电视、非晶硅有源矩阵彩色电视，直到目前的多晶硅有源矩阵高分辨率彩色显示器，不但促进了日本微电子工业的惊人发展，还一直领导着世界液晶工业的发展方向，掌握着液晶工业最前端的技术。韩国和中国台湾这几年也奋起直追，抢占了一定的市场，而且韩国的技术也处于领先地位。

经过这么多年的发展，液晶已经形成了一个独立的学科。液晶知识涉及多个学科，如化学、电子学、光学、计算机、微电子、精加工、色度学和照明等。要想全面深入了解液晶显示器件，必须在上述提及的领域掌握一定的知识。

2.1.2 液晶的分类

我们知道物质有三态：固态、液态和气态。通常固体在一定温度条件下直接变成透明的液体。然而，有些有机材料不是直接从固体转变为液体的，而是在熔融温度首先变为不透明的浑浊液体，此后温度进一步升高时才转变为透明的液体，这种中间状态的物质就是液晶。因此液晶是指在某一温度范围内，从外观看属于具有流动性的液体，但同时又具有光学双折射性的晶体。由此可以看出液晶的特点：一方面具有像液体一样的流动性和连续性，另一方面又具有像晶体一样的各向异性，如光学各向异性，介电、介磁各向异性等，液晶就是一种有序的流体。

当这类物质从各向同性的状态冷却时，类似液晶的特征又恢复了。这种中介相在热力学上是可逆的（如图 2-1 所示）。

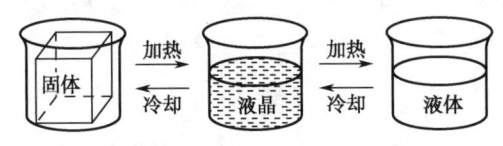

图 2-1 液晶物质随温度变化而发生的状态变化

要测定某一物质是否具有液晶性质，可通过一简便方法做出判断。这个方法就是将试样充填于一内径为 1～2 mm 的玻璃毛细管中，观察在升温和降温过程中该样品的外观变化。若存在液晶相，则在固相和透明的液相之间，可观察到一种浑浊半透明的液体状态。同样这种办法还可测出熔点和清亮点的相变温度，尽管精度可能不高。

如果想准确测定液晶的相变化，就要用偏光显微镜观测。用偏光显微镜可以观察到各种液晶相所特有的双折射光学织构。

所谓"织构"是指液晶薄膜（通常夹于两片玻璃之间）在正交偏振光显微镜下所观察到的图像，因此又称为光学织构。织构产生自样品中存在的缺陷的干涉效应和材料中指向矢取向变化两者的结合。

"指向矢"是分子取向的一种表达方法,在液晶连续体理论中用来描述在一个无限小体积元内大量液晶分子的平均长轴取向。

在偏光显微镜下,液晶薄膜会呈现出各种绚丽多彩的图案,这就是织构。不同的液晶相,织构各不相同,因此它常用来表征液晶相。典型的光学织构有条纹织构、平面织构、焦锥织构、指纹织构、镶嵌织构及各向同性织构。各向同性织构往往只能在蓝相或 D 相中观察到。因为这些液晶是光学各向同性的,所以在正交偏振片下,视场内一般是全黑的。但有时,特别是在相变温度附近,可以清楚看到菱形、正方形、矩形或六角形的规则的零星图案,甚至可以看到它们产生、增大,直至充满整个视场。

不过,同一液晶相可以显示一种以上的织构,反过来,一个织构可以对应一个以上液晶相,这就给鉴别带来了困难。同时,样品的制备、样品的边界条件、显微镜的偏光状态及样品温度与相变点的差值等,都会给织构观测带来一定影响。因此,织构观测不是液晶相表征的唯一工具,必要时要通过做相容性实验、X 射线衍射或中子衍射加以确定。

液晶物质大多为有机化合物,其分子的形状一般为细长的棒状或扁平的板状,也有盘状的等。根据形成的条件和组成,液晶可以分为两大类,即热致液晶和溶致液晶。前者呈现液晶相是由温度引起的,并且只能在一定温度范围内存在,一般是单一组分;而溶致液晶是由符合一定结构要求的化合物与溶剂组成的体系,由两种以上的化合物组成。

1. 热致液晶

热致液晶因分子排列有序状态的不同可分为层列相液晶、向列相液晶和胆甾相液晶三种。

1)近晶相液晶(层列相液晶、S 型 Smectic)

近晶相液晶由棒状或条状分子组成,分子排列成层,在层内分子长轴相互平行,其方向与层面垂直或成一角度,因为分子排列整齐,所以其规整性接近晶体,如图 2-2 所示。这种排列的分子层之间的作用力较弱,液晶分子侧面的作用力大于分子层之间的作用力,相互之间较易滑动,因此液晶分子在层内可以前后、左右自由平移,不能在上下层之间移动。因而近晶相液晶呈二维流体的性质。层列相液晶每层厚度为 2~8 Å。在这种液晶中光沿着与层垂直的方向通过的速度要比与层平行的方向通过的速度慢。与通常的液体相比,近晶相液晶具有高黏度的特性。由于它的高度有序性,近晶相经常出现在低温区。已经发现至少有 8 种近晶相(S_A~S_H),近年来近晶 J 和 K 相也已被证实。

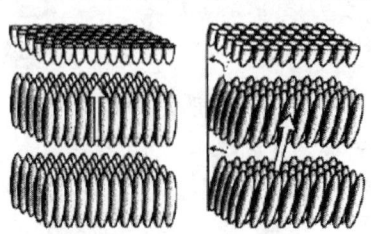

Smectic A   Smectic C

图 2-2 层列相液晶

2)向列相液晶(N 型 Nematic)

在图 2-3 所示的向列相结构中,如果没有外部取向(表面边界和场)的影响,棒状分子在长轴方向上平行或近似平行排列，每个分子在长轴方向可以较自由地移动，不存在层状结特性，而在电学上又有明显的介电各向异性，这样可以利用外加电场对具有各向异性的向列相液晶分子进行控制，使其改变排列状态（或称原有分子的有序状态），从而改变液晶的光学性能，实现液晶对外界光的调制（透射、反射、吸收等），达到显示目的。

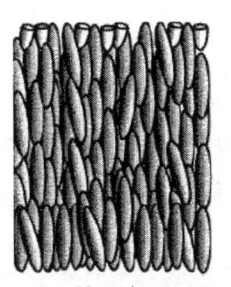

Nematic

图 2-3　向列相液晶

与近晶相液晶相比，向列相液晶的黏度小，富于流动性。产生这种流动性的原因，主要是向列相液晶的各个分子容易顺着长轴方向自由移动。

向列相液晶分子本质上可以取向，粘在支撑物表面上可降低它的流动性。例如，在一个方向上均匀地摩擦表面，预先涂在玻璃表面上的取向剂将使液晶分子均匀排列，这种由于边界条件造成的扭曲向列结构在液晶显示器件中非常有用。如果往向列相液晶中添加旋光结构，采用适当的表面活性剂，可使向列相液晶分子均匀地"站立"于表面。可以通过偏光显微镜观察到这种垂直织构的假性各向同性。

3）胆甾相液晶（CH 型 Cholesteric）

这类液晶大部分是胆甾醇的各种衍生物，因此得名胆甾相。胆甾相液晶具有很强的光学活性，并且有天然的螺旋结构。如图 2-4 所示，胆甾相液晶分子呈扁平状，排列成层，层内分子相互平行，分子长轴平行于层平面，但相邻内的分子长轴方向成一小角度，多层分子的排列方向逐渐扭曲成螺旋线。当不同层的分子长轴排列沿螺旋方向经历 360° 变化后，又回到初始取向，这个周期的层间距称为螺距 P。

Cholesteric C

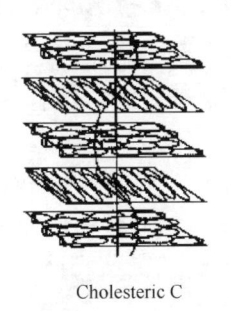

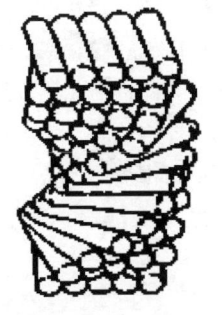

图 2-4　胆甾相液晶

胆甾相液晶的旋光性、选择性光散射和圆偏振光二色性等光学性质，就是由这种特殊的螺旋结构引起的。

向列相液晶与胆甾相液晶可以互相转换。在向列相液晶中加入旋光物质，会形成胆甾相；在胆甾相液晶中加入消旋向列相液晶，能将胆甾相转变为向列相。

胆甾相液晶的螺距约为 300 nm，与可见光波长为同一数量级。这个螺距会随外界温度、电场条件不同而改变。螺旋的方向既可以是左旋，也可以是右旋。

胆甾相液晶在显示技术中十分有用，它大量用于向列相液晶的添加剂，使向列相液晶形成焦锥结构排列，用于相变（Pc）显示；它可以引导液晶在液晶盒内形成沿面 180°、270°等扭曲排列，制成超扭曲（STN）液晶显示器等。

蓝相是各种胆甾相液晶（胆甾醇衍生物和手性液晶）在稍低于清亮点时存在的一个或两个热力学稳定相，它是介于胆甾相和各向同性相之间的一个狭窄温度区间（只有几度）的新相。由于它通常呈现蓝色，故称为蓝相，这是由于它选择性反射圆偏振光或伴随着异常旋光弥散所致。

蓝相是一种稳定的相态，具有远程取向有序的特征。蓝相因早期的研究而得名，蓝相不一定都是蓝色，可以是蓝、蓝灰、绿或白色等，其色彩取决于布拉格散射，当然主要是螺距的长短。短螺距蓝相是透明的，反射成蓝色；长螺距蓝相是不透明的，反射成雪花状的白色。

与普通手性向列相相比，蓝相具有双扭曲结构。如图 2-5 所示为蓝相的双扭曲结构图。多年来，人们认定大多数胆甾相螺旋结构都可以描述为单螺旋绕着指向矢旋转。反过来，在新的结构中，螺旋的指向矢可以绕着垂直于螺旋线的任何轴转。虽然实际存在的螺旋轴不限数量，但它的结构还是命名为双扭曲结构。

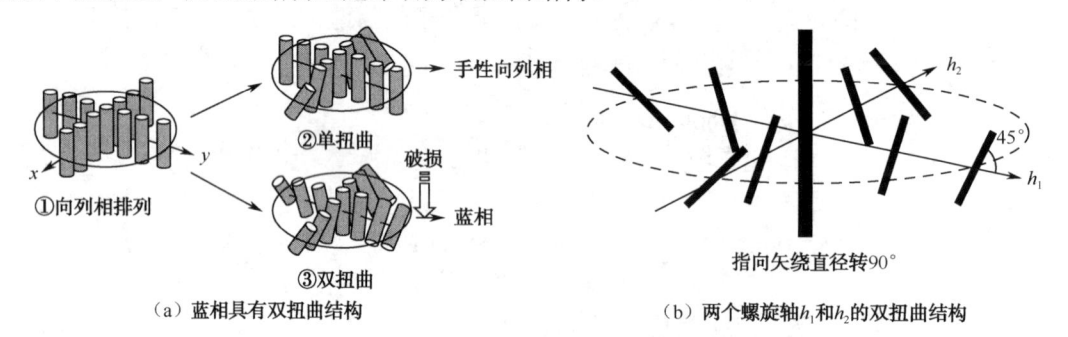

（a）蓝相具有双扭曲结构　　（b）两个螺旋轴h_1和h_2的双扭曲结构

图 2-5　蓝相的双扭曲结构

蓝相之所以很少见，是因为只有在离中心一定距离的地方，双扭曲结构比单扭曲结构才更稳定。因为这个距离是手性向列相液晶螺距量级（100 nm），而且一般的液晶样品的几何尺寸要大得多，所以双扭曲结构很少出现。

蓝相液晶存在的温度区间很窄，通常只有 1 ℃左右，一直找不到它的用途。近年来，人们找到了拓展蓝相液晶存在的温度区间的方法，如通过添加一定量的聚合物，使蓝相液晶固定在网格中，获得温度范围为 60 ℃乃至 100 ℃的蓝相液晶材料。这就为它的应用奠定了良好的基础。

2. 溶致液晶

多数溶致液晶具有层状结构，称为层状相。在这种结构内，各层中，分子的长轴互相平行并且垂直于层的平面。层状相与热致液晶的近晶相 A 相类似，两者都呈现出焦锥织构、扇形织构和细小的镶嵌织构。层状相是单轴晶体，其光轴垂直于层的平面。

由以上内容可知，液晶分子的排列并不像晶体结构那样牢固，很容易受到电场、磁场、温度、应力及吸附杂质等外部刺激的影响，因而很容易使其各种光学性质发生变化。液晶的这种作用力微弱的分子排列，正是液晶能开拓出目前所见到的广泛应用的关键条件。

2.2 液晶用于显示的性能

从 2.1 节我们看到不管是哪一类液晶，液晶分子长轴相互平行是它们共同的特点，因而液晶物质的折射率 n、介电常数 ε、磁化率 χ、电导率 σ 和黏度系数 η 等，在平行于液晶分子的长轴方向和垂直于液晶分子长轴的方向有很大的不同，即存在各向异性，也即 $n_{//} \neq n_\perp$、$\varepsilon_{//} \neq \varepsilon_\perp$、$\chi_{//} \neq \chi_\perp$、$\sigma_{//} \neq \sigma_\perp$、$\eta_{//} \neq \eta_\perp$。下面分别讨论液晶的几种物理性能。

2.2.1 液晶的物理特性及其测定方法

1. 有序参量 S

液晶，特别是应用最多的向列相液晶，其分子整体的取向（称之为主轴方向）是一致的，但就其单个液晶分子而言，其排列又是一种偏离主轴方向的无序状态，通常与主轴有一定的夹角，如图 2-6 所示。图中的 n 为主轴方向是单位矢量——液晶的指向矢，θ 为个别液晶分子长轴方向 a 相对于 n 的夹角。

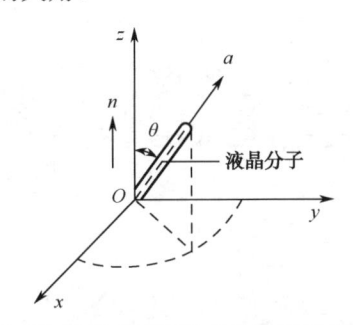

图 2-6 向列相液晶分子长轴直角坐标系中的取向位置

在一定温度下，分子的热运动使棒状分子不完全平行于 n 进行排列，因此引入一个描述液晶排列有序程度的物理量——有序参量，用 S 来表示：

$$S = \frac{1}{2} <3\cos^2\theta - 1> \tag{2-1}$$

式中，<>表示在全空间取平均。

一般将各向同性的液体的有序参量定义为零，即 $S=0$；而液晶分子完全平行排列的理想晶体中，在 $T=0$ K 时有序参量 $S=1$；一般晶体的 S 值在 0.3~0.8 之间，液晶的 S 值之所以有一取值范围主要是由于 S 与液晶的温度有关。S 的取值还可由下式得到。

$$S = k \frac{T_C - T}{T_C} \tag{2-2}$$

式中，T_C 为向列相液晶的清亮点温度（即变为各向同性时的 T）；T 为向列相液晶的温度；k 为比例系数。

有序参量与液晶材料、温度有关，当温度上升时，有序参量下降，从而导致液晶显示器的显示质量下降。

2. 介电各向异性 $\Delta\varepsilon$

1）介电各向异性

介电常数反映了在电场作用下介质的极化程度。实用的液晶分子一般都是刚性的棒状分子。从分子结构上看，液晶分子的头、尾和侧面所接的分子集团不同使得液晶分子在长轴和短轴两个方向上具有不同的性质，即平行于液晶分子长轴的介电常数 $\varepsilon_{//}$ 与垂直方向的介电常数 $\varepsilon_\perp$ 不同。液晶材料的介电各向异性 $\Delta\varepsilon$ 可由下式表示：

$$\Delta\varepsilon = \varepsilon_{//} - \varepsilon_\perp \tag{2-3}$$

$\Delta\varepsilon$ 的数值因材料不同可正可负。$\Delta\varepsilon > 0$ 的液晶称为正性液晶（或 P 型液晶），而 $\Delta\varepsilon < 0$ 的液晶称为负性液晶（或 N 型液晶）。

对于正性液晶，$\Delta\varepsilon > 0$，$\Delta\varepsilon = 10 \sim 20$；对于负性液晶，$\Delta\varepsilon < 0$，$\Delta\varepsilon = -(1 \sim 2)$。

因为液晶分子是极性分子，分子间的相互作用力使液晶分子集合在一起时，分子长轴总是互相平行的，或有一个择优方向，所以当有外加电场时，极性分子会受到电场力的作用。对于正性液晶，当外加电场的强度大于某强度的电场（$E > E_c$）时，其分子长轴平行于电场方向；而当负性液晶处于外加电场，且满足 $E > E_c$ 时，液晶分子的长轴垂直于电场方向，如图2-7所示。

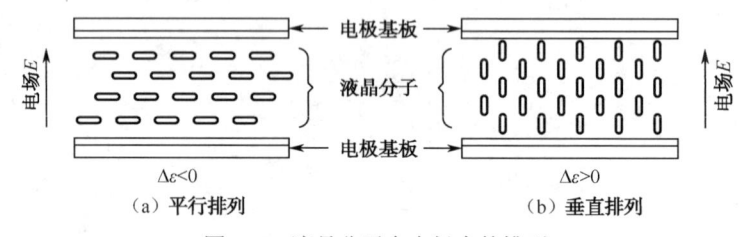

图2-7 液晶分子在电场中的排列

2）介电常数的测量

如果不能确定液晶材料的介电各向异性，可以采用测量介电常数的方法，利用相关公式进行计算。介电常数的测量方法有两种，即磁场法和电场法。

（1）磁场法。

如图2-8所示为磁场法测量介电常数的示意图。测量条件为：液晶盒厚200～300 μm，空盒电阻率为 $10^{13} \sim 10^{14} \Omega \cdot cm$ 或更高，测量电压<1.2 V，频率为 1 kHz。

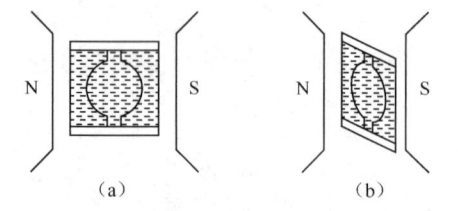

图2-8 磁场法测量介电常数的示意图

测量的具体程序如下：

① 将空液晶盒放在磁场中，用精密 LCR 仪测量空液晶盒的电容 C_0；

② 将待测液晶注入空液晶盒，放入磁场中，使液晶分子长轴方向与电场方向垂直，测得电容 $C_\perp$，如图 2-8（a）所示，则 $\varepsilon_\perp = C_\perp / C_0$；

③ 将液晶分子长轴方向调整为与电场方向平行，测得电容 $C_{//}$，如图 2-8（b）所示，则 $\varepsilon_{//} = C_{//} / C_0$。

利用公式 $\Delta\varepsilon = \varepsilon_{//} - \varepsilon_\perp = (C_{//} - C_\perp)/C_0$ 即可算出 $\Delta\varepsilon$。

实验中用 5CB 为介质，在 25 ℃、1.6 kHz 的条件下，测得 $\varepsilon_{//} = 19.6$，$\varepsilon_\perp = 6.5$，为方便起见，有效测量面积为 $1\ cm^2$。

（2）电场法。

将液晶盒夹在平行的两片电极基板间，当液晶的静电电容和电阻各为 C 和 R 时，液晶盒在交变电场的等价回路可近似为如图 2-9 所示。在这种条件下，用精密 LCR 仪器测量液晶静态定电容 C，再用下式求出液晶的介电常数 ε：

$$\varepsilon = C\frac{d}{S} \tag{2-4}$$

式中，S 为平行电极的面积；d 为平行电极的间距。

不需要直接测定上式中的 S 和 d，只要测定注入液晶盒前空盒的静态电容 C_0，则液晶的介电常数 ε 可由下式求出：

$$\varepsilon = \frac{C}{C_0} \tag{2-5}$$

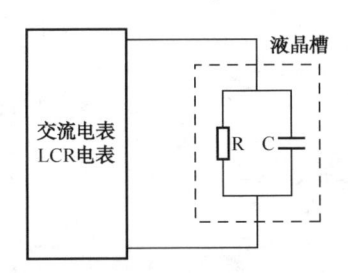

图 2-9　介电常数测量等价回路

当测定平行于液晶分子长轴方向的介电常数 $\varepsilon_{//}$ 时，使用垂直排列的液晶盒；当测定垂直于分子长轴方向的介电常数 $\varepsilon_\perp$ 时，则使用平行排列的液晶盒。测定时外加电压不能使液晶分子排列发生变化，为此，外加电压要低于阈值电压，这样就可以得到所要的 $\Delta\varepsilon$。

3. 折射率各向异性 Δn

1）折射率各向异性

液晶的主要特征之一是与光学单轴晶体相同，具有折射率各向异性的双折射。单轴晶体具有两个不同的折射率 n_o 和 n_e。n_o 对应于寻常光，其电矢量振动方向垂直于液晶分子的光轴；n_e 对应于非寻常光，其电矢量振动方向平行于液晶分子的光轴。因此一束光照射到液晶后会分成两束传播速度不同，而振动方向又相互垂直的光。据 $v = c/n$ 可以推知 $v_o \neq v_e$，表明在与分子指向矢 n 相互垂直和平行方向的 $n_\perp$ 和 $n_{//}$ 不相等。

在向列相液晶和近晶相液晶中，分子长轴的指向矢 n 的方向就是单轴晶体的光轴。主

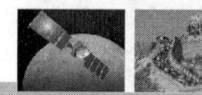

折射率 n_o 代表电矢量振动方向与光轴垂直的寻常光的折射率 $n_\perp$；主折射率 n_e 代表电矢量振动方向与光轴平行的非寻常光的折射率 $n_{//}$，即

$$n_o=n_\perp, \quad n_e=n_{//}$$

折射率各向异性 Δn 可由下式求得：

$$\Delta n=n_e-n_o=n_{//}-n_\perp \tag{2-6}$$

向列相和近晶相液晶的折射率椭球示于图 2-10（a）中，对于寻常光表现为球面，对于非常光则表现为旋转椭圆体。而且 $n_{//}>n_\perp$，只有在指向矢 n 的方向上两者才是一致的。因此 $\Delta n>0$，向列相和近晶相液晶具有正的光学性质。

在胆甾相液晶的情况下，光轴即螺旋轴，它与液晶分子长轴指向矢 n 的方向垂直。这时有

$$n_o=\sqrt{\frac{1}{2}(n_{//}^2+n_\perp^2)} \tag{2-7}$$

$$n_e=n_\perp$$

现在仍有 $n_{//}>n_\perp$，由式（2-7）可知：

$$n_e^2-n_o^2=\frac{1}{2}(n_\perp^2-n_{//}^2)<0 \tag{2-8}$$

（a）向列相和近晶相液晶
（光学正液晶）

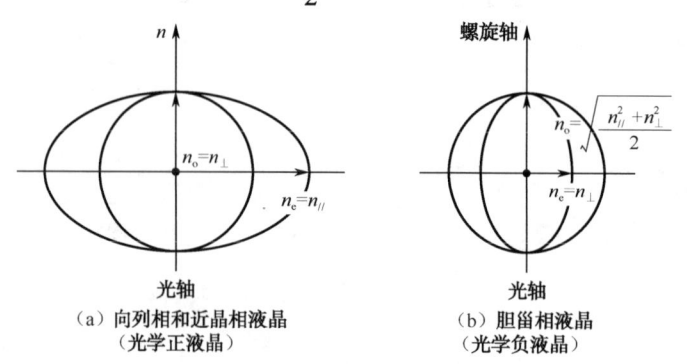

（b）胆甾相液晶
（光学负液晶）

图 2-10 单轴性液晶折射率的各向异性

因此 $\Delta n=n_e-n_o<0$，即胆甾相液晶具有负的光学性质，如图 2-10（b）所示。

2）折射率的测量

测量折射率的方法有很多种，如可采用直接式简便法，使用 E.E.Jelley 微折射仪，在 20 ℃和 589 nm 下进行测量，其精度可达±0.003。

实验室中采用以下方法测量 n_o 和 n_e，可得到三位有效数字。如图 2-11 所示为这种测量方法的示意图。当 He-Ne 激光光束垂直入射劈形盒 A 的一个侧面时，在屏幕 S 上可以看到：两个分开的点（o 和 e），劈角 $\alpha>1°$，液晶分子在劈形盒内平行排列，P 点是空盒时光线通过劈形盒达到屏幕上的位置。

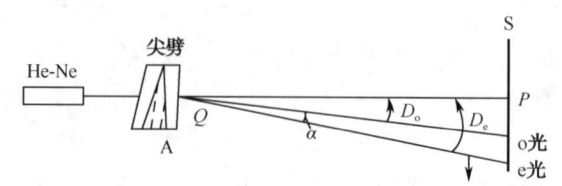

图 2-11 折射率测量方法的示意图

光在空气中的传播速度为 c，当进入液晶时分为两束，其传播速度不同，沿分子长轴振动的是 e 光，其速度为 v_e，则 $n_e=c/v_e$；垂直分子长轴振动的是 o 光，其速度为 v_o，则 $n_o=c/v_o$。当这两束光离开液晶再次进入空气时，其振动方向不变，传播速度均为 c。

用偏振片检验两束光的振动方向确定 o 光和 e 光，如果液晶分子在劈形盒中排列如图 2-11 所示，则与 P 点较近的 o 点是寻常光 o，e 点是非寻常光 e 的通过点。

根据光折射定律得到：

$$n_o \sin\alpha = \sin(\alpha + D_o)$$
$$n_e \sin\alpha = \sin(\alpha + D_e)$$

即

$$n_o = \sin(\alpha + D_o)/\sin\alpha \qquad (2\text{-}9)$$
$$n_e = \sin(\alpha + D_e)/\sin\alpha \qquad (2\text{-}10)$$

若能正确测定屏幕上出现的光点的位置，精确地测出 α 角的大小，适当地增大 PQ 的长度，即可得到三位有效数字的测量结果。

用阿贝折射仪可以方便地测量液晶折射率 n_o 和 n_e。在阿贝折射仪的光学表面和毛玻璃表面上分别均匀地涂敷一层垂直排列取向剂，使待测液晶分子按一定方向垂直排列，并将一片偏振片粘在阿贝折射仪的目镜上，当光线入射方向、液晶分子排列方向及偏振片偏振方向如表 2-1 所示时，分别测出 n_o 和 n_e，从而得到 Δn。该测量方法的测量精度可达 ±0.005。

表 2-1　n_o 和 n_e 与光线入射方向、液晶分子排列方向及偏振片偏振方向的关系

	n_o（$n_\perp$）	n_e（$n_{//}$）
光线入射方向	↓	↓
液晶分子排列方向	↔	↔
偏振片偏振方向	↕	↔

4．弹性系数 K

1）弹性系数

在分析液晶的许多物理性质时，忽略单个分子的行为，而把排列起来的液晶看成一个连续的介质。液晶分子的指向矢 n 在外电场的作用下发生变化（偏转），当去除电场后指向矢又回到原来的状态，这表明液晶具有弹性，是一个弹性的连续体，在外力的作用下产生了弹性形变。

液晶的弹性形变取决于液晶分子的排列形式及外加电场的作用。在液晶体内产生的弹性形变有三种基本形式，称为展曲弹性系数 K_{11}、扭曲弹性系数 K_{22} 和弯曲弹性系数 K_{33}，如图 2-12 所示。一般有 $K_{33}>K_{11}>K_{22}$。

2）弹性系数的测量

弹性系数可以通过磁场或电场作用下的液晶分子转变的临界磁场来进行测量。

首先，制作垂直排列和平行排列两种向列相液晶盒。其次，如图 2-13 所示，如果是平行排列的液晶盒，则在垂直于基板的方向（见图 2-13（a））及平行于基板且垂直于液晶分

平板显示技术

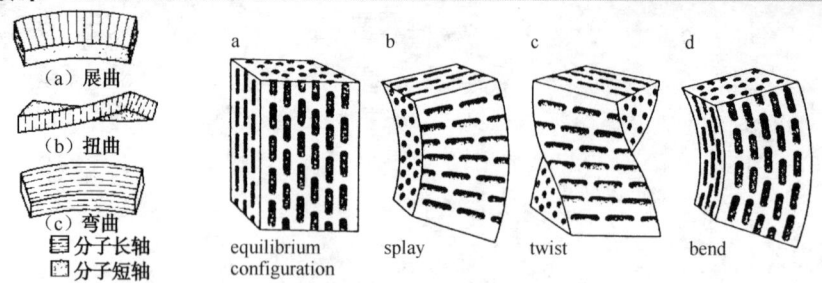

图 2-12 液晶的弹性形变
(a) 展曲 (b) 扭曲 (c) 弯曲 分子长轴 分子短轴
equilibrium configuration splay twist bend

子的长轴方向,外加一磁场 H。测定各种情况下分子转变的临界磁场 H_c(S)及 H_c(T)。另外,如果是垂直排列的液晶盒,则在与基板面平行的方向外加一磁场 H,并测定其临界磁场 H_c(B)。

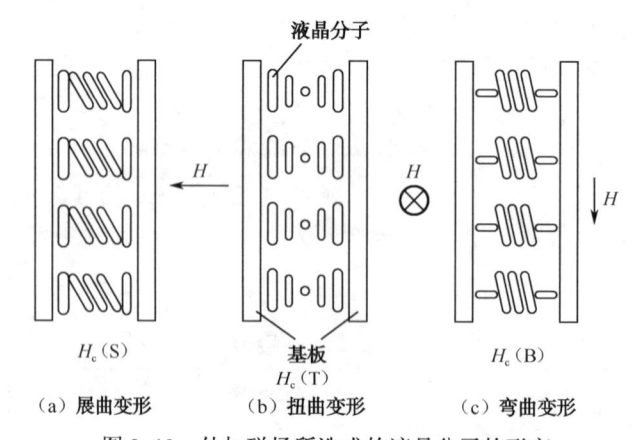

图 2-13 外加磁场所造成的液晶分子的形变
(a) 展曲变形 (b) 扭曲变形 (c) 弯曲变形

临界磁场 H_c(S)、H_c(T)和 H_c(B)与弹性系数 K_{11}、K_{22} 和 K_{33} 之间有如下关系:

$$H_c(S) = \frac{\pi}{d}\left(\frac{K_{11}}{\Delta\chi}\right)^{1/2} \tag{2-11}$$

$$H_c(T) = \frac{\pi}{d}\left(\frac{K_{22}}{\Delta\chi}\right)^{1/2} \tag{2-12}$$

$$H_c(B) = \frac{\pi}{d}\left(\frac{K_{33}}{\Delta\chi}\right)^{1/2} \tag{2-13}$$

式中,$\Delta\chi = \chi_\perp - \chi_{//}$ 为磁化率各向异性;d 为液晶盒的厚度。

因此,如果能用其他办法测出 $\Delta\chi$,则依照上式即可求出 K_{11}、K_{22} 和 K_{33} 的值。

用下述办法可求得磁化率各向异性 $\Delta\chi$。将电场外加到上述测定临界磁场 H_c(S)及 H_c(T)所用的平行排列液晶盒,并测定其临界电压 V_{th},由式(2-13),可得:

$$V_{th} = \pi\left(\frac{K_{11}}{\Delta\varepsilon}\right)^{1/2} \tag{2-14}$$

由式(2-11)及式(2-14)可得下列关系:

$$\Delta\chi = \Delta\varepsilon \left(\frac{V_{th}}{dH_c(S)} \right)^2 \tag{2-15}$$

式中，介电各向异性 $\Delta\varepsilon$ 可用前面介绍的方法测得，则 $\Delta\chi$ 可求得。

一般来说，先用外加电磁场方法求出 K_{11} 和 K_{33}，然后再用以下外加电场方法求出扭曲弹性系数 K_{22}。

制作一个正性液晶盒，液晶分子长轴在两基板间有一扭曲角 ϕ 的扭曲排列，外加一电场并测其临界电压 V_{th}。该 V_{th} 可表示如下：

$$V_{th} = \frac{[\pi^2 K_{11} + (K_{33} - 2K_{22})\phi^2]^{1/2}}{\Delta\varepsilon^{1/2}} \tag{2-16}$$

求得 K_{11} 和 K_{33} 后，可利用上式求出 K_{22}。

以上所提到的临界磁场 H_c 及临界电压 V_{th}，可由外加磁场及外加电场的电压—电容曲线或电压—光程差曲线求得。这种弹性常数测定法较为简便，但要提高测量精度，则要求液晶盒的分子排列特别均匀，外加磁场时也要求磁场方向设定精确。

5．黏滞系数 η

1）黏滞系数

黏滞系数对液晶的应用有很大的影响。向列相液晶的最大缺点是响应速度不够快。其响应时间与液晶的黏滞系数有直接关系，黏性小，响应快。黏滞系数取决于分子的活化能、惯性动量、温度及分子间的吸引力。一般来说，分子长、胖及重的，它的黏性就大。温度对黏性影响最大。通常，温度每增加 10 ℃，黏性就缩小为原来的 $\frac{1}{2}$。

黏滞系数也是各向异性的，考虑到与各向同性流体黏滞系数的比较和实验，引入一个表观黏滞系数 η，它是各向异性黏滞系数 α 的一个适当的组合。实验测得的长丝状液晶表观黏滞系数 η 的数量级为 $10^{-2} \sim 10^{-3}$ Pa·s。

由于液晶分子的特殊形状和各向异性，当液晶受到外界扰动流动时，在不同方向所承受的阻力是不同的。也就是说，液晶的黏度与流动方向和流动模式有关。

如果将一定取向的液晶分子置于两片基板玻璃之间，并使两片基板相对运动，从而在液晶分子中产生切向运动，这时，液晶分子的排列方向、液晶材料的流动方向及速度变化方向会出现下列三种相互独立的情况：

（1）指向矢与流动方向垂直但与速度变化方向平行，如图 2-14（a）所示，对应黏度 η_1；

（2）指向矢与流动方向平行但与速度变化方向垂直，如图 2-14（b）所示，对应黏度 η_2；

（3）指向矢与流动方向和速度变化方向均垂直，如图 2-14（c）所示，对应黏度 η_3。

η_1、η_2 和 η_3 被称为 Miesowicz 系数。

除了上述三种流动模式外，有时还会出现如图 2-14（d）所示的特殊运动形式，这时液晶的指向矢、速度和速度变化都成 45°角，对应的黏度为 η_{12}，实验发现 η_{12} 很小。

（a）　　　　（b）　　　　（c）　　　　（d）　　　　（e）

n 是液晶的指向矢，*v* 是液晶的流动速度

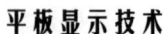

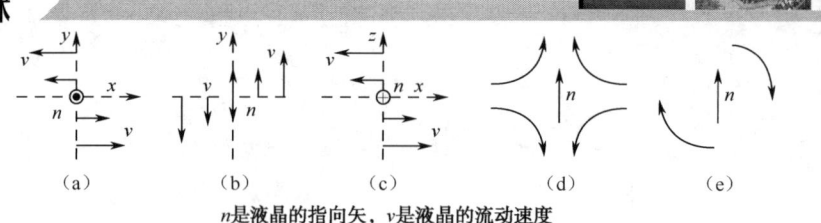

图 2-14　向列相液晶的基本流动模式及相应的黏度

除了平动黏度外，向列相液晶的另一个重要的黏度是旋转黏度 γ_1，对应于液晶分子绕垂直于指向矢的方向转动，如图 2-14（e）所示。理论分析表明，液晶显示器的响应时间正比于 γ_1，因此研究液晶显示材料的一个课题就是寻找旋转黏度小的材料。

不过除了讨论液晶流动特性与黏度有关的物理性质时采用 Miesowicz 系数外，一般探讨液晶装置用黏度时，常使用旋转黏度计测定的黏度 η_τ，以及毛细管黏度计测定的黏度 η_c。

液晶材料的旋转黏度（γ_1）和响应速度（τ）之间具有下列关系：

$$\tau \propto \gamma_1 d^2 \tag{2-17}$$

其中，γ_1 为旋转黏度；d 为液晶盒盒厚。

由式（2-17）可见，提高液晶显示器件响应速度的最好方法是降低混合液晶的黏度和减小液晶盒的盒厚。

2）黏滞系数的测量

简单可测的黏度 η_τ 和 η_c 与 Miesowicz 系数中的 η_e 很相似，而且这些黏度值与 Miesowicz 系数有一定的关系。

（1）旋转黏度计测黏度 η_τ。

测定黏度 η_τ 可采用锥形盘黏度计，如图 2-15 所示。同步电动机以稳定的速度旋转，连接刻度盘，再通过游丝、指针与刻度盘同速转动。如果转子未受到液体的阻力，则游丝、指针与刻盘同速转动，指针在刻度盘上的度数为"0"。反之，如果转子受到液体的黏滞阻力，则游丝产生扭矩，与黏滞阻力抗衡，最后达到平衡。这时与游丝连接的指针在刻度盘上指示一定的读数。将该读数乘上特定的系数即可得到液体的黏滞系数（厘泊）。

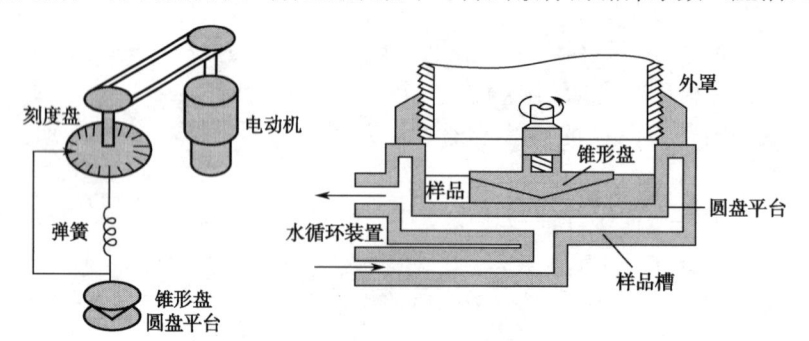

图 2-15　锥形盘黏度计

（2）奥氏黏度计（毛细管黏度计）测体黏度 η_c。

体黏度 η_c 的测定可使用奥氏黏度计，如图 2-16 所示。它由一个 U 形玻璃管构成，其中一管附有测定液体流速时间的球 A 和毛细管 C，另一管则有液体储槽 B。首先，使测试溶

液充满 A 球，再测定液体自然流过标线 a 和 b 间所需的时间 t，然后由下式求得 η_c：

$$\eta_c = \rho \left(C_1 t - \frac{C_2}{t} \right) \tag{2-18}$$

式中，ρ 为待测液体的密度；C_1、C_2 为黏度的固有常数。

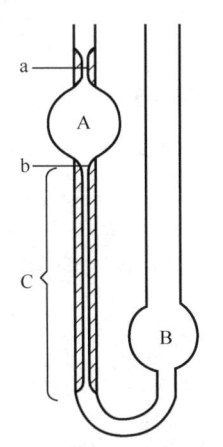

图 2-16 奥氏黏度计

3）Miesowicz 系数的测定

测定 Miesowicz 系数的方法很多。利用磁场固定分子取向，由移动的基板产生液晶的流动场，其测量实验装置如图 2-17 所示。

将待测液晶置于温度可控的长方形容器中。容器中间有一块玻璃基板，由特制的细玻璃丝挂在分析天平上。玻璃板在其平面内上下振动，振幅约为 3 mm，周期为 5 s。图 2-17（b）表示容器与振动玻璃薄板之间的液晶流速场。液晶的指向矢取向由外加磁场控制。外加磁场 H 要足以使得液晶分子顺着磁场的方向排列。改变磁场方向，如图 2-17（c）、（d）、（e）所示。测出这三种情况下的黏滞力就可得出 η_1、η_2 和 η_3。

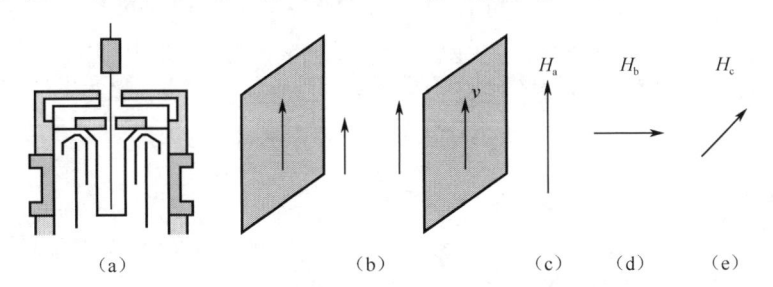

图 2-17 测量 Miesowicz 系数的实验装置

假设薄板玻璃很轻，无湍流发生，外加力 F 全部用来克服液体的黏滞阻力。这时，

$$F = 2A\eta_i v / (d/2) \tag{2-19}$$

式中，A 为玻璃面板的面积；d 为液晶盒的厚度；η_i 为液晶的黏度；v 为玻璃板的速度。

测出外加力的振幅 F_0，即可求出：

$$\eta_i = \frac{F_0 T d}{8\pi A x_0} \tag{2-20}$$

式中，x_0 是基板的振幅；T 是振动周期。

4) 旋转磁场法测旋转黏度 γ_1

将液晶置于一个圆柱形容器中，在垂直圆柱轴向的方向施加一个旋转磁场 H，如图 2-18 所示。如果液晶分子与柱表面的作用很弱，而且磁场的旋转频率 $w < \Delta x H^2/(2\gamma_1)$（极限频率），则液晶分子将以一个相位差随着 H 旋转，给圆柱壁一个力矩 $M = V\gamma_1 w$，其中 V 是液体的体积。如果将装有液体的柱形容器用钨丝或石英玻璃丝悬吊起来，并在圆柱顶部丝线下端挂一小镜子，上述力矩会使丝线扭转。扭转的角度 α 可用射到小镜的激光测量。扭转达到稳定后有

$$C(\alpha - \alpha_0) = V\gamma_1 w$$

式中，C 为丝线的扭转弹性系数；α_0 为无外场时的角度。

测量出 $\alpha - \alpha_0$，即可得到 γ_1。

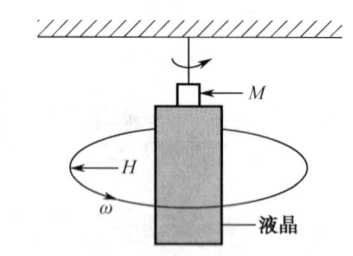

图 2-18 旋转磁场法测旋转黏度 γ_1

6. 电阻率 ρ

1) 电阻率

电阻率 ρ 是液晶材料的一个重要参数，其表达式为 $\rho = \sigma_{//}/\sigma_{\perp}$。在 TN-LCD 用液晶材料中，对电阻率有很高的要求。由于液晶属于非离子结构，因而电导率 σ 总是很小（$<10^{-11}\ \Omega\cdot cm^{-1}$）。在向列相液晶中，$\sigma_{//}/\sigma_{\perp} > 1$，这说明在向列相液晶中，离子沿分子轴的运动比垂直于分子轴的运动要容易得多。在近晶相中，$\sigma_{//}/\sigma_{\perp} < 1$，因而可以通过测量 $\Delta \upsilon$ 的变化来判断相态的变化。在清亮点时，$\Delta\sigma = 0$，即导电各向异性消失。

2) 体电阻率的测量

测量体电阻率对液晶材料的排列没有要求。由于液晶分子在液晶盒中总有一部分要定向排列，所以将测试盒都做成 TN 盒，以便比较。

实际测量液晶的电阻率一般采用交流电压，而且振幅越小越好，但是频率 f 要非常低，如 2 Hz $\geq f \geq$ 1.0 Hz，这样可以忽略表面取向电容和电极电阻。

电阻率测量装置如图 2-19 所示。测量电压为 0.5 V，频率为 1 Hz。先测量空盒电容 C_0，再将待测液晶注入液晶盒，测量电容 C_P 和耗损因子 D，将测得的 C_0、C_P、D 及 ε_0（真空介电常数，$\varepsilon_0 = 8.859 \times 10^{-12}$ F/m）代入下式求出电阻 ρ：

$$\rho = C_0/(2\pi D C_P f \varepsilon_0) \tag{2-21}$$

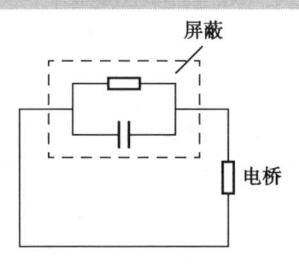

图 2-19 电阻率测量装置

3）$\rho_{//}$、$\rho_{\perp}$ 的测量

将待测液晶注入液晶盒，液晶盒放入磁场中，使液晶分子沿磁场方向排列，或使用平行及垂直排列的液晶盒。当液晶分子的长轴平行于液晶盒表面时，测出电容 $C_{P\perp}$，当液晶分子的长轴垂直于液晶盒表面时，测出电容 $C_{P//}$，然后由下列式子计算出 $\rho_{//}$ 和 $\rho_{\perp}$。测试用液晶盒的厚度为 200 μm。

$$\rho_{\perp} = C_0 / (2\pi D C_{P\perp} f \varepsilon_0) \tag{2-22}$$

$$\rho_{//} = C_0 / (2\pi D C_{P//} f \varepsilon_0) \tag{2-23}$$

2.2.2 液晶的光学性质

液晶的主要特征之一是像光学单轴晶体那样，由于折射率各向异性而显示出双折射特性。液晶的折射率各向异性使得液晶具有下述非常有用的光学性质，而液晶显示器正是基于这些性质工作的。

1. 光的行进方向会偏向分子长轴（指向矢 $\vec{n}$）

当光在入射到均匀媒质和振动方向与液晶分子长轴平行或垂直时，入射光的前进方向不发生变化；只有当入射光的偏振方向与液晶分子长轴成一角度时，光的行进方向才会发生改变，见图 2-20。

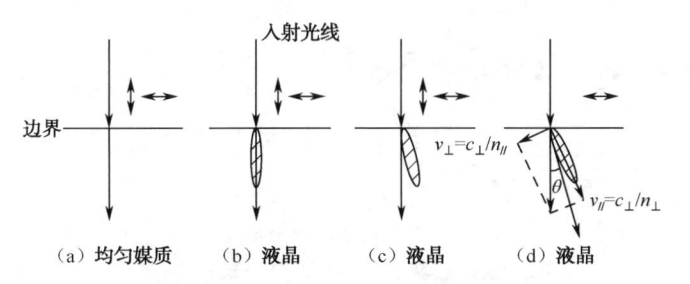

（a）均匀媒质　（b）液晶　（c）液晶　（d）液晶

↕ 表示垂直于纸面的偏光；　↔ 表示与纸面平行方向的偏光；
⬭ 表示液晶分子

图 2-20 射入液晶的光线的前进方向

当入射光与液晶分子长轴夹角为 θ 时，进入液晶的光可分解成平行于和垂直于液晶分子长轴的两个分量，它们的速度对应于 $v_{//}$ 和 $v_{\perp}$。对于速度为 $v_{//}$ 的光，电矢量振动方向与分子长轴垂直，对应的折射率为 $n_{\perp}$；对于 $v_{\perp}$ 的光，偏振方向与 $v_{//}$、电矢量振动方向与分子长轴平行，其折射率为 $n_{//}$，因此有：

$$v_{//} = \frac{c_{//}}{n_\perp} = \frac{c\cos\theta}{n_\perp}, \quad v_\perp = \frac{c_\perp}{n_{//}} = \frac{c\cos\theta}{n_{//}} \qquad (2\text{-}24)$$

由于 $n_{//} > n_\perp$，所以液晶中光速合成方向与液晶分子长轴的夹角变小，即进入液晶后，光线方向向液晶分子长轴方向靠拢。

2. 液晶能改变入射光的偏振状态（线偏振、圆偏振、椭圆偏振）或偏振方向

（1）当入射光的偏振方向与液晶分子长轴平行或垂直时，液晶分子不改变入射光的偏振方向。

（2）当入射光的偏振方向与液晶分子长轴有一夹角时，入射光的偏振状态可以用下式表示：

$$\left(\frac{E_x}{\cos\theta}\right)^2 + \left(\frac{E_y}{\cos\theta}\right)^2 - 2\frac{E_x E_y}{\cos\theta\sin\theta}\cos\delta = E_0^2 \sin^2\delta \qquad (2\text{-}25)$$

式中，$\delta = (n_{//} - n_\perp)\frac{\omega_z}{C}$，其中 C 为光速；ω_z 为光的角频率。

由上式可以看出，当 $\theta=0$、$\pi/2$ 时，$E_x=0$ 或 $E_y=0$，即入射的线偏振方向不发生变化，也即（1）的情况。而当 $\theta=\pi/4$ 时，上式变为

$$(E_x)^2 + (E_y)^2 - 2E_x E_y \cos\delta = \frac{E_0^2}{2}\sin^2\delta \qquad (2\text{-}26)$$

随着光线的前进，δ 由 0 逐渐增大，方程变成 $E_x=E_y$，$E_x=-E_y$，对应的偏振状态依次为

直线偏振光 → 椭圆偏振光 → 圆偏振光 → 直线偏振光

而线偏振光的偏光方向也发生变化，见图 2-21。

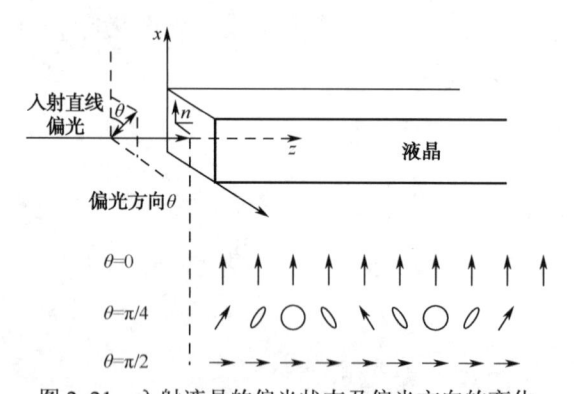

图 2-21 入射液晶的偏光状态及偏光方向的变化

实用化的 TN 型液晶显示器，其分子的排列为沿面 90°扭曲排列，针对这种排列，液晶又会有哪些特性呢？下面加以讨论。

若线偏振光电矢量的振动方向与液晶分子指向矢在同一平面内且互相平行，同时满足 $P \gg \lambda$，即液晶分子扭曲的螺距 P 比入射光的波长 λ 大得多，且液晶分子指向矢 n 扭曲时，有下列情形：

（1）当入射光的偏振方向与入射口处液晶分子指向矢 n 垂直或平行时，出射光的偏振方向也与出射口处液晶分子指向矢 n 垂直或平行。

（2）当入射光的偏振方向与液晶分子指向矢 n 有一个夹角时，入射光被分解成寻常光和非常光，产生双折射现象。出射光根据光程差数值的大小，可以是椭圆偏振光、圆偏振光或直线偏振光。

3. 能使入射偏振光相对于左旋光或右旋光进行反射或透射

当入射偏振光的旋光方向与液晶的旋光方向相同时，则入射光被反射；当入射偏振光的旋光方向与液晶的旋光方向相反时，则入射光将可以通过液晶层，这种现象称为选择性散射。

胆甾相液晶的螺距 P 与温度 T 有密切的关系。当 T 稍有变化时，选择反射光的颜色就改变，可分辨出 0.5 ℃的温度变化。由于正常皮肤和肿瘤皮肤的温差为 1.6~2.0 ℃，所以用胆甾相液晶测温膜可以测出 T 的变化。

2.3 LCD 的电气光学效应及其分子排列

2.3.1 液晶的电气光学效应及各种显示方式

1. 液晶的电气光学效应

液晶分子在某种排列状态下施加电场后，其排列状态会发生变化，使得液晶盒的光学性质也发生变化。这种通过光学方法产生光变换的现象称为液晶的电气光学效应。

从液晶显示应用的角度看，依据液晶的不同特性、分子结构和液晶分子的排列会有不同的工作方式，或者说电气光学效应方式有如下几种：

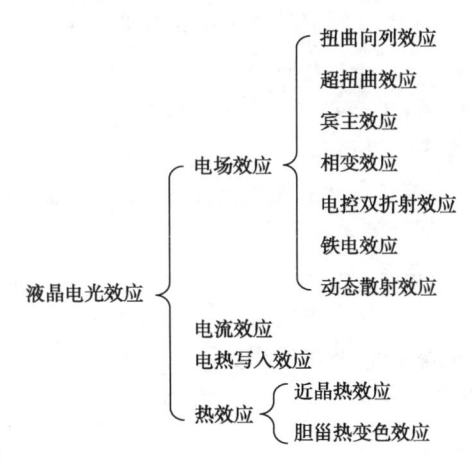

$$\text{液晶电光效应}\begin{cases}\text{电场效应}\begin{cases}\text{扭曲向列效应}\\\text{超扭曲效应}\\\text{宾主效应}\\\text{相变效应}\\\text{电控双折射效应}\\\text{铁电效应}\\\text{动态散射效应}\end{cases}\\\text{电流效应}\\\text{电热写入效应}\\\text{热效应}\begin{cases}\text{近晶热效应}\\\text{胆甾热变色效应}\end{cases}\end{cases}$$

2. 液晶的各种显示方式

（1）电场效应型：这种类型包括由液晶的介电各向异性 $\Delta\varepsilon$ 与电场相互作用力引起的效应，以及由铁电液晶的自发极化与电场的相互作用力产生的效应，还有就是由介电各向异性与电场相互作用而产生的效应。

（2）电流效应型（DS 型）：由液晶电导率的各向异性与电场的相互作用而产生。

（3）热效应型：在加电场的同时加热。

2.3.2 液晶显示器的基本结构

如图 2-22 所示为 TN 型 LCD 的断面结构，10 μm 左右厚的液晶层夹于两块玻璃基板之间构成三明治结构，其中玻璃基板上都备有透明电极及分子取向层，该夹层结构的四周被封接材料密封，制成结构单元。在单元的上下表面贴有层状偏振片。

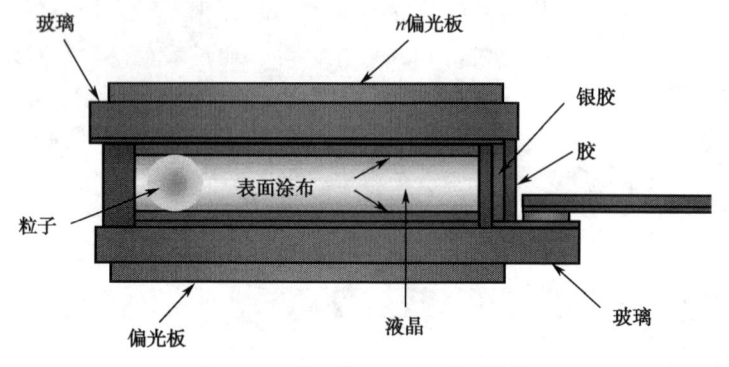

图 2-22　TN 型 LCD 的断面结构

2.3.3 液晶分子的排列及实现方法

1. 液晶分子的排列

要使液晶显示器能够正常工作，稳定而有序的液晶分子排列是必不可少的。显示器内液晶分子的排列有如下几种。

（1）均质垂直排列：液晶分子与上下基板表面都垂直的排列。

（2）均质平行排列：液晶分子与上下基板表面都平行，且是同一方向的排列。

（3）倾斜分子排列：液晶分子排列方向相同，且都与上下基板倾斜一角度。

（4）混合分子排列：液晶分子与一个基板表面垂直，与另一个基板表面平行，而液晶分子在两层间发生连续变化呈 90°扭转。

（5）扭曲分子排列：液晶分子与上下基板表面都呈平行排列，但分子指向矢连续变化发生 90°扭转。

（6）平面型分子排列：液晶分子排列的螺旋轴与上下基板表面呈垂直的排列。

（7）聚焦圆锥分子排列：液晶分子排列的螺旋轴与上下基板表面呈平行的排列。

表 2-2 给出了液晶分子的排列分类及说明。

表 2-2　液晶分子的排列分类及说明

分子排列方式	垂面排列	沿面平行	倾斜排列	混合排列	沿面扭曲	沿面螺旋	焦锥排列
分子排列模式							
定向处理基板组合	⊥/⊥	∥/∥	∠/∠	⊥/∥	∥/=	∥/∥	⊥/⊥

注：⬭：液晶分子　⟹：指向矢　⟹：螺旋轴方向。

2. 基板的取向处理

要使液晶分子有上述七种排列，要预先对导电玻璃基板进行定向处理，从而得到这些排列。实际上并不需要有七种方法，而是只要对玻璃基板进行三种取向处理，通过这三种基板的两两组合来实现。这三种取向处理如下。

（1）垂直取向处理：通过对基板表面进行处理，可使液晶分子的长轴方向与基板表面垂直排列。

（2）平行取向处理：通过对基板表面进行处理，可使液晶分子的长轴方向与基板表面平行排列。

（3）倾斜取向处理：通过对基板表面进行处理，可使液晶分子的长轴方向与基板表面只按确定的角度倾斜排列。

基板表面变形取向处理法是比较常用的方法，主要是将原来光滑的表面变成不光滑表面，通过不光滑表面与液晶的弹性相互作用，使液晶分子沿一定方向排列而固定下来。本方法的主要作用是可以使液晶分子的平行排列和倾斜排列方向固定下来，通常采用摩擦法和倾斜蒸镀法。

1）摩擦法

用绒布顺着一定方向轻轻摩擦基片表面或经过平行取向剂处理过的基片表面，称为摩擦法。这种方法可使液晶分子长轴方向沿着平面摩擦方向固定排列。但用了取向剂后，当液晶密封是用有机玻璃料进行高温处理时，取向效果会受到破坏。常需要进行再排列工艺使液晶分子重新排列整齐。方法是将液晶盒放入加温箱内，在一定温度（如 80 ℃）下保温一定时间（如 30 min）。依靠加热使液晶分子之间相互作用，从而调整液晶分子指向矢的排列状态，最后达到液晶盒内液晶分子的规则排列。

2）倾斜蒸镀法

采用倾斜蒸镀法则没有上述缺点。这种方法是将取向剂，如 SiO 等氧化物或 Au、Pt 等金属，从对基片倾斜的方向蒸镀到基片上，镀层厚为 10～100 nm。图 2-23 为倾斜蒸镀法的示意图，当蒸发角度不同时，液晶分子的排列不同。当蒸镀的角度很小，即 $5°≤θ≤20°$ 时，液晶分子作倾斜取向，液晶分子长轴沿着蒸镀射束方向排列，如图 2-23（a）所示；当蒸镀角较大，即 $20°≤θ≤45°$ 时，液晶分子成为倾角几乎为零的平面取向，即形成分子长轴的方位。利用倾斜蒸镀法之所以能实现特定的分子排列，是因为经过倾斜蒸镀后在基板表面上形成的波纹表面与液晶分子相互作用的结果。

在 TN 型和 STN 型液晶显示器中往往要使液晶分子长轴与基片表面形成 $1°≤φ≤10°$ 的倾斜平行取向，则可以使用二次蒸镀法。方法是：首先以小角度 $θ=5°$ 蒸镀上一层 SiO 等氧化物，将基片旋转 90°，然后再以大角度 $θ≈30°$ 蒸镀上第二层，这样就可以形成 $1°≤φ≤10°$ 的倾斜平行取向的液晶排列方式。

二次蒸镀法既可以达到 $1°≤φ≤10°$ 的角度，还可以通过改变蒸镀层厚度来控制倾斜角，这些优点是一次蒸镀法所不具备的。

平板显示技术

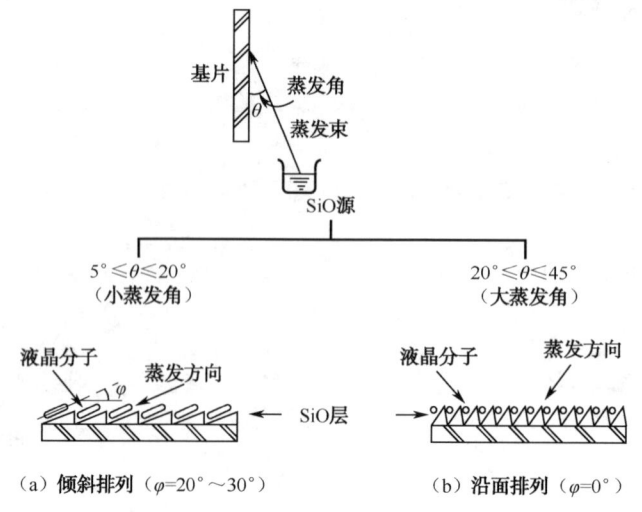

图 2-23 液晶分子在斜蒸的 SiO 定向薄膜上的排列方向

2.4 各种类型的液晶显示器

2.4.1 扭曲向列型（TN-LCD）

1971 年，由 M. Schsdt 等提出了关于向列相液晶的新的电场驱动型 TN（Twisted Nematic）工作模式，表示为 TN-LCD。TN 模式的向列相液晶具有正的介电各向异性。

1. TN-LCD 的结构

如图 2-24 所示，在两块导电玻璃之间充入厚度约为 10 μm 的正性液晶。液晶分子的排列为上、下沿面排列，但逐渐扭曲成 90°。上、下两个偏振片 P_1 和 P_2 相互平行，且 P_1、P_2 分别与上、下基板的分子指向矢 n 垂直，则入射的自然光经过 P_1 后变为线偏振光。

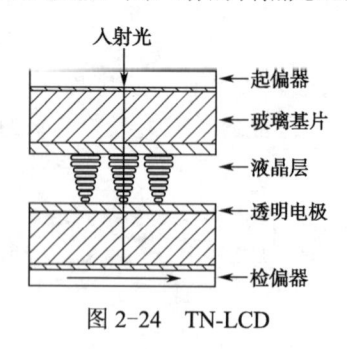

图 2-24 TN-LCD

当满足 $\Delta n \cdot d \gg \lambda/2$，$P \cdot \Delta n \gg \lambda$ 时（其中 d 为液晶盒两块基板间的距离，P 为扭曲的螺距，而通常这两个条件是可以满足的），则入射的为线偏振光，出射时也是线偏振光。

2. 工作原理

（1）由图 2-24 可知，入射口和出射口的偏振片的偏振方向相互垂直，由偏振片的性质知自然光通过偏振片得到与偏光轴方向相同的直线偏振光。又根据液晶的光学性质可知在

线偏振光入射到液晶分子扭曲的情况下，在入射处有入射光的偏振方向与液晶分子指向矢垂直（$E \perp n_入$），则在出射处有出射光的偏振方向与液晶分子指向矢垂直（$E \perp n_出$）。因此，在没加外电场（称之为开态）的情况下，入射的线偏振光沿着90°的偏振方向从出射口射出，则液晶盒透光。

（2）当给上、下基板加上一定的电压 U（$U > U_{th}$）时（称之为关态），液晶分子在电场力的作用下发生偏转，由于是正性液晶，液晶分子长轴会趋向于与电场平行，因此液晶分子会转向与基板垂直。此时入射的直线偏振光与液晶分子指向矢相互垂直，根据液晶的光学性质，可知当入射偏振光的偏振方向与液晶分子长轴垂直时，不改变入射偏振光的偏振方向。又由于上下两偏振片的偏光轴相互垂直（$P_1 \perp P_2$），故下偏振片将线偏振光挡住，因此当 $U \neq 0$ 时，液晶盒遮光。这样 TN-LCD 可以进行黑、白显示（遮光—透光）。图 2-25 给出了 TN-LCD 的显示原理。

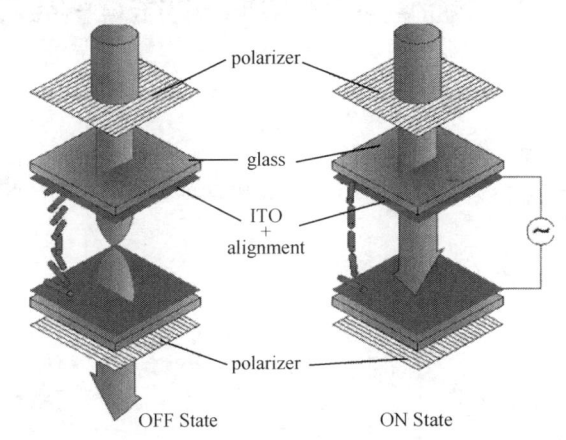

（a）TN型器件分子排列与透过光示意图

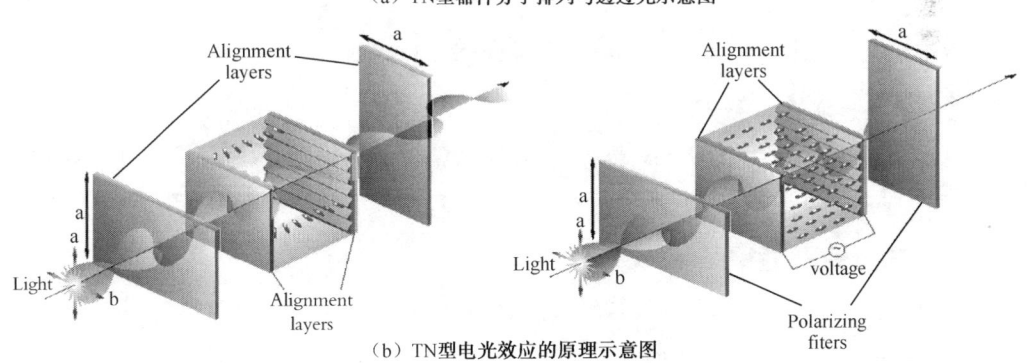

（b）TN型电光效应的原理示意图

图 2-25　TN-LCD 的显示原理

要使液晶盒工作，只有加上 $U > U_{th}$ 的电压时正性液晶分子才发生与基板垂直的偏转，而且不同的液晶材料有不同的 U_{th}，那么 U_{th} 与什么有关呢？

研究表明 U_{th} 与 $\Delta\varepsilon$ 和 K_{11}、K_{22}、K_{33} 有关，且满足下列关系式：

$$U_{th} = \pi\sqrt{\frac{K_{11}+(K_{33}-2K_{22})/4}{\varepsilon_0 \Delta\varepsilon}} \tag{2-27}$$

由此可以看出：

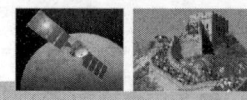

(1) U_{th} 与液晶盒的厚度无关；

(2) 选择大的 $\Delta\varepsilon$ 和小的 K 值可以使 U_{th} 下降，因此 TN 型 LCD 的工作电压 U=2～3 V，也有 U<1 V 的情况。

从理论上讲，液晶盒的上下两偏振片既可以是相互垂直的设计，也可以是相互平行的设计，如果是后者，分析得到的结论与上述刚好相反，即开态时为遮光，关态时为透光。前者称为常白模式，后者称为常黑模式。常黑模式会存在严重的漏光现象和第灰阶色偏不良，虽然通过设计可使 $\Delta n \cdot d$ 为适当的值，改善视角特性。

3．TN-LCD 的缺点

1）TN 液晶的电光特性不陡

电光特性是液晶的透光强度随外加电压的变化曲线，如图 2-26 所示。因此，TN-LCD 只适用于静态驱动和四路以下的动态驱动，即适用于低档产品。对于正性液晶，在两个偏振片垂直的情况下，当 T-U 变化时，我们希望 U>U_{th} 时，T 趋于零。但从图中可以看出曲线下降缓慢，这就带来下一个缺点。

2）光透过和关闭都不彻底

只能做到灰底黑字的效果，而达不到白底黑字的效果，因此画面对比度不理想。

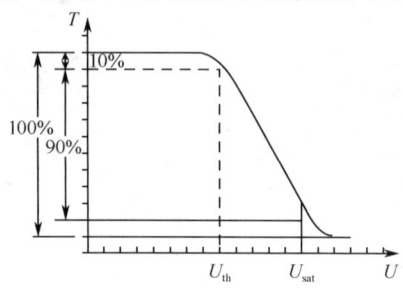

图 2-26　常白型液晶显示器的电光曲线

3）电光响应速度慢

TN-LCD 的响应速度为 100 ms 左右，因此只适用于显示静止或慢变的画面。视频显示是 TN 型液晶显示器所不能胜任的。

2.4.2　超扭曲向列型（STN-LCD）

由于 TN-LCD 的电光特性不陡，所以在多路驱动中只能工作于 100 条扫描线以下。个人电脑、电视图像需要几百条扫描线，而 TN 模式只有几十条。为了解决这个问题，1984年，T. Scheffer 等提出新的工作模式，即超扭曲向列型模式，研究发现只要将传统的 TN-LCD 的液晶分子扭曲角加大就可以改善电光特性的陡度。我们把这类扭曲角大于 90°，一般为 180°～360°的液晶器件称为超扭曲向列液晶显示器，表示为 STN-LCD。

1．结构

STN-LCD 与 TN-LCD 的结构相同。为了维持>90°的扭曲角，需要使向列液晶具有天生（本征）的扭曲结构。为此需要掺入一定浓度的旋光材料——相当浓度的手性近晶物质。如图 2-27 所示为 STN-LCD 的结构图。

STN-LCD 与 TN-LCD 在结构上的区别还有一点就是上偏振片的偏振方向与入射口处液晶分子指向矢有一夹角，一般为右旋 30°；下偏振片的偏振方向与出射口处液晶分子指向矢也不平行。一般地：当 E 相对于 n 向右旋转 60°时，则显示为黄光；当 E 相对于 n 向左旋转 30°时，则显示为蓝光。

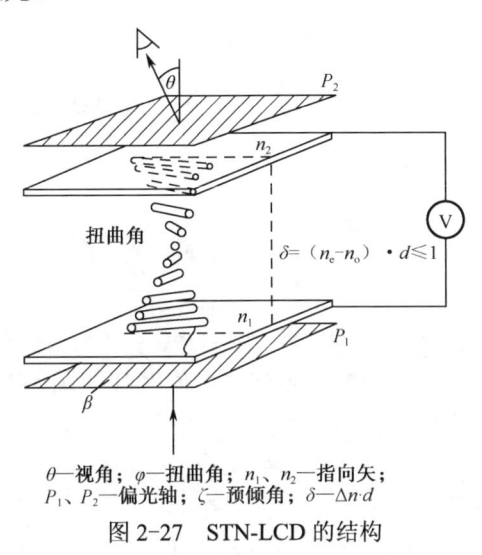

θ—视角；φ—扭曲角；n_1、n_2—指向矢；
P_1、P_2—偏光轴；ζ—预倾角；δ—$\Delta n \cdot d$

图 2-27 STN-LCD 的结构

2. 工作原理

以黄黑模式为例，由图 2-28 可见，当不加电压时，入射直线偏振光的 E 相对于 n 有一夹角，根据液晶的光学性质可知，光线在经过液晶时产生双折射现象，经过 P_2 产生干涉，透光；当施加电压时，液晶分子会发生垂直于基板的排列，光通过液晶层偏振方向不发生变化，因此遮光。

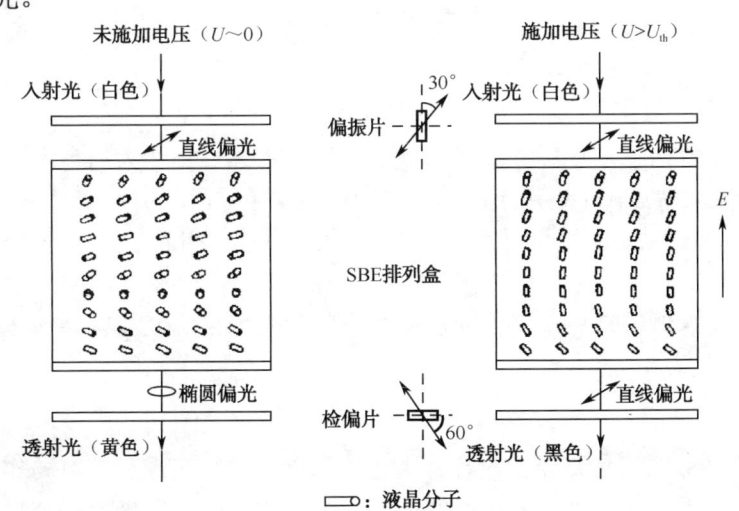

图 2-28 STN-LCD 的工作原理

3. STN、LCD 的黑白工作模式

由上述内容可知，STN-LCD 工作于有色模式。为消除 STN 液晶盒天生的干涉色，变成

55

黑白模式，可采用的办法有四种。一种是将两个液晶盒重叠，只是上、下两个盒中的液晶一个为左旋，一个是右旋，并且相邻面上的液晶分子沿面定向互相正交。一层是输入用的 STN 盒；另一层是作为光学位相差补偿用的逆扭曲 STN 盒，即通过第一层盒的椭圆偏光由第二层盒变换为直线偏光，在入射光强度不减弱的同时实现黑白显示，这种方法成本高。位相差板模式 STN 型 LCD 具有一层盒结构，即用高分子膜状位相差板置换前述的中性相差补偿用的 STN 盒。另一种方法是宾主模式，即在液晶中加入对黄光或蓝光有吸收作用的二色性染料分子，这样在液晶盒工作时就会吸收这些波段的光，使液晶盒工作于黑白模式。最后一种方法就是加滤色膜，其缺点是透过光损失大。

4．TN-LCD 与 STN-LCD 的比较

从结构上看，TN 型液晶盒与 STN 型液晶盒似乎差别不大，但实质上它们的工作原理是完全不同的，下面进行比较。

（1）在 TN 型液晶盒中扭曲角为 90°，在 STN 型液晶盒中扭曲角为 270°或附近值。

（2）在 TN 型液晶盒中，起偏器的偏光轴与上基片表面液晶分子长轴平行，检偏器的偏光轴与下基片表面液晶分子长轴平行，即上下偏光轴互相成 90°；在 STN 液晶盒中，上下偏光轴与上下基片分子长轴都不互相平行，而是成一个角度，一般为 30°。

（3）TN 液晶盒是利用液晶分子旋光特性工作的，而对于 STN 液晶盒，由于经偏镜器的入射线偏振光与液晶分子成角度，使入射光被分解为正常光和异常光两种，通过液晶盒两束光产生光程差，在通过检偏器时发生干涉。因此 STN 液晶盒是利用液晶的双折射特性工作的。

（4）TN 液晶盒工作于黑白模式；STN 液晶盒一般工作在光程差为 0.8 μm 情况下，干涉色为黄色。当加上大于 U_{th} 的电压时，白光可透过液晶层，但是在经过检偏器时则明显减弱，液晶盒呈黑色外观，即 STN-LCD 可以是单色显示，当附加其他材料时也可以是黑白显示模式。

2.4.3 铁电型（FLC）

虽然液晶产品囊括了几乎所有尺寸的显示器件，占领着相当大的市场份额，但它们的响应速度慢仍是主要缺点，不适用于高速变化的电视图像显示。

1975 年，Meyer 发现了手性近晶 C 相液晶的铁电性，引起了人们的关注。1980 年，Clark 和 Lager Wall 成功研制出表面稳定的铁电液晶（SSFCL），具有毫秒级响应速度和双稳态效应，激发了人们的兴趣，也促使铁电液晶的基础理论研究和实际应用进入了一个新的发展阶段。

1．什么是铁电液晶

铁电液晶（如 S_C^* 相液晶）分子中含有不对称的碳原子，在没有外电场作用下，介质的正、负电荷重心不重合而呈现电偶极矩的现象称为电介质的自发极化。凡呈现自发极化，并且自发极化的方向能因外施电场而改变的，称为铁电体。在每一个小区域内，极化均匀，方向相同，存在一个固有电矩，这个小区域称为电畴。

铁电液晶分子分层排列并沿某一个轴倾斜排列成螺旋状结构，层中每一个分子都与 Z

轴成 θ 的倾斜角，在同一层中，分子长轴方向一致，所有的分子可能的位置均在圆锥体的母线上，如图 2-29 所示。

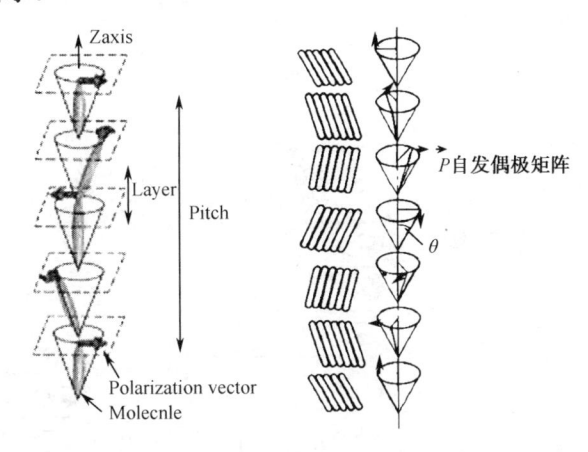

图 2-29 铁电液晶分子的排列结构

2. 铁电液晶的特点

（1）具有与分子指向矢垂直的固定偶极矩，即具有铁电性。

（2）具有手性分子液晶的特点，即具有螺旋结构。

（3）每层分子排列如同近晶 C 相。

（4）螺旋的特点为各层中分子的方位角 θ 不变，但层之间另一个方位角 φ 逐层转过一个角度，因此偶极矩也随 φ 角做螺旋转动。

（5）对于向列相液晶，外电场与液晶分子间的作用是外电场与由外电场引起的分子感生偶极矩的作用，为弱作用；对于铁电液晶，外电场与液晶分子间的作用是外电场与分子固有偶极矩间的作用，为强作用。这就是为什么铁电液晶显示的响应速度只有微秒量级，远快于向列相液晶显示的原因。

3. 非存储型（单稳态型）铁电液晶

非存储型铁电液晶显示器的特点：

（1）上、下基片均进行过平行取向处理；

（2）充入基片间的近晶 C 相液晶的层面与基片面垂直；

（3）基片间距离，即液晶厚度比手性液晶螺距大很多。

当外场 $E=0$ 时，每层中的液晶分子与层法线成 θ 角，即呈相同的倾斜排列；层之间的液晶分子在 φ 角方向做螺旋转动。如果取基片平面与纸面平行，则铁电液晶分子排列的初始态如图 2-30（a）所示。由图可见螺旋轴与基片面平行，沿层的水平方向与深度方向，液晶分子排列整齐，但沿层的垂直方向，即沿纸面的南北方向，液晶分子取向则做螺旋转动。每一层中的分子同向排列，即偶极矩也同向排列，会产生一定的自发极化。层之间自发极化的方向从层到层在 φ 方向做螺旋转动，各层分量总体为零，因此总体不表现出自发极化。

当在该液晶盒上加上直流电场时，自发极化强度 P_s 将与电场 E 作用，产生的作用力力图使液晶分子自极化方向指向电场，使螺距变长，当电场超过临界值 E_c 时，螺旋结构消

失。当电场方向反向时，分子的极化方向也反向，液晶分子相对于层面法线的倾斜角也从 θ 变为 $-\theta$，即在基片面内变化了 2θ 角度，如图2-30（c）、（d）所示。

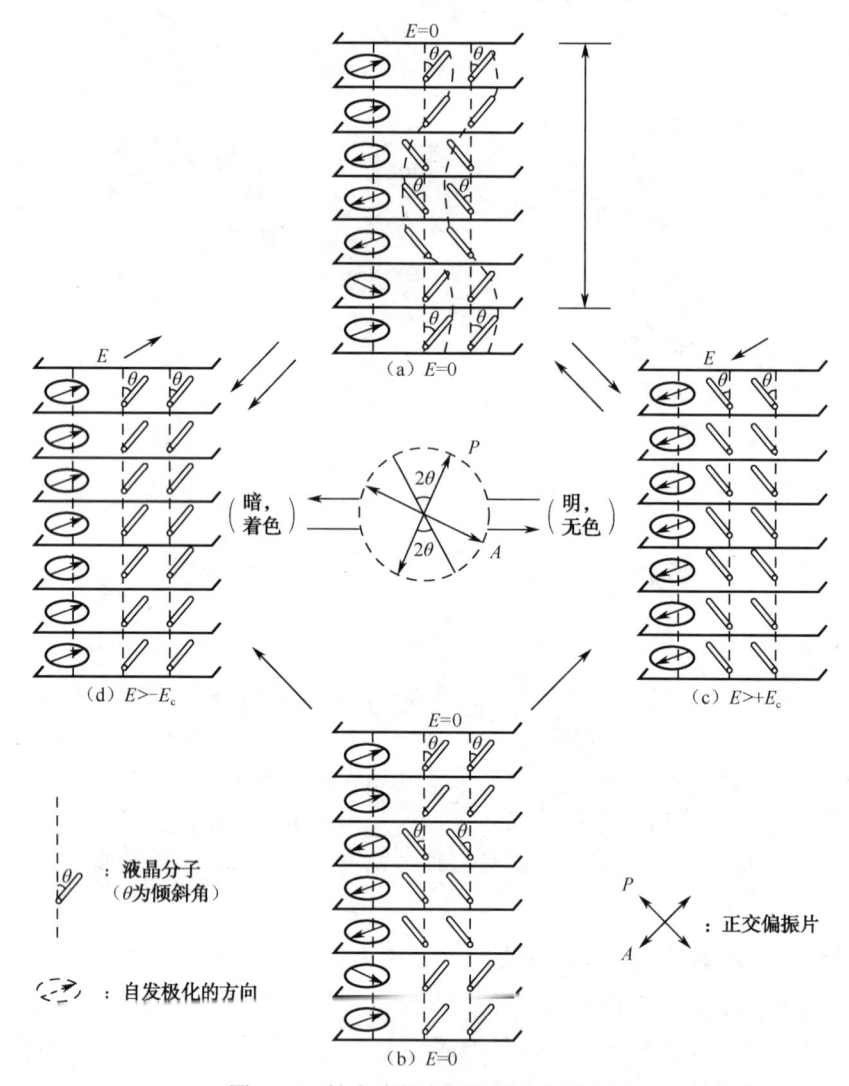

图2-30 铁电液晶电气光学效应原理图

4．非存储型（单稳态型）铁电液晶的工作方式

1）双折射方式

将液晶盒置于两块正交的偏振片之中，使上偏振片的偏光轴与加 $E<-E_c$ 时分子长轴排列的方向一致，在这种情况下，入射光通过液晶时不发生双折射，并被下偏振片挡住，液晶盒呈暗态；当在液晶盒上加 $E>E_c$ 时，分子长轴转过 2θ 角，入射的线偏振光与液晶主光轴有一个夹角，产生双折射，通过下偏振片时发生干涉，液晶呈亮态。对加在液晶盒上的直流电压的极性进行切换，则液晶盒显示光闸特性，且最大对比度出现在倾斜角 $\theta=45°/2$ 条件下。

2）宾主方式

液晶盒中掺入二色性染料，只在盒上方加一个偏振片，并使偏振轴方向与盒上加有 $E<-E_c$ 时分子长轴排列的方向一致。在这种情况下，入射偏振光的振动方向与染料分子长轴一致，在经过液晶时，被染料分子选择性地吸收，出射光为某种彩色。当盒上加有 $E>E_c$ 时，液晶分子长轴转过 2θ 角，入射线偏振光受染料分子吸收明显减少，出射光接近无色。在这种情况下，液晶分子的最佳倾斜角 $\theta=90°/2$。

这种无双稳态特性的铁电液晶盒可以用作快速光开关，但人们更多关注的是具有双稳态特性的铁电液晶盒。

5．表面稳定铁电液晶显示器件

1）液晶盒工作原理

如果将上述铁电液晶盒除了厚度 d 变薄，使 $d<P$（螺距）外，其他条件不变，则由于强的界面效应，即使在 $E=0$ 情况下，螺旋结构消失，如图 2-30（d）所示，全体液晶分子与基片表面平行排列，而各层自发极化的排列方向相对于纸面为朝外或朝里的整齐排列。当外加电场为 $E<-E_c$ 时，液晶分子的偶极矩应指向电场方向，由于偶极矩方向与铁电液晶分子长轴方向垂直，这时分子长轴必沿面排列，并与水平轴线 z 夹角为 θ；当外加电场为 $E>E_c$ 时，同样，分子长轴仍沿面排列，但与 z 轴夹角为 $-\theta$，即转过 2θ，如图 2-31 所示。由于液晶盒上下配有相正交的偏振片，使得电场极性变化时器件具有通断效应。但是与厚盒不同之处在于外加电场撤去后，分子排列状态仍保持原来状态不变，即薄电铁液晶盒具有双稳态存储效应。

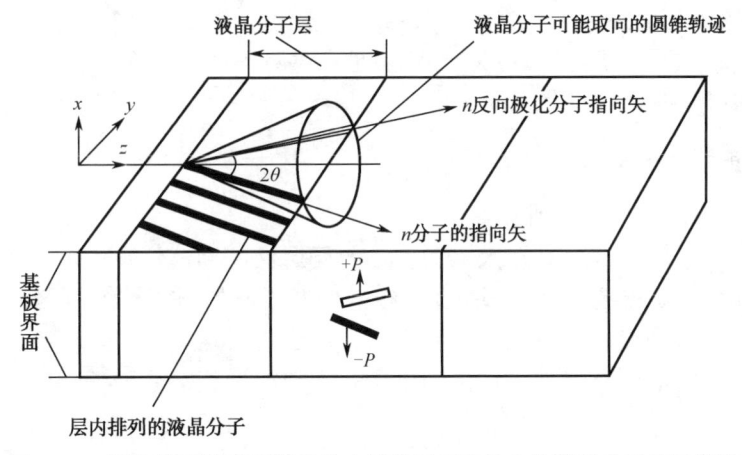

图 2-31　层内排列的表面稳定铁电液晶显示器件中的液晶分子层示意图

2）铁电液晶光开关的动力学性质与光学性能

由上述内容可知，在外加电场作用下，液晶分子将沿着倾斜角为 θ 的锥面旋转，即 θ 保持不变，而另一个方位角 φ 改变，直到它的电偶极矩平行于外电场。假设无电场时初始状态为 $\varphi=0$，即如图 2-31 所示，电偶极矩 P 为向下状态。现在若向光开关加一个向上电场，则分子最终将转向 $\varphi=180°$，使 P 为向上状态。若只考虑外电场与电偶极矩的作用与液晶本身的阻尼作用，则指向矢（即主光轴）方位角 φ 的运动方程为

$$\eta \frac{d\varphi}{dt} = P_S E \sin\varphi \tag{2-28}$$

式中，η 为旋转黏滞系数；P_S 为液晶固有极化强度；E 为外电场。

这个方程是忽略了惯性、弹性及介电各向异性后的一种简化。方程的解为

$$\tan\frac{\varphi}{2} = \tan\frac{\varphi_0}{2} \exp\left(-\frac{t}{\tau}\right) \tag{2-29}$$

式中，$\tau = \eta/P_S E$，它是决定铁电液晶光开关开启速度的时间常数。

对于典型的铁电液晶材料，η=0.1 泊，P_S=10 Nc/cm^2，当外加电场 E=10 V/μm 时，τ=0.1 μs，即铁电液晶光开关的速度可达微秒量级以下，而且由于两态都用外电场驱动，因此开启与关闭速度都为微秒量级，这比向列相液晶光开关响应速度快 $10^3 \sim 10^4$ 倍。铁电液晶的快速响应速度和宝贵的双稳态特性使其有望成为视频显示的最理想的液晶材料，吸引了大量科学家与工程技术人员去研究它。

但实际上从一个稳态转变到另一个稳态所需的时间要长得多，要考虑弹性变形的因素，估计为毫秒量级，但增加工作电压可以加快响应速度。

假设入射光的偏振方向平行于起偏器的偏振轴，则在不计所有表面的反射后，液晶的透过率是

$$T = \frac{I(\lambda)}{I_0} = \sin^2 \frac{2\pi\Delta nd}{\lambda} \sin^2 4\theta \tag{2-30}$$

式中，d 为液晶层厚；λ 是入射光波长；$\Delta n = n_{\parallel} - n_{\perp}$。

上式表明 4θ=90°，即 θ=22.5°时光的透过率最大。另外，应使 $\Delta nd = \lambda/4$，即 Δnd 应尽可能接近 1/4 波长时，透过率最好。一般 Δn=0.1 左右，对于 λ=6328 Å，算得 d≈1.5 μm，即铁电液晶盒的液晶层厚度只有 1~2 μm，满足上述两条件时，透过率可达 100%，但对于自然光，最大的透过率只有 50%。

6．铁电液晶的其他应用

1）采用铁电液晶的光偏振调制器

光偏振调制对于许多应用是至关重要的，如偏振仪、椭偏仪、光谱仪、显微镜、光通信等。现在这几种光偏振调制技术都得到了很好的发展，如固体晶体的 Kerr 和 Pockls 效应、各种异性盘的机械旋转、液晶的电光效应。对于所有这些技术，液晶的应用是最有前途的，其原因在于它的固有特性，低驱动电压和低能耗，相对快速的响应时间，大的开口率和低成本。

2）用于脉冲焊接的快速开关头盔

在目前的技术中，大多使用向列相液晶，但是其响应时间在毫秒量级，较慢。向列相液晶的缺点还在于对驱动电压不敏感，如果改用铁电液晶的光偏振调制器，它的优点至少表现在：响应时间快，在微秒量级；光响应取决于外加电场的信号；铁电液晶指向矢的面内开关可提供连续灰度，同时，如果采用 V 型模式没有阈值电压限制和滞后。

2.4.4 反铁电型（AFLC）

1988 年，Chadani 等人发现了反铁电液晶（AFLC），它小但响应速度快，而且具有三

稳态的双迟滞回线，非常适用于多路驱动，有望代替有源矩阵显示器件进行视频显示。

从 1983 年到 1990 年是反铁电液晶被发现和被证实的时间。反铁电液晶属近晶"C_A"，结构上与近晶 C^* 相铁电液晶相似，均为螺旋结构。在铁电液晶中，相邻层中分子的倾斜角 θ 是相同的，只是在 φ 方位角上转过一个角度，因此自发极化不为零；而在反铁电液晶中，虽然也为螺旋结构，但是相邻层中分子的倾斜角基本上呈相反方向，因而自发极化矢量相互抵消，净值为零。图 2-32 中形象地示出了反铁电液晶的螺旋结构，为了对照，该图中还示出了铁电液晶的螺旋结构。反铁电液晶具有三稳态特性，即两个铁电相（也称均匀态）和一个反铁电相（也称第三态）。若把注有反铁电液晶的盒置于电场中，则当 $E>E_c$ 或 $E<-E_c$ 时，液晶表现为铁电液晶，倾斜角 θ 不变，但是分子指向矢的 φ 角全部转到使电偶极矩与外加电场方向一致。

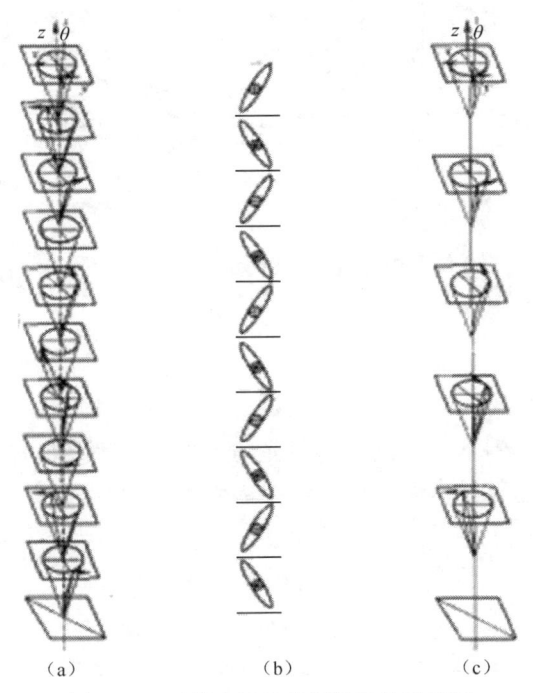

图 2-32　反铁电液晶的螺旋结构示意图

当外加电场返回零时，液晶分子排列恢复反铁电液晶性质，指向矢平行于近晶层法线。

如果将液晶盒置于互相正交的偏振片之中，并使偏振方向垂直或平行于近晶层的法线，则在不加电场情况下，入射偏振光不受任何影响地经过液晶，被下偏振片所阻，液晶盒呈暗态。当加上电场后，指向矢与入射偏振光偏离平行或垂直一个 θ 角，经过液晶时产生双折射，从下偏振片出射，发生光干涉，于是液晶盒呈亮态。反铁电液晶显示器件的电光特性具有两个回滞曲线，如图 2-33 所示。

铁电液晶显示器件具有双稳态性能，适用于多路驱动，但难于实现灰度。而反铁电液晶显示器不但具有双稳态特性，并且由图 2-33 中的曲线可知，通过改变偏压大小可以控制灰度，因此它特别适用于电视显示。

总的来说，发现铁电液晶所花的时间并不长，但是实验室中制出铁电液晶显示器件却花了 8 年时间。而后又经过了十多年，无论是铁电液晶显示器件，还是反铁电液晶显示器件均

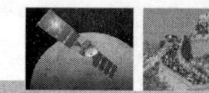

未能进入大生产,因为无论是材料的配制,还是显示器件 1~2 μm 厚液晶盒的制作工艺都是十分困难的。如果这些困难最终能被突破,必将为液晶显示开辟出一个更加辉煌的未来。

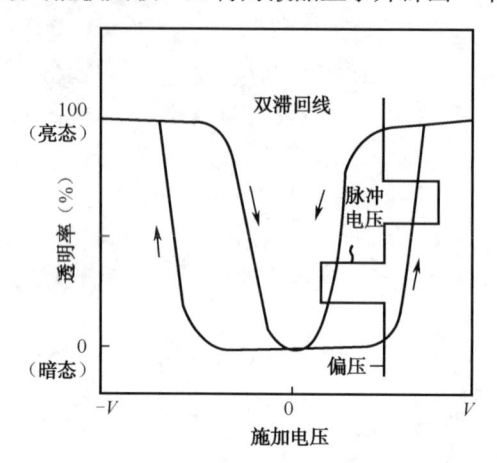

图 2-33 反铁电液晶的双回滞特性

2.4.5 宾—主型(GH-LCD)

在沿面排列的液晶盒中加入二色性染料就构成了 GH-LCD。

1. 二色性染料

有些有机染料具有光吸收的各向异性,也就是说,当光振动的光矢量平行或垂直染料分子入射时,染料对光的吸收不一致。对电矢量与其分子长轴相平行的某一彩色光的吸收要大于电矢量与其分子长轴垂直的某一彩色光的吸收,这种染料称为正性染料;而对电矢量与其分子长轴相垂直的某一彩色光的吸收要大于电矢量与其分子长轴平行的某一彩色光的吸收,这种染料称为负性染料。图 2-34 给出了二色性染料分子对偏振光的吸收。

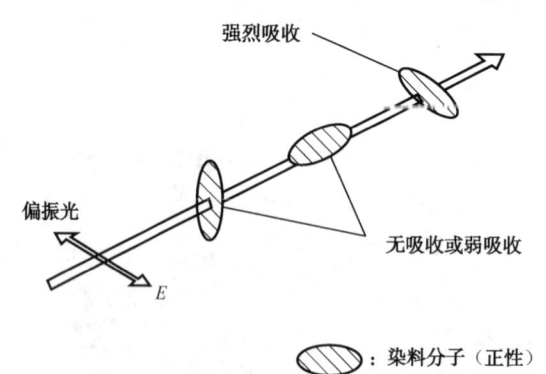

图 2-34 二色性染料分子对偏振光的吸收

如果染料分子的形状和大小与液晶分子差不多,当把少量二色性染料溶于液晶中时,二色性染料分子将倾向于与液晶分子平行。但是染料分子在液晶分子的包围中,取向并不完全一致,它们相对于其平均方向做剧烈的热运动。它们相对于液晶光轴的有序性或平行的程度也可用有序参数 S 来表示:

$$S = \frac{1}{2}\langle 3\cos^2\theta - 1\rangle$$

式中，θ 是染料分子与液晶分子平均方向的瞬时夹角。

一般二色性染料分子的有序参数为 0.7 左右。染料分子必须很纯，否则会降低液晶的电阻率。此外，染料分子必须具有高的抗化学退化和抗光分解能力。

染料分子溶入液晶后，称染料分子为"宾"（Guest），液晶分子为"主"（Host）。客随主便，在外电场作用下染料分子随着液晶分子转动。因此称这类液晶显示器件为宾—主型（GH）液晶显示器件。

2. 工作原理

平面型宾主液晶显示器件的工作原理示于图 2-35 中。这种结构的器件有时也称作 Heilmeier 型液晶器件，因为 Heilmeier 首先于 1968 年发表了相关的研究结果。

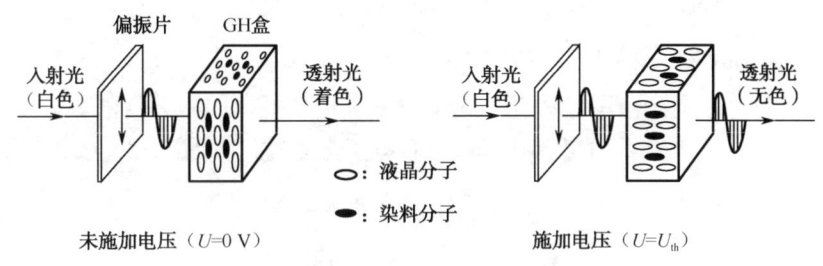

图 2-35 平面型宾主液晶显示器件的工作原理

液晶盒中为正性液晶，并掺有正性二色性染料。盒内分子与上、下基片表面都为同方向沿面排列。让自然光通过上偏振片，垂直入射到液晶盒上，并使入射光的偏振面与液晶分子长轴平行，产生光吸收，只有一个窄的波段光通过，于是透射光带颜色。带什么颜色取决于染料分子的特性。透射光带深彩色。当施加电压时，液晶分子转向电场方向，染料分子也随之转向电场方向，这时入射线偏振光的电矢量与染料分子垂直，于是透射光呈白色，且略带一点彩色。

2.4.6 电控双折射型

如前所述，当入射光的偏振面垂直于如图 2-36（a）所示的纸平面时，入射光线将分成两部分传播。

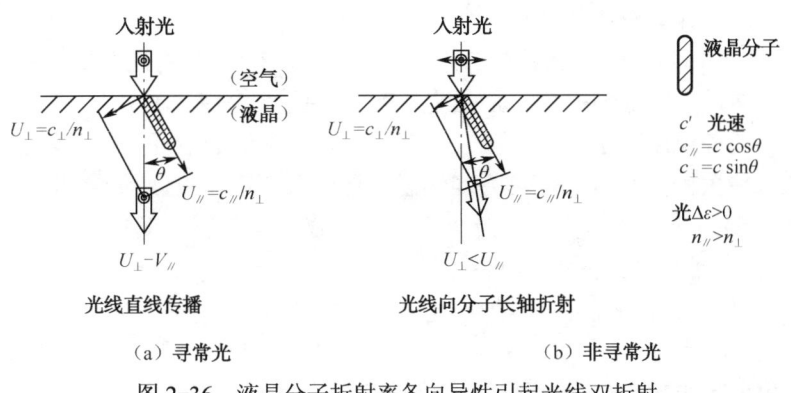

图 2-36 液晶分子折射率各向异性引起光线双折射

一部分的偏振面平行于液晶分子的长轴，另一部分的偏振面垂直于液晶分子的长轴。因为这两部分光的电矢量都与液晶分子长轴垂直，所以这两部分光的传播速度相同，光不发生折射，即单轴晶体中的寻常光。

如果入射光的偏振面如图 2-36（b）中所示与纸平面平行，光线仍然分成两个部分传播，一部分的偏振面与液晶分子长轴平行，另一部分的偏振面则与分子长轴垂直。由于 $n_{//} \neq n_{\perp}$，所以这两部分光传播速度不一样，合成光便发生折射。对于 N_p 液晶，由于 $n_{//} > n_{\perp}$，光的传播方向便折向液晶长轴，这束光即单轴晶体中的非寻常光。

当自然光垂直入射液晶面时，总可分解成如图 2-36（a）、（b）所示情况中偏振面互相正交的两束光，当光线从液晶层出射后，可以看到两束光或两个叠影。电控双折射液晶显示器件就是利用液晶的双折射现象并进行控制来实现的，常用作多色显示。根据液晶盒分子沿面排列方式的不同，电控双折射效应可分为垂直排列相畸变（DAP）方式、沿面排列方式和混合排列（HAN）三种方式。

1. 垂直排列相畸变（DAP）方式

将 $\Delta \varepsilon < 0$ 的 N_n 型向列液晶注入两块透明导电玻璃基板之间，并使液晶分子长轴沿上下基板都为垂直排列，这就是垂直排列相畸变（DAP）液晶盒，如图 2-37（a）所示。

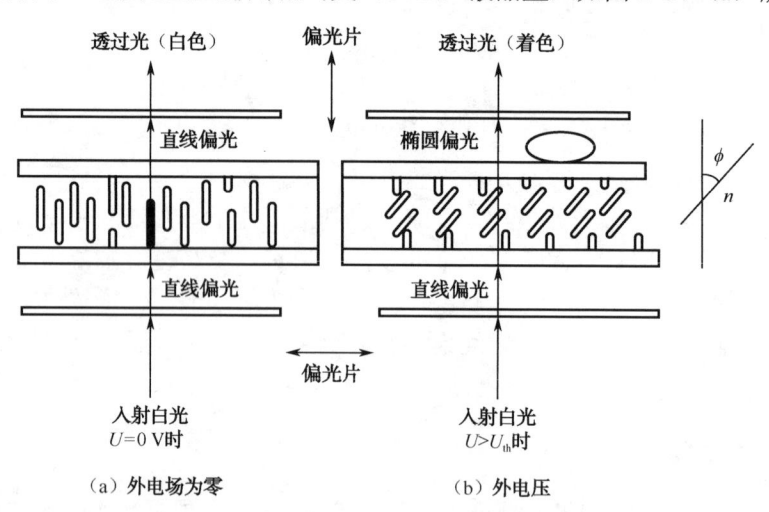

图 2-37 电控双折射 DAP 方式的工作原理

把 DAP 液晶盒置于相互垂直的两块偏振片之间，当无外电场时，对于垂直入射到液晶盒上的光线，由于入射偏振光的偏振方向与分子长轴，即液晶盒主光轴垂直，将不发生双折射，光线不能通过第二块偏振片，因此液晶盒不透明。

当液晶盒上的外电压高于阈值电压 U_{th} 时，除基片附近的液晶分子外，由于 $\Delta \varepsilon < 0$，其余液晶分子长轴将力图向垂直于电场方向倾斜。这个偏离电场方向的倾角 ϕ 将随电压增加而变大。这时入射偏振光的方向与液晶分子光轴不一致，使入射线偏振光发生双折射而变为圆偏振光，从而使一部分光线能够通过第二块偏振片而着色。

透射光的强度与加在液晶盒上的电压和入射光波长有关。当入射光为白色光时，透过检偏振片产生干涉色，改变外加电压，出射光的色调将发生变化。图 2-38 示出了 $d = 20$ μm，使用正交偏振片时，出射光色调随外加电压变化的情况。如果使用平行置放的偏

振片，透射光的干涉颜色与正交置放偏振片时互为互补色调。

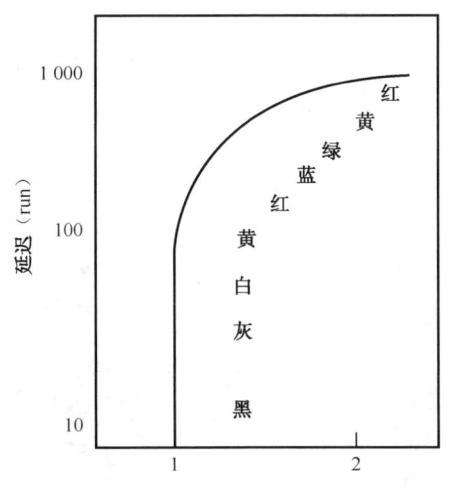

图 2-38 DAP 方式的电压色谱曲线

2．沿面排列方式

在液晶分子沿面排列方式下，液晶盒中应使用 N_p 型液晶，其原理与 DAP 方式没有区别，如图 2-39 所示，只是性能上有些不同。随着外加电压的增加，所产生的干涉色调变化的顺序刚好与 DAP 方式中的相反。与 N_n 型液晶相比，N_p 型液晶的介电常数各向异性 $\Delta\varepsilon$ 比较大（大约大 10 倍），因此它的阈值电压可低至 1～2 V。水平排列的预倾角容易保持恒定，因此其色纯比 DAP 方式好得多，液晶盒的彩色均匀性也好一些。

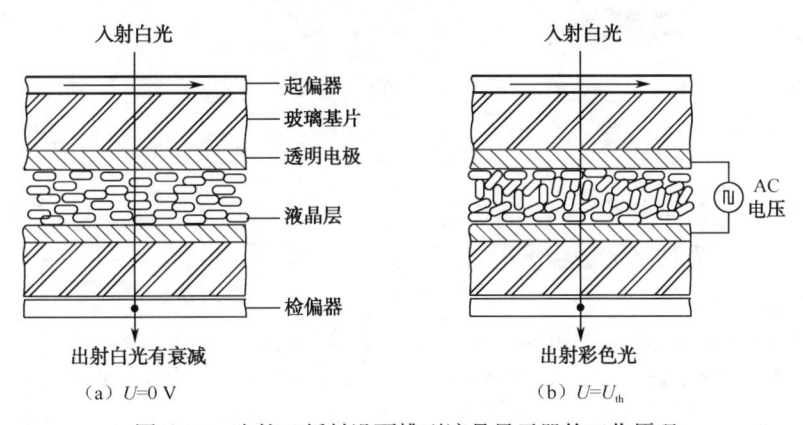

图 2-39 电控双折射沿面排列液晶显示器的工作原理

3．混合排列（HAN）方式

电控双折射 HAN 方式的工作原理如图 2-40 所示。它采用 N_p 型向列相液晶，其分子与一个电极面垂直，与另一个电极面平行，因此液晶盒内的指向矢的取向在两块电极之间从垂直到平行连续地变化。

加上外电场后．当电场足够强时，液晶的指向矢则倾向于垂直电极面，甚至那些初始取向与电极平行的液晶分子也要按垂直方向排列。HAN 方式的优点是：

（1）在条件相同的情况下，加上电场后 HAN 的两个偏振光的相位差只有平面排列方式的一半，因此彩色峰值分得较开；

（2）可达到的透光强度大于 DAP 方式；

（3）驱动电压低，彩色不均匀性少，可以获得清晰的彩色显示。

但 HAN 方式在不加电压时也只有双折射效应，因此没有明显的阈值，不能应用于无源短阵中。

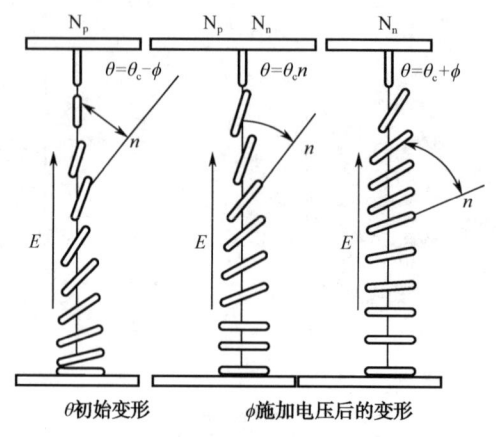

θ 初始变形　　　ϕ 施加电压后的变形

图 2-40　电控双折射 HAN 方式的工作原理

电控双折射液晶显示器件最大的特点是可利用外加电压来控制其出射光的颜色，由于光的颜色受温度等影响大，重现的色域小，所以它不适用于实现彩色显示，一般多用于实现多色显示。

2.4.7　高分子分散型

前述的液晶显示器的温度工作范围是一定的。如果能制造出固态的液晶器件，则可以扩大显示器的工作范围。将液晶显示器固态化，无疑会扩展液晶的使用范围，因为这类显示器件具有：

（1）厚度薄，一般小于 0.5 nm，可以挠曲；

（2）耐振动，可靠性高，适合于制成大面积显示屏；

（3）批量生产成本低；

（4）作用原理是光散射，不用偏振片，因此透过率高，视角大。

高分子分散型液晶显示器正是这种固体器件。这种器件由向列相液晶和高分子构成，并利用复合体的光散射效应进行显示。根据复合体的构造，它可分为向列毛团准直相（NCAP）和聚合物网络（PN）型两类。

1. 向列毛团准直相（NCAP）

先将液晶制作成准微米量级的微囊，液晶为 N_p 型向列相液晶。微囊类似于小鱼肝油丸，外面是一层水溶性固体膜，包着液晶微粒。液晶分子在液晶微囊中沿球面呈弧线排列。由于使用的包膜材料不同，所以包膜表面与液晶表面耦合不同，微囊内液晶分子呈多种不同排列，如图 2-41 所示。

双极型　　　　　星型　　　　　并列1型　　　　　并列2型

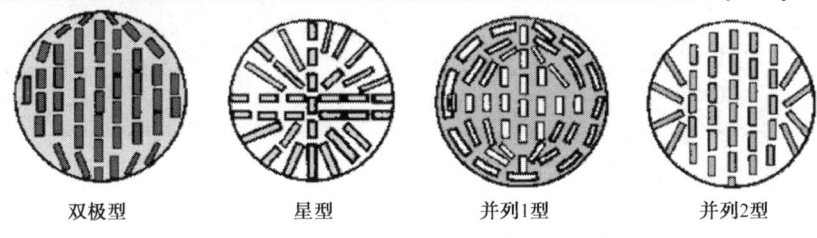

图 2-41　液晶分子在微囊中的排列示意

然后将这些微囊与环氧树脂混合后，夹在两层镀有 ITO 的聚酯塑料膜之间，构成显示器件。它的工作原理是：未施加电压时，液晶分子沿胶囊壁面排布，且从光的入射方向看，液晶分子随机排列，并设计使这种情况下的液晶折射率 $n_o \neq n_p$（树脂折射率），这样当光入射后，发生散射，LCD 外观呈不透明乳白色。当施加电压后，液晶分子按电场方向排列，并设计液晶的寻常光折射率与树脂的折射率相同，入射光将透过液晶微囊和树脂，LCD 外观呈透明状态，如图 2-42 所示。

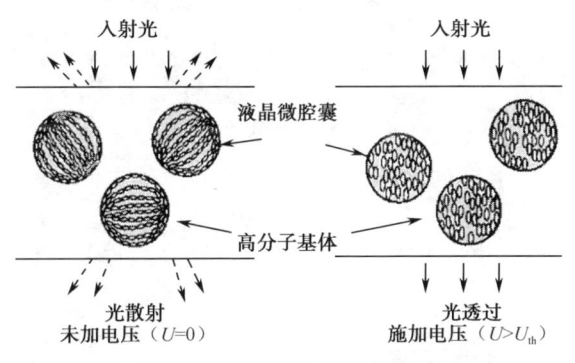

图 2-42　NCAP 型显示方式原理

为了保证 NCAP 型显示器件有足够的对比度，应符合下列两点要求：
（1）液晶寻常光的折射率 n_o 尽可能与微囊膜和树脂的折射率 n_p 一致，各向异性 $\Delta\varepsilon$ 尽可能大；
（2）微囊的直径尽可能小，在树脂中分布尽可能均匀。

如果在液晶中掺入二色性染料，在树脂中掺入另一种颜色的非二色性染料，则可实现二色显示。

这种显示器的优点是响应速度快，当微囊直径为 0.4 μm，膜层厚为 2.4 μm，外加 30V 交流电压时，响应时间只有 1 ms。但这种显示器的电光曲线几乎没有阈值，因此不宜用于多路驱动。

2. 聚合物网络型（PNLCD）

PNLCD 中的液晶高分子构成三维立体网络，液晶含量可高达 70%～90%。显示器的构成为在两层镀有 ITO 的塑料膜之间夹上侧链型 LCP，盒厚约为 4 μm。其工作原理为：在未施加电压时，液晶分子沿高分子三维网络结构的界面排列，从整体看是无序的，对入射光散射使显示器外观呈暗白色；当施加电压时，液晶分子按电场方向，即入射光呈相同方向排列，对入射光不发生散射，使显示器呈透明色。其工作原理如图 2-43（a）所示。

平板显示技术

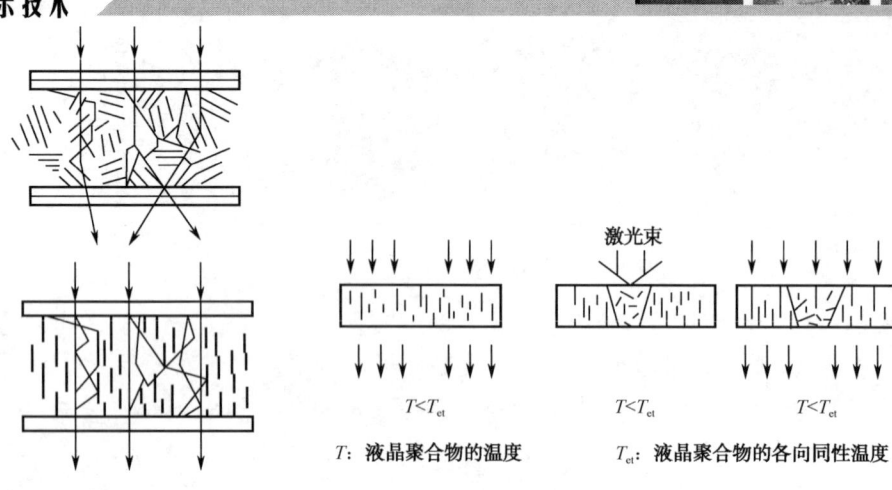

(a) 聚合物网络显示器示意　　(b) 施加电场下缓慢降温时的透明态　　(c) 激光写入时的示意

T：液晶聚合物的温度　　　T_{et}：液晶聚合物的各向同性温度

图 2-43　聚合物网络显示器与记录器示意

另一种工作方式是用激光束写入，如图 2-43（b）、(c) 所示。其原理为：当将盒加热到各向同性温度（T_{et}）以上，同时施加 100 V、500 Hz，慢慢冷却，LCP 垂直面的状态被"冻"在固态 LCP 膜中，使膜透明。此时若用激光束照射膜层的某一部分，使该部分升温超过 T_{et}，则该部分内部的分子排列立即变为随机状态。这时，如果立即停止照射，迅速冷却，即可将这种随机取向的 LCP 分子"冻"在膜中，该处为不透明的，实现了信息的记录。当激光器功率为 10～30 mW，写入速度在 5 cm/s 时，写入线条可达到 5 μm 线宽，具有很高的分辨力。

2.4.8　彩色 LCD 的各种显示方式

彩色 LCD 显示方式根据其彩色生成原理不同，可以按表 2-3 进行分类。在彩色滤光器方式和彩色光源方式中，作为受动元件的彩色滤光器及彩色光源是彩色的生成源，作为能动元件的液晶盒仅起到光开关的作用。因此，这种方式的彩色 LCD 一般称为受动型的 LCD。

表 2-3　彩色 LCD 的显示方式

	彩色滤光器方式	TN 型、STN 型、VAN 型、FLC 型、GH 型
受动型	彩色光源方式	TN 型、STN 型、FLC 型
能动型	光干涉方式	VAN 型、PAN 型、HAN 型
	GH 方式	GH 型

与此相对，光干涉方式及 GH 方式的 LCD 称为能动型彩色 LCD。从结构上讲，这些彩色 LCD 是通过能动元件液晶盒的双折射性及二色性的变化，借助偏振片的作用，直接产生色相的变化的。在受动型彩色 LCD 中，要求起光开关作用的液晶盒的透射光基本上是无色的，即要求是黑白（B/W）光开关。TN 型、二层盒结构的 D-STN 型、附加相位差板的 F-STN 型、ECB 方式的 VAN 型、铁电液晶的 FLC 型、添加黑色二色性染料的 GH 型等液晶盒都可以用作受动型彩色 LCD 的光开关。

1. 彩色滤光片

如图 2-44 所示，使具有 B/W 光开关功能的液晶盒与红绿蓝（RGB）多色滤光片组合，利用加法混色就可以实现多色显示或全色显示。通常在马赛克形、条形、三角形布置的 RGB 的各像素间，设有黑色矩阵条，这种设置的目的在于提高对比度及色纯度。一般在彩色滤光片上部设有透明电极。当 LCD 为 TFT 驱动时，可设置整体化电极。而当 LCD 为 MIM 或单纯矩阵驱动时，可设置条形电极。这种方式的彩色 LCD 的整体透光率是相当低（<5%）的，目前解决问题的办法是附设背照光。

背照光除可使彩色 LCD 的亮度提高之外，与彩色滤光片组合还具有提高色纯度的作用。图 2-45 表示出了彩色滤光片与三波长发光荧光灯的光谱特性。彩色滤光片无论采用染色、颜料的分散或电沉积，还是采用印刷等方式，其 RGB 的吸收谱都是相当宽的，因此与三波长发光荧光灯相组合，就可以初步实现较高的色纯度。图 2-46 给出了在 C1E 色度图上备有三波长灯的 D-STN 型彩色 LCD 的色再现性，可以看出能实现与 CRT 很接近的实用上比较满意的色纯度。

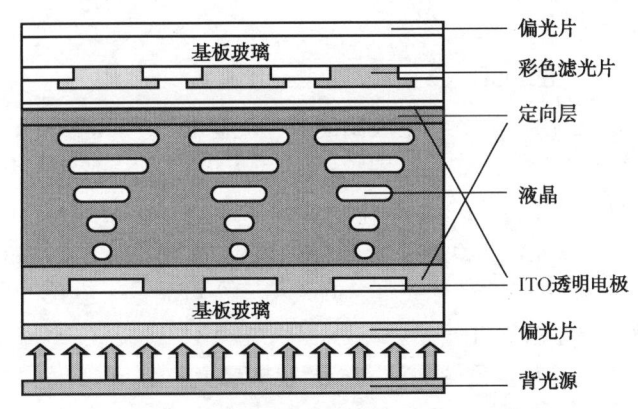

图 2-44 彩色滤色膜的 LCD 装置断面结构

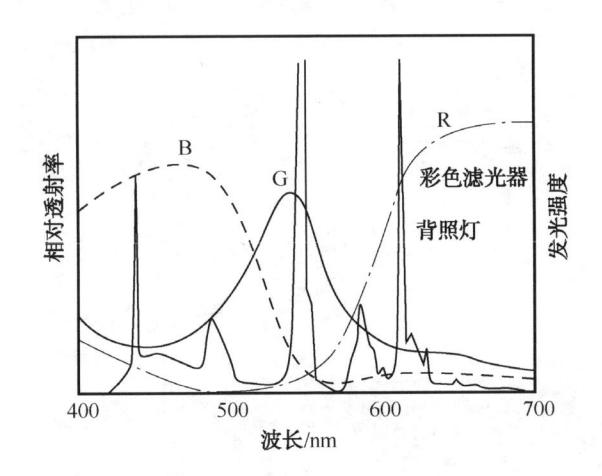

图 2-45 彩色滤光片的分光投射率与三波长发光荧光灯(背照灯)的发光光谱

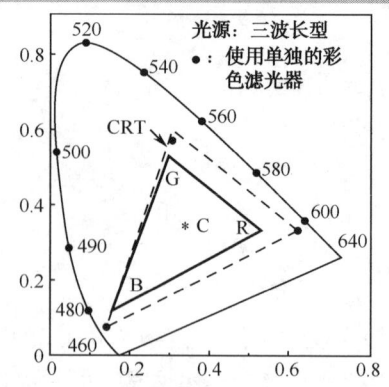

图 2-46　多色 D-STN 型 LCD(实线)及彩色 CRT(虚线)的颜色再现范围

上述彩色滤光片方式已广泛用于带摄像的照相机、小型彩电、壁计式彩电、OA（办公室自动化）设备、家用信息终端、工业用 PC、台式 PC、测量医疗设备、电视游戏机、卡拉 OK 产品，以及飞机和轮船及火车座位上的电视、便携式电视、便携式 DVD、军事装备、个人数据助理（PDA）、汽车引导系统等。

2. 彩色光源方式的彩色 LCD

这种方式的彩色 LCD 由作为颜色生成源的彩色光源和具有 B/W 光开关功能的液晶盒相组合而形成。图 2-47 为一个具体实例，图中所示为以 FLC 型液晶盒作为光开关的投影型彩色 LCD 的结构。LCD 的彩色光源一般采用 RGB 的三原色光，这种光是由金属卤化物灯及 Xe 灯等发出的高强度白色光，再经过二色镜等分离出 RGB 的三原色光而生成的。另外，B/W 光开关是 RGB 光源专用的光开关，总共采用三个液晶盒。RGB 的光分别入射到这些液晶盒中，经各个液晶盒分解成 R 图像、G 图像、B 图像，再经二色棱镜等合成，最后通过投影光学系统将多色图像及全色图像放大投影在屏幕上。

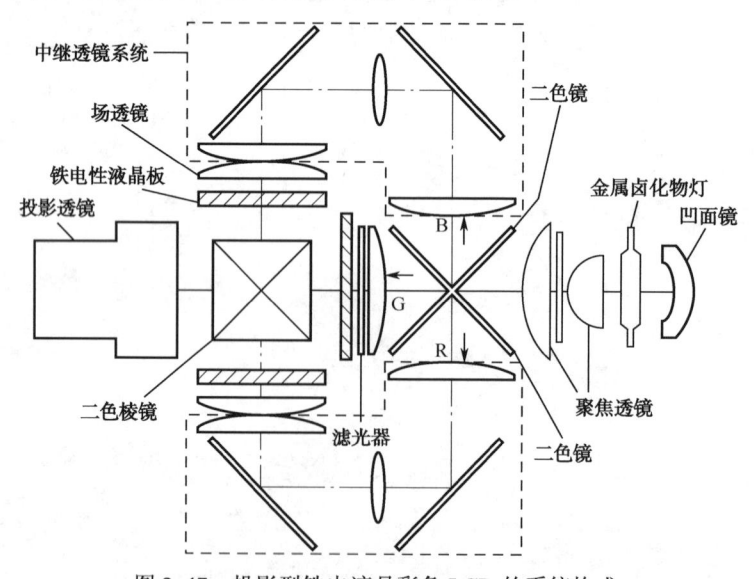

图 2-47　投影型铁电液晶彩色 LCD 的系统构成

现在市场出售的液晶投影器彩色电视机采用 TN 型或 STN 型液晶盒作为光开关。对角线尺寸为 40 英寸到 200 英寸的大画面、大视角型产品早已面市。除投影型彩色光源方式之外，人们还开发了直视型彩色 LCD。具体的例子有采用 1 个高速 FLC 型液晶盒、B/W 光开关及其背面配置的 RGB 三种彩色荧光灯所构成的彩色 LCD。其特征是可实现高解度、高解像度的彩色显示。图 2-48 给出了这种直视型彩色 LCD 中所用的时序彩色照明方式的彩色显示原理。这种时序彩色照明方式是该直视型彩色 LCD 的关键技术。

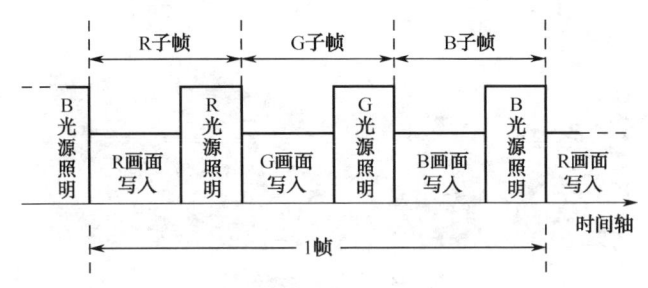

图 2-48 时序彩色照明方式的彩色显示原理

2.5 LCD 的驱动方式

由 2.4 节介绍的液晶显示器件的显示原理可知，它依靠外电场（也可以是光、热）作用于初始排列的液晶分子上，依靠液晶分子的各向异性和电偶极矩的特点，使液晶分子的初始排列发生改变，调制通过液晶器件的外界光，使液晶器件发生明与暗、遮与透和变色等效果，达到显示的目的。因此，外加电压必须达到一定强度，即超过液晶显示器件的阈值电压和维持一定的时间。为了展现各种图像，需要对液晶盒上、下基板内侧的透明导电膜进行蚀刻，形成所需要的电极结构。图 2-49 中分类给出了液晶显示器驱动用电极结构及其主要用途。

图 2-49 液晶显示器驱动用电极结构及其主要用途

在各种段电极中，典型的是图 2-50 所示的 7 段电极，它由前基板上的 7 个段电极和后基板上的一个公共电极构成。通过在各段上选择性地施加电压，可以显示 0～9 中的任一个数字。段形显示像素是指显示像素为一长棒形，也称笔段形。7 段显示是最常见的一种，用于显示数字，也可以是 12 段；用于显示英文字母时则需要 14 段或 16 段；用于显示汉字时则需要更多的段数，如 13×9 段形矩阵。

段与外引线的连接方式，随驱动方式不同而不同，既可以是每段接一根引出线，也可以是数段连在一起接一根引出线。当显示模拟图形时，可将多个段电极并用，排成一列或排成图形进行显示。当经常显示某些特定的符号或图案时，可按其形状做成固定图案电极来使用，如图 2-51（b）所示。

图 2-51 为矩阵电极结构示意图，利用这种电极可以显示任意图案。矩阵电极由一方基板的带状行（扫描）电极（X_n）和另一方基板上的带状列（信号）电极（Y_m）构成。在由

平板显示技术

扫描电极与信号电极组成的任意交点（像素）上施加电压，就可以实现对字符、图形、电视画面等的显示。以上所述为普通点矩阵，又称为无源矩阵的电极结构，制造工艺相对简

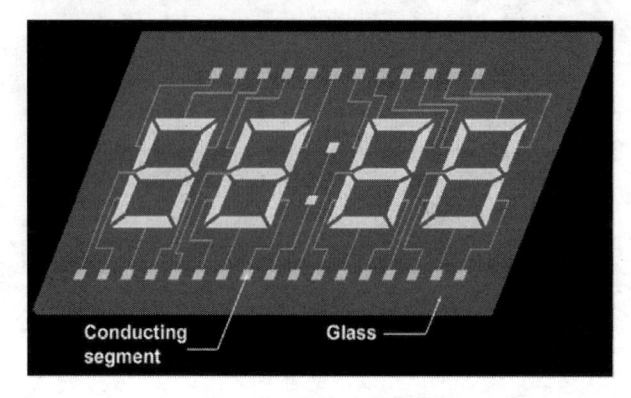

图 2-50　7 段电极结构

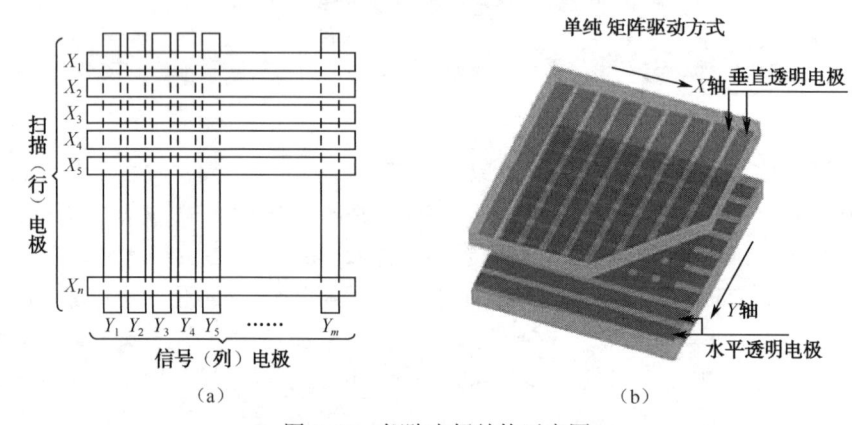

图 2-51　矩阵电极结构示意图

单。但在各像素位置附加三极管开关元件的驱动方式中，扫描电极与信号电极做在同一基板上，两者之间设有开关元件，而在另一基板上设有整体电极作为公用电极，称有源矩阵。图 2-52 中给出了 TFT 有源矩阵电极的排布，TFT 是电极薄膜晶体管英文 Thin Film Transistor 的简写。

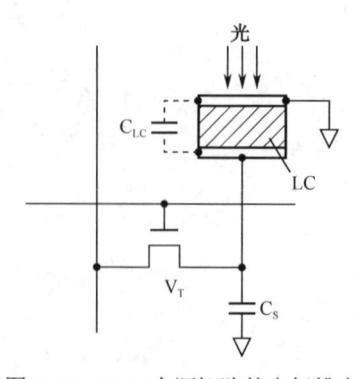

图 2-52　TFT 有源矩阵的电极排布

2.5.1 普通点阵液晶显示器件的静态驱动技术

对于无源矩阵液晶显示器件，驱动电压直接施加于像素电极上，使液晶显示直接对应于所施驱动电压信号，称为直接驱动法。按寻址方式不同，可分为静态驱动和动态驱动两大类。通常用于驱动的电压为交流电压，这是因为：

（1）液晶在直流电压作用下会发生电解作用，因此必须用交流驱动，并且限定交流成分中的直流分量不大于几十毫伏；

（2）由于液晶在电场作用下光学性能的改变依靠的是液晶作为弹性连续体的弹性变形，响应时间长，因此交变驱动电压的作用效果不取决于其峰值，在频率小于 10^3 Hz 的情况下，液晶透光率的改变只与外加电压的有效值有关；

（3）液晶单元是容性负载，液晶的电阻在大多数情况下可以忽略不计，是无极性的，即正压和负压的作用效果是一样的。

静态驱动是指在像素前后电极上施加电压信号时呈显示状态，不施加电压时呈非显示状态。适用于静态驱动的多是总引线数比较少的情况。以 7 段笔段式数码显示为例，每个数码有 7 画，即由 7 段组成，加一个小数点，共 8 根电极引线，称为段电极；背后的电极互相电连接，用一根电极引线，称为位电极或背电极，如图 2-53 所示。若要显示 n 位数，则共需要（8n+1）根电极引线。每个数码需配一个译码器，如 74LS48。驱动电压为交流 3~5 V，频率为 32 Hz、167 Hz、200 Hz 几种。工作时在背电极（COM）上持续加上占空比为 1/2 的连续方波，在要显示的笔段上施加一个与背电极上的电压波形相位相反、幅值相等、频率相同的连续方波，则在被显示笔段的液晶像素上加有正负交替的两倍于方波幅值的电压，它应该大于液晶显示器件的阈值电压 U_{th}；而在不要显示的笔段上施加一个与背电极上的电压波形相位相同、幅值相等、频率相同的波形，则该笔段的液晶像素上不能形成电场，当然也不能显示。具体波形图示于图 2-54 中。图中的 CEG1、CEG2 分别代表要显示和不要显示的笔段上的电压波形，其实只需要一个方波电压波形，加一个异或门就可以完成上述功能。方波电压加在异或门的一个输入端（B），同时也加在 COM 电极上，而异或门的输出则加在段电极上，如图 2-55 所示。当异或门另一个输入端（A）为高电平时，输出端电压与 B 输入端反相，该段为显示状态；当 A 输入端为低电平时，异或门输出端电压与 B 输入端同相，该段为非显示状态，即可用控制异或门 A 端上的电平来控制该段是否被显示。

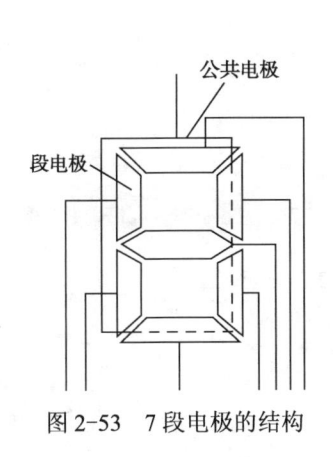

图 2-53　7 段电极的结构

图 2-54　静态驱动时的电压波形

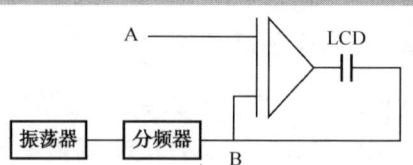

图 2-55　静态驱动的实现方法

2.5.2　普通点阵液晶显示器件的动态驱动技术

1. 简单的动态驱动技术

在 2.5.1 节所述的静态驱动的数码显示中，当位数 n 较大时，即同时显示的数字位数较多时，总电极引线仍是较多的（$7n+1$）。如果采用动态驱动技术，可以大大减少引线数目和外围电路规模。各段之间的连接可以有多种方式，这里只介绍其中的一种：将各数码的相对应笔段互相连在一起，包括小数点的连线共引出 8 根，各数码的背电极单独引出，共 n 根，因此总的电极引线数为（$n+8$）根。工作时，各背电极上的电压顺序接通，称为扫描。例如，第 4 位数码的背电极被"接通"，同时对第 4 位数码各笔段输入显示电压或不显示电压。虽然这些电压也同时施加在其他数码的各笔段上，但是由于这些数码的背电极不被"接通"，所以不起作用。如此背电极轮流被"接通"，其上的笔段相应地被显示。如果有 n 个数码，则每一个数码被显示的时间只有 $1/n$。如果对背电极扫描足够快，借助于人眼的视觉暂留，人们会感觉到所有的数码都好像在同时显示。

如图 2-56 所示，在由 7 段电极构成用简单动态驱动显示 12 位数字的应用场合，根据数字位数，将公用电极分成 12 份，作为位电极；同时，全体段电极按 7 组连线。而且位电极 X_1, X_2, …, X_{12} 与按顺序排列的 12 分时驱动的定时器相配合，对各个需要显示的段电极 Y_1, Y_2, …, Y_7 进行选择性驱动。因此，这种场合下所必需的全部驱动元件数及引线端子数总共为 19 个。与静态驱动的场合相比，前者的数目可大幅度减少。

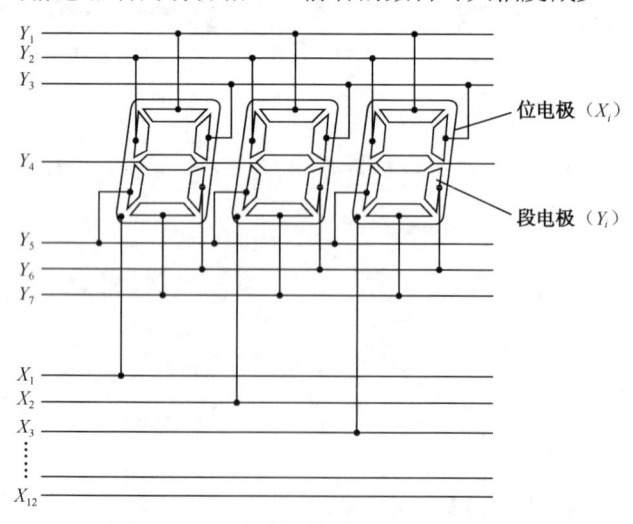

图 2-56　12 位数字简单驱动的电极结构

2. 无源矩阵的动态驱动技术

已知无源矩阵由液晶上、下玻璃基片内表面的水平直线电极组和垂直直线电极组构成。水平电极，即 X 电极，称为扫描电极，它们将被按时间顺序施加上一串扫描脉冲电压；垂直电极，即 Y 电极，称为选址或选通电极，它们将与 X 扫描电极同步，分别输入选通电压波形和非选通电压波形。在双方同步输入驱动电压波形的一瞬间，将会在该行与各列电极交点像素上合成一个驱动波形，使该行上有若干个像素点被选通。所有行被扫描一遍，则全部被选通的像素点便组成一幅画面。但是这个画面上各行的像素是在不同时段内被选通的，因此也称动态驱动技术为时间分割显示。

一个矩阵若由 m 行和 n 列组成，则有 $n×m$ 个像素。采用动态驱动技术只需要（$m+n$）根电极引线，不但能大大减少电极引线，也可以大大减少外围驱动电路的成本。

我们将所有扫描行电极各施加一次扫描电压的时间叫作一帧，每秒内扫描的帧数叫作帧率。将每扫描行电极选通时间与帧周期之比和称为占空比，它等于扫描电极数的倒数，即 $1/N$。

1）交叉效应

交叉效应的英文是 crosstalk，原来是指多路通信中两条互不相干线路之间的"串音"现象。在液晶显示器的多路驱动中也有类似的现象，即当一个像素上施加电压时，附近未被选中的像素上也会有一定电压。当所施加的电压大于 U_{th} 较多，而液晶显示器的电光曲线又不够陡峭时，附近未被选中的像素也会部分呈现显示状态，这就是液晶显示器在无源多路驱动时固有的交叉效应。液晶是容性高电阻率（$10^{10}\sim10^{11}$ $\Omega\cdot cm$）材料，夹在 X、Y 电极群中的每个液晶像素可等效为一个高电阻与一个小电容并联的阻抗，于是全部矩阵单元成为立体电路，各像素间就有了电偶合的途径。为了说明问题，下面举一个最简单的 2×2 矩阵例子，如图 2-57 所示。

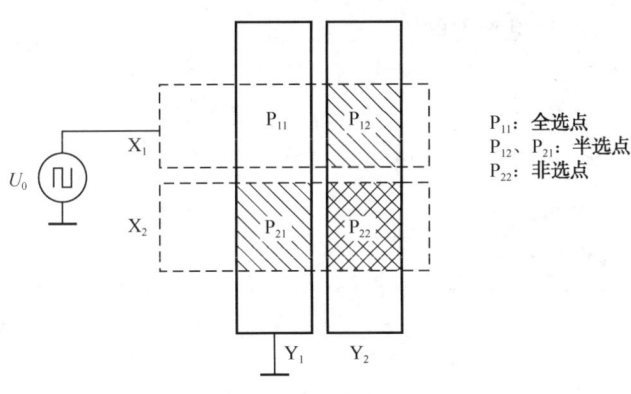

图 2-57 2×2 矩阵液晶显示屏

在电极 X_1 上加电压为 U_0，并让 Y_1 电极接地，而让其他电极接地。如果 U_0 略大于阈值电压 U_{th}，则该电压会全部加在像素 P_{11} 上，使它转变为显态（如暗态），而另外的像素仍是未显示态（透明）。然而，当外加电压 U_0 足够高时，即使它只加在电极 X_1 和 Y_1 间的 P_{11} 像素上，P_{12}、P_{21} 和 P_{22} 上也会有 $U_0/3$ 的电压，因此这些像素也会逐渐转变为亮态，这就是本节所要讨论的交叉效应。随着行、列电极数目的增大，交叉效应的程度会加剧，并且变得很复杂。

液晶具有双向导通特征是产生交叉效应的主因，交叉效应会严重地降低图像质量，主要是对比度降低。我们定义像素 P_{11} 为全选点；像素 P_{12} 和 P_{21} 只与电源的一端直接相连，定义为半选点；像素 P_{22} 不与电源相连，定义为非选点。

平板显示技术

2）抑制交叉效应的措施

绝大多数中、高档液晶显示器件都是矩阵式的多路驱动，其中无源矩阵都具有交叉效应，并且随着行、列数的增加，交叉效应所造成的不良后果也越严重，主要表现在两方面：

（1）选择点与半选择点电压接近，当外加电压超过 U_{th} 后，半选择点也会逐渐呈显示状态，使对比度下降；

（2）半选择点与非选择点上的电压不一样（见表 2-4），如果它们由于交叉效应而变明（或变暗）的状态不一样，则会造成画面不均匀，这也是不能允许的。

由表 2-4 可知半选择点电压与非选择点的电压相差较大，如果在非选择列上施加适当电压，达到提高非选择点的电压，降低半选择点的电压的目的，则结果是拉开了选择点与半选择点间的电压差，而同时又缩小了半选择点与非选择点间的电压差。无疑，应使半选择点电压与非选择点的电压相同，这就是在多路驱动技术中普遍采用的平均电压法的实质。

表 2-4　逐行扫描左明右暗画面的电压分布

	选 择 点	半 选 择 点	非 选 择 点
电压	U_0	$\frac{N-1}{N+1}U_0$	$\frac{1}{N+1}U_0$
$N=8$	U_0	$7/9\ U_0$	$1/9\ U_0$
$N=\infty$	U_0	U_0	0

（1）平均电压法。

平均电压法是抑制交叉效应的一种驱动技巧，其原理是把半选择点上的电压和非选择点上的电压平均化。下面利用平均电压法求解在选择点、半选择点和非选择点上应施加多少电压。取如图 2-58 所示 3×4 矩阵，设 X_1、X_2、X_3 为行电极，Y_1、Y_2、Y_3、Y_4 为列电极；其中 X_1 和 Y_2 为选通电极，因此 X_1、Y_2 为选通点，简写成（1，2）。各电极上施加的电压为：X_1 电极施加电压 U_1，其余行电极上为 0V；Y_2 电极施加电压 $-U_2$，其余列电极上为 $\frac{1}{a}U_1$。各类像素点上的电压值如下。

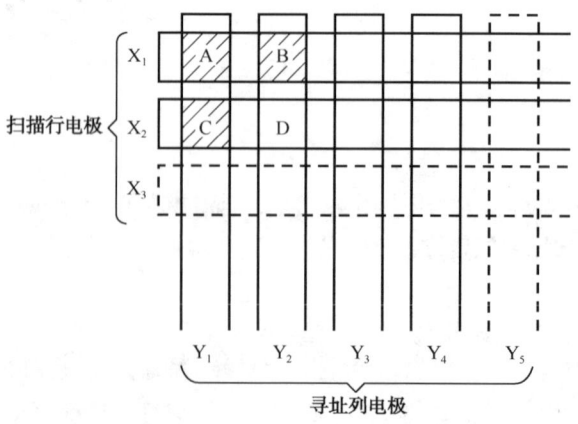

A—选择点；B、C—半选择点；D—非选择点

图 2-58　3×4 矩阵结构

选择点（1，2）：U_1+U_2；

半选择点（1，1）、（1，3）、（1，4）：$U_1-\frac{1}{a}U_1$；（2，2）、（3，2）：U_2；

非选择点：均为 $-\frac{1}{a}U_1$。

设加在选择点的总电压 $U_0=U_1+U_2$，同时令非选择点电压与半选择点的电压绝对值相等，即 $U_2=\frac{1}{a}U_1$，则可以求得：

$$U_1=\frac{a}{a+1}U_0, \quad U_2=\frac{1}{a+1}U_0 \tag{2-31}$$

令

$$a+1=b \;(b>1)$$

则上两式变为

$$U_1=\frac{b-1}{b}U_0, \quad U_2=\frac{1}{b}U_0 \tag{2-32}$$

此时各点电压如下。

选择点（1，2）电压：U_0；

半选点（1，1）、（1，3）、（1，4）电压：$\frac{b-2}{b}U_0$；（2，2）、（3，2）：$\frac{U_0}{b}$；

非选择点电压：$-\frac{U_0}{b}$。

可见，非选择点电压和部分半选择点的电压只有选择点电压的 $\frac{U_0}{b}$，称 b 为偏压比，称此种方法为 $1/b$ 偏压平均电压法。通过选取不同的 b 值，我们可以得到各点上的电压值。表 2-5 中列出了不同偏压比下各点上的电压值。

表 2-5　不同偏压比下各点上的电压值

b 值	选择点电压	半选择点电压	非选择点电压
2	U_0	$1/2\ U_0$, 0	$-1/2\ U_0$
4	U_0	$1/4\ U_0$, $1/2\ U_0$	$-1/4\ U_0$
5	U_0	$1/5\ U_0$, $3/5\ U_0$	$-1/5\ U_0$
13	U_0	$1/13\ U_0$, $11/13\ U_0$	$-1/13\ U_0$

平均电压法是动态驱动的最基本驱动方法，无论是笔段式多路液晶显示器件，还是点阵式液晶显示器件，在进行动态驱动时均要使用平均电压法以减轻交叉效应的影响。

（2）最佳偏压法。

这是一种在扫描线数已确定的情况下选择最佳偏置电压的技术。由于液晶显示器件在电场作用下的响应时间总是大于每行的作用时间，并且经常大于一帧时间，所以要使液晶显示需要数帧电压作用的积累，电压的作用不取决于电压的瞬间值，而是在数帧时间中的有效值，即均方根值。如果想知道液晶显示器件的对比度，就要求出某像素点作为全选择点的电压有效值和作为非选择点电压的有效值，它们的比是正比于选通状态下的透过率。

定义一个表示工作电压范围的裕度 α：

$$a = \frac{U_{on}}{U_{off}} = \sqrt{\frac{b^2+(N-1)}{(b-2)^2+(N-1)}} \qquad (2\text{-}33)$$

裕度系数 α 当然是越大越好，为此求其极大值 α_{max}。因为行数 N 已给定，则必有一个 b 使 $\alpha=\alpha_{max}$。计算可得

$$b = \sqrt{N} + 1 \qquad (2\text{-}34)$$

这时，

$$a = a_{max} = \sqrt{\frac{\sqrt{N}+1}{\sqrt{N}-1}} \qquad (2\text{-}35)$$

因此，对于每一个给定的扫描行数，都有一个最佳偏压比，使 U_{on}/U_{off} 值为最大，称为最大偏压法。

（3）实际采用的偏压法。

虽然我们已求出了最佳偏压比，但实际中它仅作为判断最高驱动路数，确认液晶阈值陡度要求的依据。出于产品本身制造上的要求和某些历史原因，经常采用的是下列几种偏压法。

① 1/2 偏压法。

这是钟表上常用的一种驱动法。钟表一般使用 7/2 位笔段形显示，像素点不变，又是低压驱动，因此使用两路驱动即可。由于 TN 型液晶的陡度远远超过两路驱动的要求，所以没有必要使用最佳偏压比，使用 1/2 偏压可使设置更简洁。

② 1/3 偏压法。

该方法多用于计算器和仪表用液晶仪器，大都是多位笔段式显示，位数可达 10 位以上。1/3 偏压法最适用于四路驱动，但经常用于三路驱动，因为三路电极排布比四路排布容易得多，而且比四路排布多获得一个显示像素。

③ 5 级、6 级偏压法。

该方法用于驱动路数较多的点矩阵液晶显示器件。设 $N=100$ 线，其最佳偏压比应为 $b=1/11$，若严格按此值设计，不但会使行驱动与列驱动器的驱动电压相差很远，还会增加电源电压级别数，使电路和电源设计、制造都麻烦，因此常使用偏离最佳偏压比的 5 级、6 级偏压，并用极性倒相方式使行、列驱动电压实现平衡。

2.5.3 灰度显示法

除了显示数码、曲线外，很多场合是需要显示灰度的。灰度显示方式分为两大类：空间灰度调制和时间灰度调制。

1. 空间灰度调制

将一个像素划分为若干个单独可控的"子像素"，控制子像素被选通数量，便可实现灰度显示。这种方法不需要特殊的驱动、控制技巧，但是有很多缺点：

（1）不可能将一个像素分割成很多个子像素，因此不可能产生很多的灰度级；

（2）增加了微细加工的成本，或者以牺牲分辨率为代价；

（3）增加了驱动、控制电路数量。

总的来说，空间灰度调制实施电路技术简单，但成本增加太多。

2．时间灰度调制

在一个时间单位内，控制显示像素选通、截止的时间长短，从而可实现灰度显示。

1）帧灰度调制

以数帧为一个时间单元，控制显示像素选通的帧数，即可实现灰度调制。例如，取 4 帧为一个时间单位，从全部选通到全部不选通可以实现 5 个灰度级别。

这种方法的缺点是会引起灰度级别的闪烁，且由于液晶响应速度慢，不可能用增加帧频来解决，所以必然导致活动图像显示变得慢。

2）脉冲灰度调制

调制数据脉冲的宽度，即可实现一个个像素上的灰度调制。由于液晶对过窄的脉冲不能响应，所以一般限于以 4 位移位寄存器调制 16 级灰度，即列信号的宽度有 16 种组合。

2.6 有源矩阵液晶显示器件（AM-LCD）

普通矩阵液晶显示器件（指 TN 类型）的电光特性很难满足高质量图像，特别是视频活动图像的显示要求。高分辨率图像要求高的扫描行数 N，这就导致以下两个严重问题。

（1）驱动路数的裕度系数 α 随 N 的增加而迅速下降，如图 2-59 所示。这是因为：

$$\alpha_{\max}=\sqrt{\frac{\sqrt{N}+1}{\sqrt{N}-1}} \tag{1-36}$$

当 N=300、400、500、600 时，相应的 $\alpha_{\max}$=1.06、1.053、1.046、1.042，即显示态电压与未显示态电压之间的差别只有 4%～6%。这在工艺上和电源上及液晶的温度特性上都是无法保证的，必须设法完全消除交叉效应。

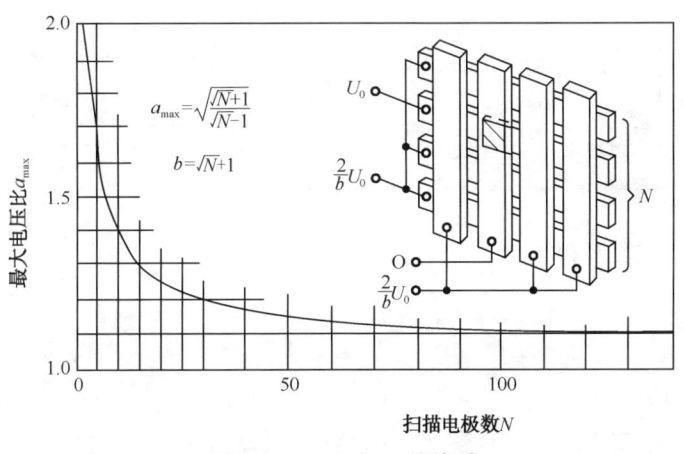

图 2-59 $\alpha_{\max}$ 与 N 的关系

（2）当 N 上升时，每个像素工作的占空比 $1/N$ 也随之下降，这一方面需提高驱动电压，同时要求更亮的背光源（工作于透射状态时）。

希望设计一个非线性的有源器件，使每个像素可以独立驱动，从而克服交叉效应，实现多路视频画面，如果该非线性有源器件还具有存储性，则还可以解决由于占空比变小所带来的种种问题。

有源矩阵英文名为 Active Matrix，缩写为 AM。有源矩阵液晶显示器件根据有源器件的种类可以分成表 2-6 所示的多种类型。

三端有源方式由于扫描输入与寻址输入可以分别优化处理。所以图像质量好，但工艺制作复杂，投资额度大，以十亿美元为单位。二端有源方式的工艺相对简单、开口率较大，投资额度小，不少厂家，特别是袖珍式电视产品生产厂对它很看好，但其图像质量比三端有源的略差。在三端有源方式中以 TFT 为主。TFT 即薄膜晶体管，是英文名 Thin Film Transistor 的缩写。在 TFT 中，CdSe 是最早开发的，是 20 世纪 80 年代末的产品，但由于在制造过程中怕水气，必须在同一容器中进行各种工艺，所以现在已被淘汰。Te TFT 被研制过，但一直未实用化。因此在三端有源方式中以α-Si 和 P-Si 为主流。单晶硅 MOSFET 是利用集成电路成熟的硅工艺制作在单晶硅片上的。由于单晶硅片价格昂贵，特别不适合于制作大画面显示屏，因此它在早期兴旺过一阵后进入低潮。随着集成电路技术的进步，实现亚微米工艺也不是难事。这样，在 1 英寸，甚至更小的芯片上也能获得优于 100 行的分辨率。因此，该技术近年来在投影式液晶显示器中很受重视，称为 LCOS，即英文名 Liquid Crystal on Silion 的缩写。

表 2-6 有源矩阵液晶显示器件分类

有源矩阵	三端有源	单晶硅 MOSFET	
		TFT	CdSe
			Te
			a-Si
			P-Si
	二端有源	MIM	
		MSM	
		二极管环	
		背对背二极管	
		ZnO 变阻器	

2.6.1 二端有源器件

普通矩阵液晶显示屏的扫描行数存在极限的原因之一在于液晶像素的电容性负载，即具有对称性，或双向的导通特性。如果在像素上串联一个二极管，使像素电路具有非线性特性，就可突破上述极限。

设二极管的正向导通电压为 U_b，则当该二极管与液晶像素串联后，在外加电压小于 U_b 时，液晶像素上是没有电压的。即使二极管导通后，施加在液晶像素上的电压也只是外加电压与 U_b 之差。这时液晶显示器件的电光特性曲线的陡度γ可表示为

$$\gamma = \frac{U_b + U_{90}}{U_b + U_{10}} \tag{2-37}$$

或

$$\gamma = 1 + \frac{\Delta U}{U_b + U_{10}} \tag{2-38}$$

式中，U_{10} 和 U_{90} 分别代表液晶盒的透光率改变 10%和 90%时相应的外加电压；$\Delta U = U_{90} - U_{10}$。如果二极管的伏安特性曲线为理想的 L 形，而 U_b 又足够大时，则 γ 值可以非常接近于 1。可见采用这个电路可以突破 TN 液晶屏的扫描极限。

图 2-60 给出了二极管寻址矩阵液晶显示屏的等效电路和驱动电压波形，每个像素上部都串联了一个二极管。未扫描的电极为负电平，只有被扫描的电极才是零电压；未寻址的列为零电压，被寻址的列为负电平。因此除了被选择的像素外，所有二极管都处于反偏压状态而截止，这些像素上没有电压。当

$$U_Y > U_b + U_{90}, \quad U_Y - U_{XF} < U_b \tag{2-39}$$

式中，U_{XF} 就是未选中扫描行上的负偏压。

则被选择像素，如 P_{11}、P_{33}、P_{N1} 和 P_{NM} 上就有电压 $U_Y - U_b$；其他各像素，因串联的二极管不导通，而施加不上任何电压，完全消除了交叉效应。

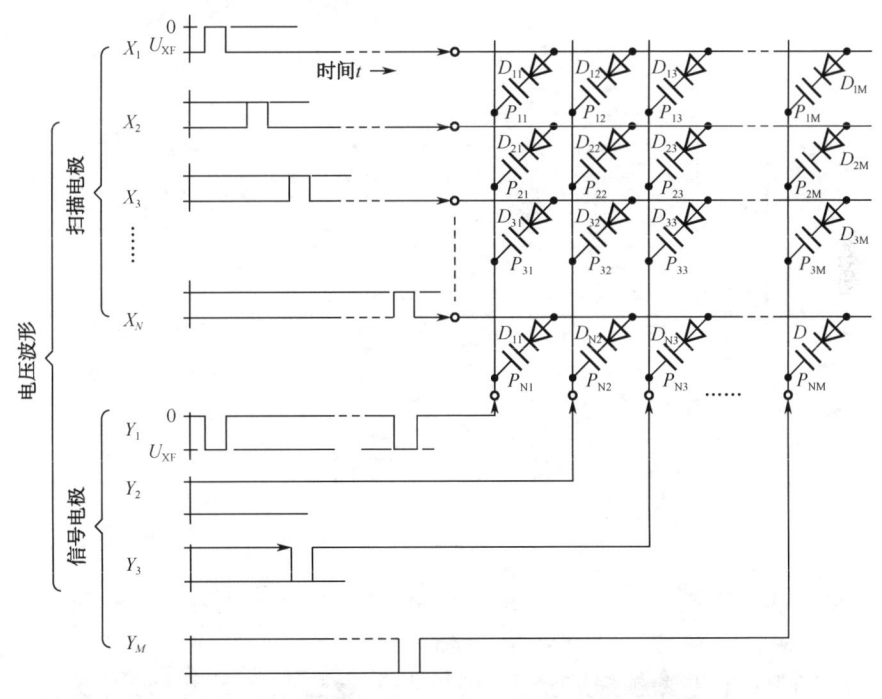

图 2-60 二极管寻址矩阵液晶显示屏的等效电路和驱动电压波形

2.6.2 三端有源器件

TFT-LCD 使液晶显示器件进入高画质、真彩色显示的新阶段。所有高档的液晶显示器件中都毫无例外地使用了 TFT 有源矩阵。目前 TFT-LCD 的产值占 LCD 的市场比例已超过 90%，是电子产业中的一个经济增长热点。全世界共有 50 多条 TFT-LCD 生产线，其中日本

平板显示技术

有 32 条，韩国、中国台湾各有 7 条，中国大陆只有 1 条。因此可以说不掌握 TFT-LCD 大生产技术，在 LCD 显示领域中就不可能有什么地位。作为三端有源矩阵，在发展历史中曾出现过如表 2-6 中所列的多样品种，但现在真正被应用的是 α-Si TFT 与 P-Si TFT 两种，它们都是基于场效应管工作原理的。

三端有源矩阵液晶显示器件的工作原理：与一般液晶显示器件类似，α-Si TFT 液晶显示器件也在两块玻璃之间封入液晶，并且是普通 TN 型工作方式，但是玻璃基板则与普通液晶显示器不一样，在下基板上要光刻出行扫描线和列寻址线，构成一个矩阵，在其交点上制作出 TFT 有源器件和像素电极，如图 2-61 所示。

同一行中与各像素串联的场效应管（FET）的栅极是连在一起的，因此行电极 X 也称栅极母线。而信号电极 Y 将同一列中各 FET 的源极连在一起，因此列电极也称源极母线。而 FET 的漏极则与液晶的像素电极相连。为了增加液晶像素的弛豫时间，还给液晶像素并联上了一个合适的电容。当扫描到某一行时，扫描脉冲使该行上的全部 FET 导通。同时各列将信号电压施加到液晶像素上，并对并联的电容器充电。这一行扫描过后，各 FET 处于开路状态，不管以后列上的信号如何变化，对未扫描行上的像素都无影响，而信号电压可在液晶像素上保持接近一帧时间，使占空比达到百分之百，而与扫描行数 N 无关。这样就彻底解决了普通矩阵中交叉效应与占空比随 N 增加而变小的问题。

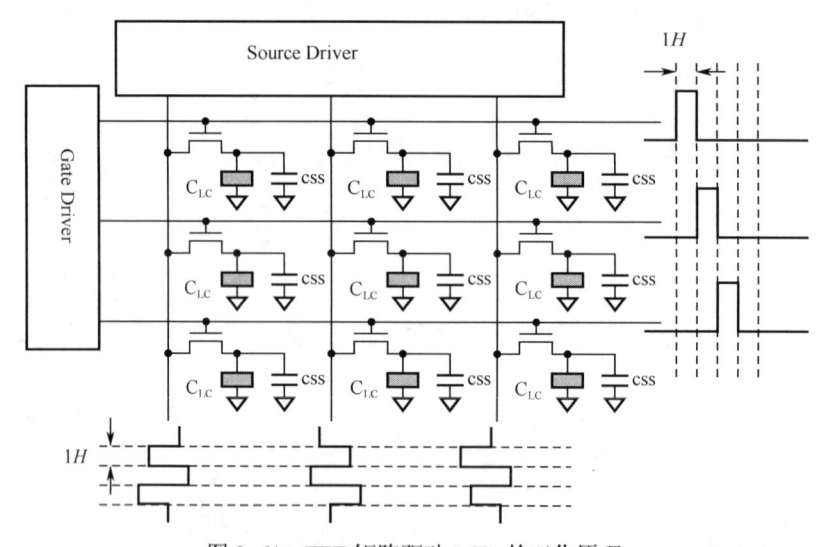

图 2-61 TFT 矩阵驱动 LCD 的工作原理

由上述 TFT 矩阵工作原理可对三端有源矩阵中 TFT 提出如下要求。

设 R_{on} 与 R_{off} 分别为 TFT 的导通和开路时的电阻，C_{LC} 为液晶等效电容（包括并联电容），T_1 为行扫描时间，T_2 为帧扫描时间，则在 TFT 导通的 T_1 时间内应将 99%的信号输入至 C_{LC} 上，而在 TFT 截止的一帧时间 T_2 内，C_{LC} 上的信号损失应小于 5%，于是有：

$$T_1 > 4.6 R_{on} C_{LC} \tag{2-40}$$

$$T_2 < 0.051 R_{off} C_{LC} \tag{2-41}$$

对于 PAL 制式电视，则 T_1=64 μs，T_2=20 ms，若设 C_{LC}=1 pF，代入可得：

$$R_{on} < 1.6 \times 10^6 \, \Omega, \quad R_{off} > 4 \times 10^{11} \, \Omega$$

即 TFT 的通断比一般应在 5 个数量级以上。考虑到温度增加时 R_{off} 会下降，这个比值应扩大到 7 个数量级以上。

2.7 LCD 的宽视角技术

LCD 具有众多的优点，但是它有视角各向异性和视角范围较小的弱点，即在离开垂直于显示板法线方向观察时，对比度明显下降。对于灰度和彩色显示，视角大时还会发生灰度和彩色反转的现象。在 LCD 向大尺寸发展和同时供多人观看的情况下，这个弱点尤为突出，成为向 CRT 技术挑战的一大障碍。因此，从 LCD 矩阵显示诞生起，宽视角技术就一直是液晶技术人员的重要研究课题，现在已取得了可喜的成绩。1994 年，AM LCD 产品的典型视角性能为垂直方向-10°～+30°，水平方向±45°；1995 年已将垂直和水平方向视角增大±60°。目前水平视角已达 160°，基本上实现了宽视角的夙愿。

LCD 视角问题是由液晶的工作原理本身决定的。液晶分子是棒状的，分子不同的排列方式存在不同的光学各向异性。如图 2-62 所示，入射光线和液晶分子指向矢夹角越小，双折射越小；反之，则双折射越大。偏离显示板法线方向以不同角度入射到液晶盒的光线与液晶分子指向矢的夹角不同，因此造成不同视角下，有效光程差 Δnd 不同。而液晶盒的最佳光程差是按垂直入射光线设计的，这样视角增大时，最小透过率增加，对比度下降。而且偏离法线方向越远，对比度下降越严重，还可能出现暗态的透过率大于亮态透过率的现象，也就是发生了对比度反转现象。

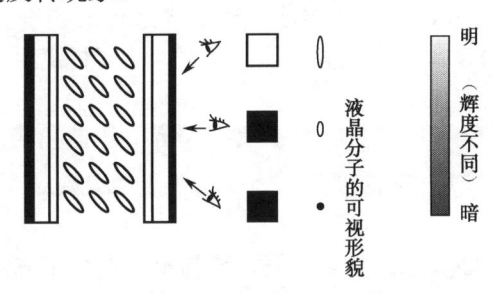

图 2-62 观察角度不同，对比度、颜色、亮度均不同

对于黑白工作模式 LCD，因分子排列只有两种方式，则通过调整液晶盒的光学设计，可以改善 LCD 的视角特性，而对于灰度显示，因为每一种灰度对应着一种液晶分子排列，解决起来就困难得多。

为了改善 LCD 的视角特性，必须克服不同视角方向有效 Δnd 不同的现象，解决的方法有下列 4 种。

1. 液晶盒外光学补偿法

1）相差膜补偿法

这是一种在液晶面的观察面上加贴一片一定数值的相位差膜以改善视角特性的方法。对于 AMLCD，常采用无场时为亮态，即常白（NW）模式。亮态时的透过特性与视角关系不大，而暗态（有场态）的透过率与视角关系十分灵敏，因此视角的补偿多集中在暗态的光学补偿上。由于暗态是有场态，这时液晶分子以垂直于基板表面的排列为主，为正性双折射，故可用负双折射系数的相差膜补偿。对于常黑（NB）模式，则需要用正双折射系数的相差膜补偿。

用相差膜进行视角补偿的方法工艺简单，成本较低，可扩大视角范围，但没有改变原有对比度曲线沿方位角分布的形状。这种改善视角的方法还常与其他方法组合使用。

2）准直背光源加漫散射观察屏法

在 LCD 观察面上放置一块漫射屏，LCD 的对比度沿方位角分布的不均匀现象可以得到消除，而且视角范围大大增加，但会使对比度下降严重。如果用准直光作为 LCD 的背光源，对比度可以大大提高，因此准直背光源加漫散射观察屏可以得到既有足够对比度，又有很宽视角范围的显示质量。

以侧光式冷阴极荧光灯作为光源的 LCD 普通背光源，它的输出光基本上接近朗伯分布，可在其表面粘贴一层由二维的微光学单元组成的特殊薄膜，使背光源输出光在水平和垂直方向的发散角均小于±10°，近似为准直光源。加上本系统后，在 60°视角处的对比度为中心处的 15%，不加本系统则只有中心处的 0.7%。

该方法对 TN 和 STN-LCD 都适用，液晶盒和背光源的设计和工艺不变，显示器的重后量和厚度无明显增加，成本只增加 5%～10%。

2. 低扭曲角和低Δnd设计（LTN-LCD）

LCD 较窄的视角特性是由于偏离法线方向不同角度入射光线的有效Δnd 不同形成的，因此减小 LCD 盒的Δnd 可以减少Δnd 的变化，从而改善视角特性。但是Δnd 的减小将使最大透过率下降。可以将液晶盒的扭曲角变小，使最大透过率恢复到原有水平。但这又会造成液晶盒有场态时的最低透率（NW 模式）略有上升。为了提高对比度，可以加一层延迟但很小的 PVA 薄膜进行补偿。

这种低扭曲角 LCD 的一个例子是$\Delta nd = 0.38 \mu m$，扭曲角为 70°，补偿膜延迟量为 23 nm，对比度达到 100：1。可将不发生灰度反转的视角范围从普通 TN-LCD 的-27°～30°扩展到-42°～73°。

本方法的工艺和普通 TN-LCD 完全相同，不需另外增加工艺过程，因此成本较低。但 LTN-LCD 的视角方位性仍未根本克服，只是在原有基础上得到了增宽，结果和相差膜补偿法类似。

3. 改变液晶分子排列方式

TN 和 STN 液晶盒每个像素下面的液晶分子都是以围绕基板法线方向扭曲一定角度，在 X、Y 方向平移排列而成的。不同方向入射的光线在不同液晶层面上遇到不同扭曲排列的液晶分子，造成有效Δnd 的不同，从而产生不同的视角特性。从改变液晶分子排列方式着手，可以从根本上克服 LCD 视角较小的弱点，现在已研究出多种新的工作模式。

1）多畴 TN 模式

多畴 TN-LCD 的每个像素由多个像素组成，每个子像素都有特有的扭曲排列方式，构成一个畴和相应的视角特性。整个像素的视角特性是各个子像素视角特性的迭加和平均，只要各子像素液晶分子的排列设计得合理，使它们的视角特性能互相补充，合成的视角特性就可以做得很宽，并且没有方向性。

以双畴 TN-LCD 为例，其实现方法可以有三种选择，如图 2-63 所示。

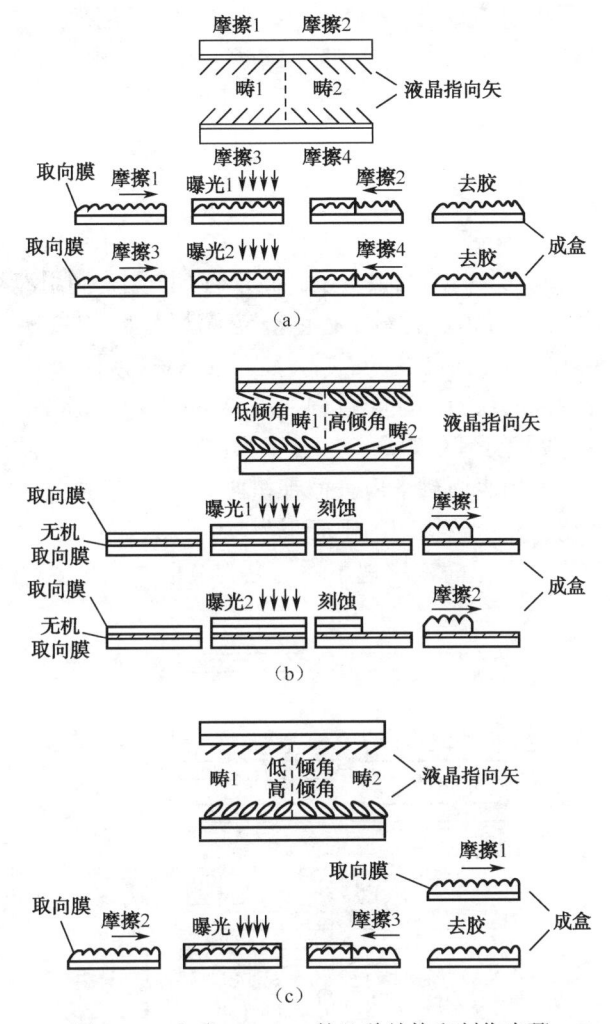

图 2-63　多畴 TN-LCD 的几种结构和制作步骤

图 2-63（a）中所示的结构为双畴，两个畴中液晶分子的倾斜角度相反，其中一个畴具有很宽的上视角，另一个具有很宽的下视角，合成起来上下视角都很宽。这种结构的工艺实施如图 2-63（a）下部所示，需 2 次光刻，4 次摩擦。另一种结构示于图 2-63（b）中，它用一层未经摩擦的无机薄膜产生较低的预倾角，而像素的另一面用聚酰亚胺（PI）摩擦产生较高的预倾角。这种结构需 2 次光刻，2 次摩擦和另加一层无机薄膜的制作。图 2-63（c）的结构可以进一步简化工艺，只在一块基板上把像素分成两个子像素，另一块基板上则整个像素都是低预倾角。这种结构只需 1 次光刻，3 次摩擦。

以上几种结构都需多次摩擦和光刻，不仅使工艺十分复杂，而且摩擦过的 PI 表面极易受到碱性显影液的伤害。于是又开发了用紫外光照射 PI 表面来产生和控制预倾角的方法。一些化学键交叉联系的 PI 材料在中紫外光（如 310 nm）照射下，预倾角随照射剂量的增加而增大，可在 2°～6°范围内变化，因此只要在普通 TN-LCD 工艺中增加一道通过掩模的 UV 照射，双畴显示便可以实现了。

从理论上讲，单个像素的液晶分子不同排列的畴越多，合成的视角特性越佳，但工艺的难度也随着增大。计算机模拟指出，畴数大于 4 以后对视角特性改善提高不多，因此实用中多用 2 畴或 4 畴分割。

多畴 TN-LCD 已在高档 AMLCD 中获得应用，双畴结构的视角可达±60°。多畴法的缺点是无法消除二畴边界处的反向倾角，在不牺牲亮度的前提下，获得较高的对比度有一定的困难。

2）非晶 TN 模式（α-TN-LCD）

采用电极切割的方法产生多畴工艺很复杂。α-TN-LCD 则是利用液晶冷却过程来形成多畴的，其工艺过程如下：在 TN 液晶材料中掺以一定手性材料，其螺距 P 是盒厚 d 的 4 倍。液晶盒的内表面是未经摩擦的各向同性 PI 层。注入液晶材料后，加热到清亮点以上，然后冷却到室温，冷却过程中液晶材料的晶化过程如图 2-64（b）所示。作为对比，在图 2-64（a）中给出了内表面经过摩擦处理的普通 TN 液晶盒晶化过程。冷却结束后形成一个个柱状结构，每个结构内分子从上内表面到下内表面都扭曲 90°，但是分子的指向矢是随机的，且在中心平面中连续变化。柱状结构间的中心距为 10～100 μm，因此一个像素内就包含了近百个柱状结构，相当于近百个畴，实现了不用分割电极而获得多畴结构的目的。这种器件的视角特性与 8 畴特性十分相似。

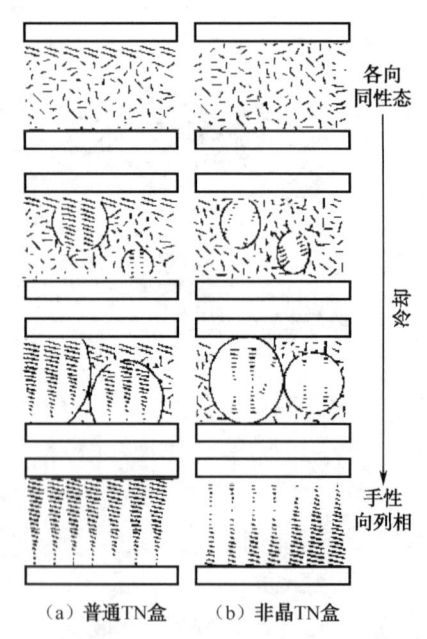

（a）普通TN盒　　（b）非晶TN盒

图 2-64　清亮点温度以上液晶盒冷却过程再结晶示意图

3）轴对称排列微单元模式（ASM）

在液晶材料中加入手性材料和感光性高分子树脂，紫外光通过掩模照射到液晶盒内，感光性高分子在 UV 作用下固化成树脂壁，把液晶分隔成许多微单元，每个微单元即为一个像素。微单元中的液晶分子在树脂壁的作用下，形成了以垂直于基板表面的一根中心轴为对称轴的轴对称排列，上下表面的分子仍扭曲 90°，如图 2-65 所示。

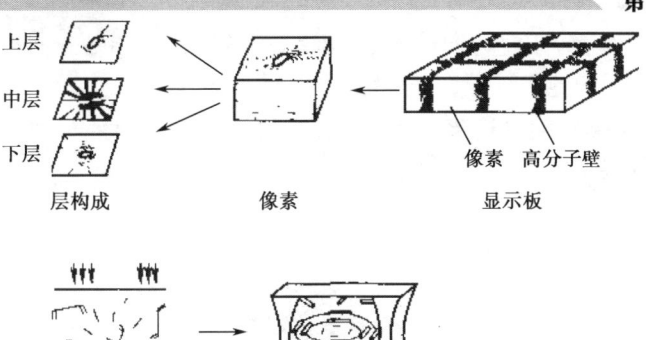

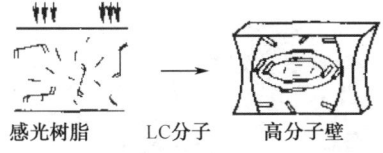

图 2-65　ASM 模式的形成和液晶分子排列示意图

轴对称排列结构使得不同角度入射的光线的有效Δ*nd*变化较小，大大改善了视角特性。

4）光学补偿弯曲排列模式（OCB）

OCB 是英文 Optically Compensated Bend 的缩写。上面讨论的几种改进视角的方法都是在液晶分子扭曲排列的基础上进行的，而 OCB 模式是液晶分子弯曲排列，如图 2-66 所示，液晶分子始终在 XZ 平面上，它的特点如下。

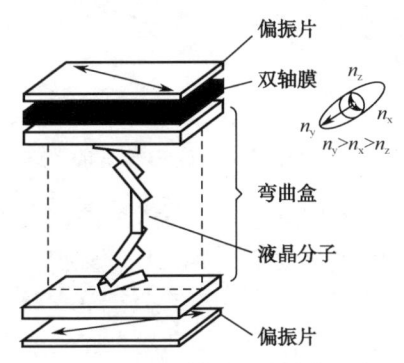

图 2-66　OCB 模式液晶盒结构示意图

（1）工作于液晶分子的双折射现象。

（2）在无电场情况下，通过液晶盒的光也会产生光程差，因此液晶盒上要加一层双轴光学补偿膜，以抵消这个光程差。

（3）偏振片的配置使上下偏振方向相互垂直。

（4）盒内液晶分子不扭曲，只是在一个平面内弯曲排列，为了实现这种排列，上下内表面分子的预倾角必须相等，且方向相反。

（5）液晶分子的排列是上下对称的，有光学自补偿效应，对于一束偏离法线方向的入射光，如果与盒上半部的分子夹角较大，有效Δ*nd*较大，则与盒下半部分子的夹角较小，有效Δ*nd*较小，使总的Δ*nd*随方位角变化不大。

（6）带有补偿膜的 OCB 模式的视角特性大有改进，如图 2-67 所示。对对比度影响最大的无电场时的常黑态的透过率 T_0 几乎与视角无关。水平方向±150°，垂直方向±40°，不出现灰度反转，整个方位角范围内的均匀性也好。

（7）OCB 模式除了有很宽的视角特性外，它的响应速度很快，可达到 1～10 ms。这是

平板显示技术

由于 OCB 模式中的液晶分子是弯曲排列的，而 TN 盒中的分子是扭曲排列的，改变扭曲排列形式会发生回流滞后和弛豫过程，使响应速度变慢。

OCB 模式的缺点是对 R、G、B 三种单色光的透过率不一样。另一个问题是在无场情况下，液晶盒内的分子是按平行于基板的方向排列的，为了实现弯曲排列，需要在盒上加几秒电压（如 6 V）进行预置，然后可以在较低的电压下维持这种排列方式，这给使用带来了不便。

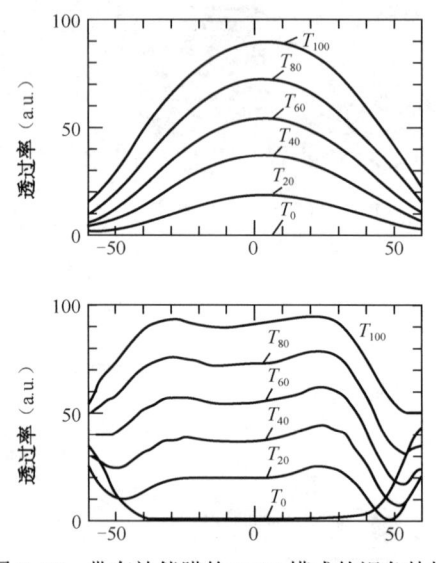

图 2-67　带有补偿膜的 OCB 模式的视角特性

5）平面控制模式（IPS-mode）

IPS 是 In plane Switching 的缩写。普通 TN-LCD 模式控制液晶分子排列的电场是通过分布在上下基板上的电极加在液晶层上的，而 IPS 模式把这一对电极都制作在后基板上（前基板上没有电极），通过加在这一对电极之间的横向场来控制液晶分子的排列，如图 2-67 所示，因此也可称这种模式为横向场模式。在 IPS 模式中，向列相液晶分子在两基板间均匀平行排列，两偏振片分两边正交放置，起偏片的偏振方向与液晶的指向矢同向。IPS 模式在不加电场时呈暗态，因为在暗态下液晶分子没有扰动，入射光被检偏片完全阻断，与视角无关。因此无论是垂直还是水平方向，±50°内均没有灰度反转现象，而且由于暗态的透过率低，对比度可以大于 200∶1。加电场时，液晶分子产生 45°的转动，透射就达到最大值。为了得到较好的透过率，需取 $\Delta nd = \lambda/2$。

IPS 模式和 OCB 模式一样，由于消除了扭曲排列，有极好的视角特性，甚至优于 OCB 模式。图 2-68 所示的结构是 1995 年日本公司提出的第一种 IPS 模式设计方案，它具有一系列缺点：由于上下电极（材料一般为 Cr）做在同一块基板上，使开口率降低；最大透射率低；电极图案限制了储存电容。由于 IPS 是一种很有前途的宽视角方案，且响应特性也有所改善，所以针对其缺点提出了一系列改进方案，如在液晶盒另一面采用一个公用电极以增加透射率、采用非直线电极、采用电极间距很小的负型液晶的边缘场开关（FFS）方案及梳形电极平面开关方案等。

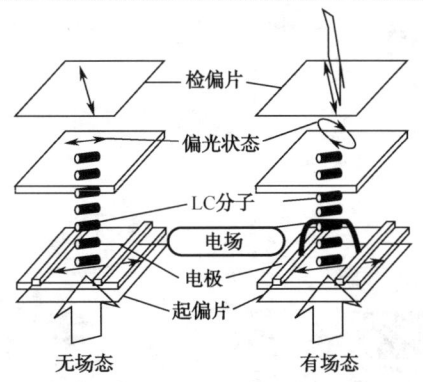

图 2-68　IPS 模式示意图

梳形电极平面开关（COPS）模式有许多优点，基本上解决了上述 IPS 模式中的种种缺点，它将开关电极制作在下基板上，先在下基板上表面做上一层平面电极，然后是一层 200 nm 的低温氧化硅（LTO）绝缘层。在 LTO 上制作 60 nm 厚的 ITO 梳状电极，如图 2-69 所示，平面电极上加 0 V，梳状电极上加开关电压 U_C。由于 LTO 层很薄，所以可将梳状电极与极间的零电位公共电极看作在同一平面上，梳形电极与公共电极之间自然形成了所需的储存电容。

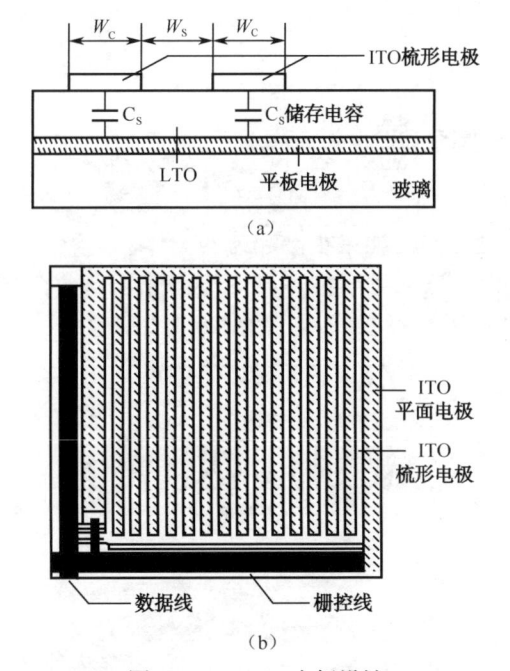

图 2-69　COPS 电极设计

COPS 模式的液晶盒在无场时如图 2-70（a）所示，COPS 电极置于底玻璃板上，液晶分子定向平行于梳指长轴方向，而检偏片的方向与指梳长轴方向垂直。顶玻璃板上没有电极，液晶分子定向与起偏片的偏振方向都与梳指长轴方向垂直。可见无场时为暗态，当梳形电极加上电压时，指中心与间隙中心处附近（图 2-70（b）中的 C 处），$E_x=0$，为近似的垂直电场，使分子向上倾斜，减少了双折射；在指的边缘处（图 2-70（b）中的 E 处），

$E_y=0$,为近似的横向电场,使液晶分子相对顶部液晶分子的扭曲变小。在 E 与 C 之间的地方 E_x、E_y 同时作用,都是使液晶的透射率增加的,变化的程度与 U_C 大小有关,因此可以实现灰度。

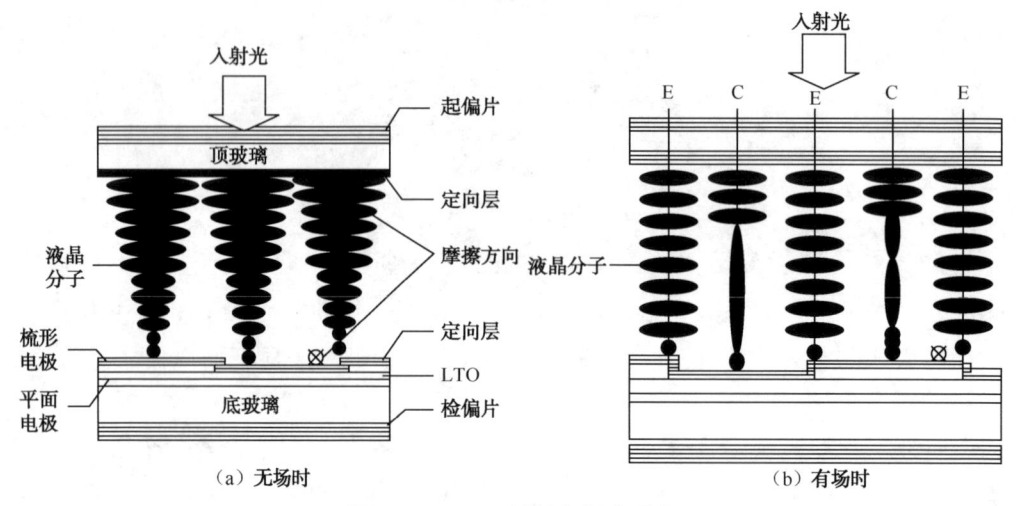

图 2-70 COPS 液晶盒组成示意

6)垂直取向模式(VA-mode)

垂直取向模式分 MVA 与 PVA 两种。

(1) MVA。

MVA 即多畴垂直取向。在 MVA 器件中,上、下基板上有小凸起,液晶分子垂直取向,起偏片与检偏片的方向互相垂直,因此无场时为暗态。当加上电压时,凸起间产生倾斜场,使液晶分子偏离垂直方向,如果小凸起为四面体,则液晶分子向 4 个方向倾斜,类似形成 4 个畴;如果小凸起为三角形柱体,则液晶分子向两个方向倾斜,类似形成两个畴,如图 2-71 所示,所以随着电场的增加,透射率上升。

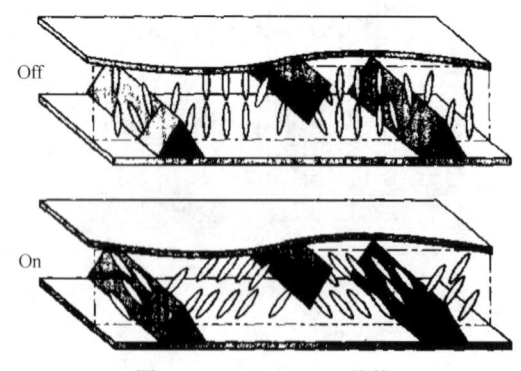

图 2-71 MVA-LCD 结构

(2) PVA。

PVA 即利用电极花样的垂直取向。在 PVA 器件中,起偏片与检偏片的方向互相垂直,液晶分子垂直取向,并附加光学补偿膜。上、下基板上的 ITO 层被光刻成带缝的花样,如图 2-72 所示。上、下基板上加电压时,就产生倾斜的场,使液晶分子以几个方向向下倾

斜，透光率增加。

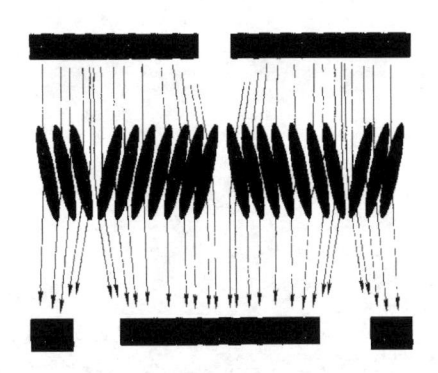

图 2-72　PVA-LCD 横截面

垂直取向模有很好的宽视角特性。例如，MVA—LCD 器件的一个例子为：对角线为 15 英寸，像素数为 1 024×768×RGB，彩色像素为 2.6 百万个，亮度为 200 cd/cm^2，最大对比度为 300∶1，响应时间小于 25 ms，对比度大于 10，且不反转的视角为大于 160°，驱动电压 5 V。

思考与练习题 2

1. 蓝相液晶有什么优点？
2. 液晶的双折射在什么情况下发生？
3. 当线偏振光平行或垂直入射到扭曲分子排列的液晶时有何性质？
4. 液晶器件结构中偏振片的作用是什么？
5. 在 TN-LCD 的结构中如果上下两个偏振片的偏光轴相互平行会得到什么结论？
6. 能否使用负性液晶制成液晶显示器？
7. 在宾—主型液晶显示器（GH-LCD）中能否加入负性染料？
8. TFT-LCD 中，薄膜晶体管的作用是什么？
9. 为什么液晶可以制成显示器？

第3章 等离子体显示器

由于等离子体显示板（Plasma Display Panel，PDP）具有易于实现大屏幕、厚度薄、质量轻、视角宽、图像质量高和工作在全数字化模式等优点，因此受到世界电子工业界的广泛关注。特别是 20 世纪 90 年代以来，等离子体显示技术在实现全彩色显示、提高亮度和发光效率、改善动态图像显示质量、降低功耗和延长寿命等方面取得了重大突破，使 PDP 成为大屏幕壁挂电视、高清晰度电视（High Definition Television，HDTV）和多媒体显示器的首选器件。随着 21 世纪信息时代的飞速发展，诸如数字电视广播和因特网等基于图形和图像的服务将得到广泛的拓展，从而为 PDP 提供了无比广阔的应用前景。

3.1 PDP 的分类与特点

3.1.1 PDP 的定义与分类

PDP 是指所有利用气体放电而发光的平板显示器件的总称。它属于冷阴极放电管，利用加在阴极和阳极间一定的电压，使气体产生辉光放电。单色 PDP 通常直接利用气体放电时发出的可见光来实现单色显示，其放电气体一般选择纯氖气（Ne）或氖氩混合气（Ne-Ar）。彩色 PDP 则通过气体放电发射的真空紫外线（Vacuum Ultraviolet，VUV）照射红、绿、蓝三基色荧光粉，使荧光粉发光来实现彩色显示，其放电气体一般选择含氙的稀有混合气体，如氖氙混合气（Ne-Xe）、氦氙混合气（He-Xe）或氦氖氙混合气（He-Ne-Xe）等。

PDP 按工作方式的不同主要可分为电极与气体直接接触的直流型（DC-PDP）和电极用覆盖介质层与气体相隔离的交流型（AC-PDP）两大类。而 AC-PDP 又根据电极结构的不同，可分为对向放电型和表面放电型两种。它们的基本结构如图 3-1 所示。还有一种交直流混合型 PDP（AC/DC-PDP），它是通过阳极与阴极间的直流放电来寻址，通过一对存储片电极间的交流放电来提供存储特性和获得高亮度的，但它现在仍处于实验阶段。

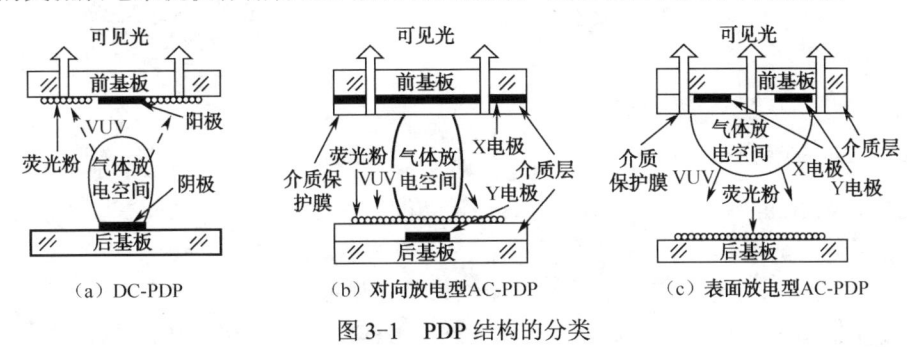

(a) DC-PDP　　(b) 对向放电型AC-PDP　　(c) 表面放电型AC-PDP

图 3-1　PDP 结构的分类

3.1.2　PDP 的发展史

PDP 起源于 20 世纪 50 年代初美国 Burroughs 公司制作的数码显示管。但其最具历史性的突破发生在 1964 年——美国伊利诺斯（Illinois）大学的教授 Bitzer 和 Slottow 制作出具有存储特性的 AC-PDP。基于这项发明的单色 PDP 在此后的十几年间不断发展，到 20 世纪 80 年代初，曾经成为占据主导地位的大面积平板显示器件，主要应用于公众信息显示板、手提计算机显示器和一些军工产品。

对彩色 PDP 的研究始于 20 世纪 70 年代，进入 90 年代以后，随着彩色 PDP 在提高亮度、实现多灰度级显示、延长寿命等关键技术方面取得重大突破，人们普遍认识到彩色 PDP 作为大屏幕平板显示器的巨大市场潜力，于是世界上各大电子器件制造公司和研究机构，在技术开发和建立批量生产线上的投资骤增，使彩色 PDP 的发展更为迅速。近 20 年来，通过新技术的研究开发和批量生产，彩色 PDP 的性能又有了很大提高，图像质量明显改善，显示面积和信息内容显著增加，制造技术也日趋完善，产业化发展加快。目前，用于大屏幕壁挂电视、高清晰度电视和多媒体显示等领域的 102～252 cm（40～60 英寸）彩色 PDP 已实现了商品化。

1. DC-PDP 的发展史

早在 20 世纪 50 年代初，Burroughs 公司就开发出一种用于数码显示的直流气体放电管。它由一个网状阳极和一组做成 0～9 数字形状的多层分布的阴极构成，其结构如图 3-2 所示。其内部充入 Ne-Ar（0.5%）混合气体，当在阳极与一条阴极间加上一定的直流电压时，利用放电产生的阴极负辉区发光来显示数码。虽然这种数码显示管现今已无应用，但它在当时是一种占有重要地位的电子显示技术，并导致了后来 PDP 显示技术的发展。

1954 年，National Union 公司研制出直流矩阵结构等离子体显示板，其结构如图 3-3 所示。在前后玻璃板上分别制作一组平行的阳极和一组平行的阴极，在阳极和阴极的正交处构成放电单元，并在两板之间放置一块多孔板，孔与放电单元一一对应。多孔板用来防止相邻单元间的放电干扰（或称为串扰）。

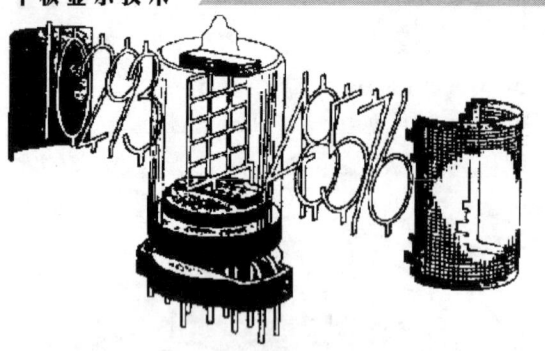

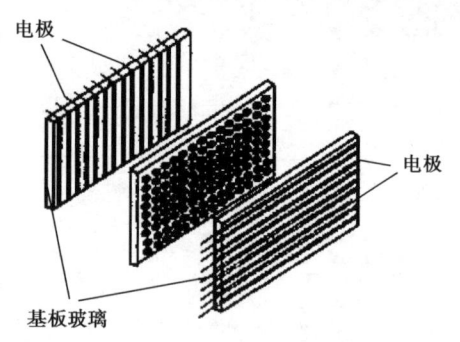

图 3-2 Burroughs 公司开发的直流气体放电管　　图 3-3 National Union 公司研制的矩阵结构 DC-PDP

1972 年，Burroughs 公司研制出具有自扫描功能的 DC-PDP 板，从而减少了驱动电路的数量，降低了电路成本。

由于 DC-PDP 显示板本身不具有存储特性，因此早期 DC-PDP 采用刷新工作方式，这就带来了发光效率低、亮度低的缺点，从而限制了 DC-PDP 的应用。1978 年，G. E. Holz 提出脉冲存储技术，使得 DC-PDP 可以工作于存储模式，进而实现了大屏幕、高亮度显示。

在 1994 年的 SID 会议上，NHK 和松下公司展示了它们合作开发的对角线为 102 cm 的彩色 DC-PDP。它采用了新的脉冲存储驱动方案，像素数为 1344×800，有 256 级灰度，厚度仅为 6 cm，显示的 HDTV 图像稳定。尽管它还存在寿命较短、亮度不高的缺点，但由于这是当时世界上最大的彩色平板显示器件，因此仍受到广泛好评，被誉为大屏幕显示领域的一项重要成就。它的研制成功使 DC-PDP 朝着家用大屏幕壁挂式 HDTV 迈出了第一步。

1995 年，NHK 与松下公司又合作开发了具有像素内阻抗结构的对角线为 66 cm 的彩色 DC-PDP。后来，这两家公司采用此技术制造出 107 cm 彩色 HDTV DC-PDP，白场峰值亮度达 150 cd/m^2，发光效率为 0.4 lm/W。这表明采用该结构可以制作高性能的大屏幕显示器。当然，为了能显示高清晰度图像，仍需进一步提高亮度和发光效率。

2. AC-PDP 的发展史

AC-PDP 是由 Bitzer 和 Slottow 于 1964 年首先研制出的。当时他们为了简化 DC-PDP 的结构，设想在如图 3-3 所示结构的基础上把电极制作在基板的外表面，用基板电容替代每个放电单元中的限流电阻。对于该结构显示板，由于必须采用交变电压驱动电极才能维持放电的进行，因此把它称为交流等离子体显示器。

1969 年，Owens-Illinois 研究小组研制出开放单元（Open Cell）结构的 AC-PDP。它去掉了起限制放电区域作用的中间玻璃板。它的电极制作在基板的内表面，并被介质层所覆盖。因为介质层具有比玻璃基板低得多的容抗，且具有较好的电子发射特性，使得工作电压降低。此对向放电型结构后来被法国 Thomson 公司和美国 Photonics 公司用来制造彩色显示器。

1976 年，G. W. Dick 首次提出一种采用表面放电结构的 AC-PDP，如图 3-4 所示。它的两组金属电极均制作在同一块基板上，并由一介质层分开，上层电极也被另一介质层所覆盖，放电在后基板的介质层表面进行。每个单元之间用介质障壁分隔开以防止光串扰。对 PDP 显示性能有影响的关键几何尺寸由光刻或丝网印刷技术来保证。由于前玻璃板上没有电极，单元发出的光可直接透过前基板，使得 PDP 亮度和光效得到了较大提高。

第 3 章 等离子体显示器

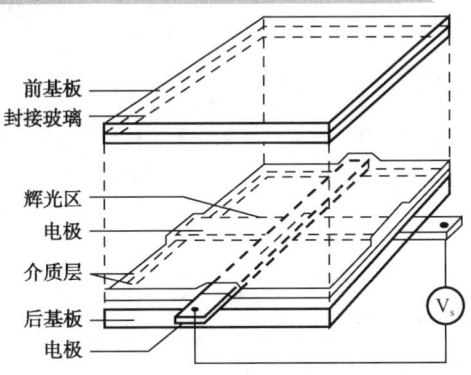

图 3-4 两电极表面放电型 AC-PDP

1984 至 1985 年，G. W. Dick、H. Uchiike、T. Shinoda 等人分别提出了具有现代 AC-PDP 结构雏形的维持电极和寻址电极相分离的三电极表面放电单元结构。用此结构，富士通公司开始进行 51 cm（20 英寸）多色 PDP 的生产。

进入 90 年代以后，彩色 PDP 的研究步伐明显加快。1990 年，富士通公司开发出寻址与显示分离的驱动技术（Address Display Separated，ADS），以实现多灰度级彩色显示。其实现方法简单、工作稳定、寻址电压低，是 PDP 彩色化关键技术上的重大突破。1992 年又开发出条状障壁结构表面放电型 AC-PDP，并采用此结构生产出世界上第一台 53 cm（21 英寸）彩色 PDP，其结构如图 3-5 所示。它具有亮度和光效高、制作工艺简单的优点，因此后来又被世界上的其他 PDP 主要制造公司，如 NEC、先锋、Plasmaco 等所采纳，成为制造 AC-PDP 的主流结构。

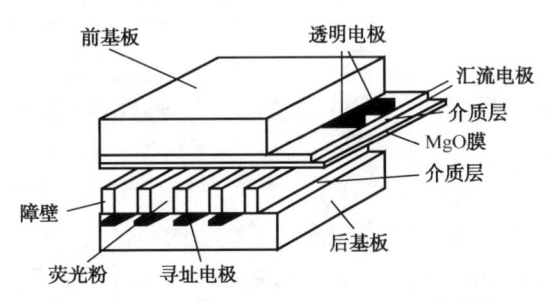

图 3-5 三电极表面放电型 AC-PDP 的结构

在生产 53 cm 彩色 AC-PDP 之后，富士通公司又把目标转向较大尺寸产品上。1995 年 8 月，该公司推出了 107 cm（42 英寸）PDP。至 1997 年年底，日本 NEC、先锋、松下、三菱等公司也相继实现了 107 cm 彩色 PDP 的批量生产。

90 年代后期，NEC 公司在彩色 AC-PDP 结构中采用了彩色滤光膜（Capsulated Color Filter，CCF）技术，富士通公司则采用了在一电视场内的 8 个子场中只有一次全屏写放电的驱动技术，使显示图像的对比度和色纯得到很大提高。富士通公司为实现高清晰度显示，还开发出表面交替发光（Alternate Lighting of Surface，ALIS）的驱动方法，使在 PDP 显示屏结构基本不变的情况下，行的分辨率提高 1 倍，亮度也有大幅度提高。采用此技术制造出了 107 cm、1024×1024 像素的高分辨率 PDP，亮度达 500 cd/m^2。

1998 年实现了 40 英寸彩色 PDP 的批量生产。到目前为止，对角线为 32 英寸、34 英寸、42 英寸、50 英寸、60 英寸的彩色 PDP 已实现量产。

2012 年，松下公司研发出 145 寸超大彩色 PDP，尺寸为 302 m×1.8 m，像素为 7 680×4 320。表 3-1 给出了彩色 PDP 2005 年代表性产品的主要性能。

表 3-1 彩色 PDP 2005 年代表性产品的主要性能（长宽比都为 16∶9）

公司	对角线/英寸	显示容量	节距/mm	亮度/（cd·m^2）	暗室对比度	颜色数	备注
FHP	32	852×1024	0.84×0.39	1 000	—	1.07 B	ALIS
	42	1024×1024	0.90×0.51	1 100	—	1.07 B	ALIS
	55	1366×768	0.90×0.90	1 000	—	1.07 B	e-ALIS
松下	37	852×480	0.882×1.175	1 000	4 000∶1	1.07 B	—
	42	1024×768	0.897×0.657	500	3 000∶1	1.07 B	—
先锋	35	853×480	0.921×0.921	—	—	—	—
	43	1024×768	0.930×0.698	1 100	900∶1	1.07 B	—
	50	1280×768	0.858×0.808	1 000	900∶1	1.07 B	—
	61	1365×768	0.99×0.99	600	700∶1	68.7 B	Color Filter
三星	42	852×480	1.11×1.11	1 000	3 000∶1	16 MB	—
	63	1366×768	1.02×1.02	700	1 000∶1	16 MB	—
	80	1920×1080	0.85×1.129	1 000	2 000∶1	—	样机
	102	1920×1080	—	1 000	2 000∶1	—	样机
LG	60	1280×720	1.032×1.032	1 000	1 000∶1	16 MB	—
	76	1920×1080	0.804×1.072	800	1 000∶1	—	样机

3．国内 PDP 发展史

20 世纪 70 年代中期，由信息产业部电子第五十五研究所（以下简称五十五所）率先开展了单色 PDP 的研究和开发。20 世纪 80 年代，该所解决了单色 PDP 的寿命问题，实现了 640×480 线、960×768 线、1024×768 线等单色系列产品的生产，少量产品供军方使用，并建有一条单色 PDP 军标生产线。杭州大学也开始了相应的研究。

20 世纪 80 年代后期至 90 年代初，五十五所首先开展了彩色 PDP 技术的研究和开发，先后研制出 64×64 线多色交流 PDP 拼接用显示屏和显示器，28×128 彩色像素彩色 PDP 原理样机，320×240 彩色像素彩色 PDP 显示屏和样机。杭州大学也进行了拼接屏研究。

"九五"期间，在国家科学技术部支持下，五十五所和西安交大开展了 21 英寸 640×480 彩色 PDP 科技攻关，分别研制出了 21 英寸彩色 PDP 实用样机。

2001 年，上海松下等离子显示器有限公司成立，开始生产彩色 PDP 显示器。

2002 年，五十五所和东南大学进一步开展 PDP 国家科技攻关，五十五所开发出 42 英寸 852×480 彩色像素的彩色 PDP 的实用化样机，东南大学开发出 14 英寸新型荫罩型彩色 PDP 显示器，彩虹集团与俄罗斯合作开发出 42 英寸彩色 PDP 样机。

2003 年，TCL 公司开发出全套彩色 PDP 驱动电路。

2005 年，东南大学开发出 34 英寸荫罩型彩色 PDP 样机，彩虹集团开发出 50 英寸彩色 PDP 样机。

2009 年，合肥鑫昊投资约 20 亿人民币采购了日立 4 面取生产线，产能为 150 万片/年。

3.1.3 PDP 的特点

PDP 作为主要的平板显示器件之一，与其他显示器件相比，其特点有以下几个。

1．易于实现薄型大屏幕

由于 PDP 放电单元的空间很小，前后基板的间隙通常小于 200 μm，所以 PDP 屏的自身厚度不到 1 cm。组成等离子体显示器后的厚度和质量主要由显示屏和电子线路板决定，一般厚度小于 12 cm。质量只有几十斤，分别约为 CRT 的 1/10 和 1/6。

PDP 的显示面积可以做得很大，不存在原理上的限制，而主要受限于制作设备和工艺技术。目前，PDP 屏的尺寸主要集中在对角线为 100～108 cm（约 40～70 英寸）的范围。

2．具有高速响应特性

PDP 显示器以气体放电为其基本物理过程，其"开"、"关"速度极高，在微秒量级，因而扫描的线数和像素数几乎不受限制，特别适合于大屏幕高分辨率显示。同时，由于它具备高速响应特性，可以高频高速地驱动 PDP 放电单元，使得显示的图像可以在极短的时间内刷新，这对于显示速度很快的运动图像来说是非常关键的。另外，快速开关在计算机屏幕跟踪显示鼠标时也起着至关重要的作用。

3．可实现全彩色显示

利用稀有混合气体放电产生的紫外线激励红、绿、蓝三基色荧光粉发光，并采用时间调制（脉冲数调制）灰度技术，可以达到 256 级灰度和 1677 万种颜色，能获得与 CRT 同样宽的色域，具有良好的彩色再现性。

4．视角宽，可达 160°

由于彩色 PDP 放电单元结构上的特点，使得观看显示屏时，在水平方向上与显示屏垂直法线呈±80°的夹角范围内，PDP 的亮度无明显变化。因此，在所有的显示器件中，只有 PDP 与 CRT 具有最宽的视角。而宽视角是大屏幕壁挂电视和高清晰度电视所必须具备的。

5．伏安特性非线性强，具有很陡的阈值特性

由于气体放电的伏安特性具有很强的非线性，因此 PDP 工作时，非寻址单元几乎不发光，因而对比度可以达到很高。PDP 的暗室对比度可以很容易地做到 400∶1，如果在显示屏上再加一层彩色滤光膜，其对比度可进一步提高。

6．具有存储功能

AC-PDP 屏本身具有存储特性，而 DC-PDP 采用脉冲驱动方式使其也具有存储功能，因此它们都可以工作在存储方式，从而使扫描线数达 1000 线以上时也不会使显示屏亮度显著下降，容易实现大屏幕和高亮度。

7．无图像畸变，不受磁场干扰

CRT 显像管用一高能电子束轰击荧光粉发光，会产生有害的辐射，且因采用电磁场对电子束进行偏转和聚焦，因此在屏的边角处存在聚焦不良的现象，使图像产生畸变，而且

显示的图像也容易受外界磁场影响。

而 PDP 靠一个个精细制作的放电单元的发光来显示图像，因为全屏各处单元大小一致，所以不会产生图像畸变，并且图像不易受到外界磁场影响。

8．应用的环境范围宽

结构整体性好，抗震能力强，可在很宽的温度和湿度范围内及在有电磁干扰、冲击等恶劣环境条件下工作，因此在军事上有重要应用。

9．工作于全数字化模式

由于采用数字技术驱动控制 PDP，从而提高了彩色图像的稳定性，满足数字化电视、高清晰度电视、多媒体终端的需要。

10．具有长寿命

通过使用耐离子溅射的电极材料、介质保护膜材料和长寿命的荧光粉，使 PDP 具有长寿命。目前，单色和彩色 PDP 的寿命分别可达 10 万小时和 3 万小时。

从以上对 PDP 特性的介绍来看，彩色 PDP 作为大屏幕壁挂电视、HDTV 和多媒体显示器的应用具有明显优势。当然，目前彩色 PDP 还存在发光效率不高，驱动电压过高，功耗过大的问题，并且由于放电电流较大且驱动电压的脉冲频率较高，因此彩色 AC-PDP 也会产生较强的电磁干扰（Electromagnetic Interference，EMI）。但随着技术的进一步发展，相信这些问题将能够得到解决。

3.2 气体放电的物理基础

PDP 是气体放电器件，它的工作原理和工作特性与其内部气体放电的物理过程有着密切的联系，因此有必要对此做一简要介绍。

3.2.1 气体放电的伏安特性

一切电流通过气体的现象称为气体放电或气体导电。在气体放电中，作为电源负载的放电气体可看成可变电阻，击穿之前其电阻无穷大，放电后其电阻的大小与气体种类及成分、压力机温度、极间距离、电极材料、电极表面状态密切相关。

气体放电可按维持放电是否必须有外界电离源而分为非自持放电和自持放电。图 3-6 给出了放电管的伏安特性测试线路和一个典型的两平板电极充气元件的伏安特性曲线。

当电源电压 E_A 从零开始增加时，起始阶段测得的放电电流极微弱，其电流是由空间存在的自然辐射照射阴极所引起的电子发射和体积电离所产生的带电粒子的漂移运动而形成的。在 OA 段，极间电压 U_A 很低，空间带电粒子浓度保持不变，电流正比于粒子的迁移速度，因而正比于场强和电压。随着极间电压的增加，极间产生的所有带电粒子在复合前都能被电极收集到，因为产生电子和离子的速率为常数，所以进入了饱和电流区域，如 AB 段。如果在实验中有外加紫外线辐射放电管，则在相同的电压下，饱和电流值将增大。起始阶段的三条实线表示不同强度的紫外源的照射结果。

图 3-6 气体放电的伏安特性曲线

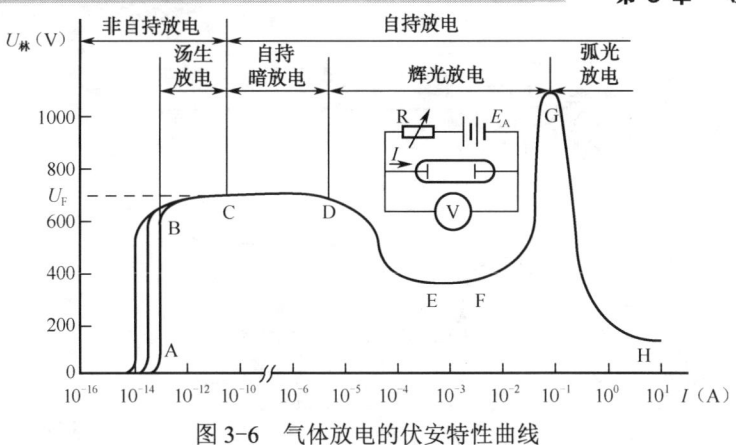

当电流增加到曲线上的 B 点时，如果极间电压进一步增加，则由于电子从电场中获得了足够的能量，便开始出现电子碰撞电离，因此电流随着电压的增加而增大，如 BC 段。该段的放电状态称为非自持暗放电。

当极间电压增大到 C 点时，放电电流迅速增大，有很微弱的光辐射，放电由非自持转变为自持放电，C 点的电压称为击穿电压或着火电压 U_F，CD 段称为自持暗放电。

若回路里限流电阻 R 不大，则电压上升到 U_F 后，放电可迅速过渡到 EF 段，同时观察到放电电流急剧增大，极间电压急剧下降，并伴有较强的辉光辐射，该段称为正常辉光放电区域。DE 段是很不稳定的过渡区域。

在辉光放电以后，若继续增加极间电压，则电流继续增大，此时可观察到辉光布满整个阴极表面，放电进入了反常辉光放电区域，如 FG 段。在反常辉光放电区域，电流密度远大于正常辉光放电状态时的数值，而且随着电压的增高而增大，阴极还会出现显著的溅射现象。

当电流增大到 G 点时，如果将限流电阻减小，则放电电流急速增大，而极间电压迅速下降，放电进入了弧光放电阶段（H 点以后），这时可观察到耀眼的光辐射，阴极发射集中为点状，通常称为弧点，GH 段称为反常辉光放电与弧光放电之间的过渡区。

由上述内容可以看出，气体发生稳定放电的区域有三个：正常辉光放电区、反常辉光放电区和弧光放电区。由于弧光放电产生的大电流容易烧毁显示器，而且在其辐射光谱中，常常含有阴极材料蒸气的光谱，因而 PDP 总是选择工作在正常辉光和反常辉光放电区。为此，必须在 PDP 放电回路中串联电阻、电感、电容来确定放电工作点，DC-PDP 通常串联薄膜电阻来限制电流，而 AC-PDP 放电单元电极上涂覆的介质层也起到了限制电流的阻抗作用。

在彩色 PDP 的维持发光期，为了获得较高的亮度，需要有较强的放电，大都使用正常辉光放电区的高端，即将向反常辉光放电过渡的区域，这时维持电压不用提高，放电覆盖整个电极表面，放电发光较强，又不至于损伤阴极。

3.2.2 辉光放电的发光空间分布

一个典型的冷阴极放电管在正常辉光放电时，光区和电参量的分布如图 3-7 所示。辉光放电沿阴极到阳极方向可以划分为几个区域。

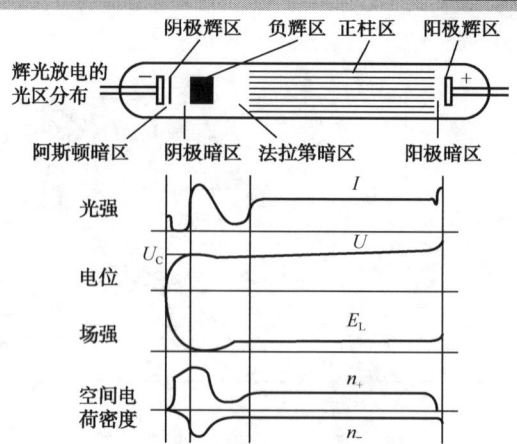

图 3-7 正常辉光放电的光区和电参量的分布

（1）阿斯顿暗区：电子从阴极出来立刻进入场强很大的区域而被电场加速，但是在阴极附近电子速度很小。由于电子能量小于最低激发电位，还不能产生激发，因此该区域是暗的。

（2）阴极光层：在这一区域电子能量达到激发电位，产生一层很薄、很弱的发光层。

（3）阴极暗区：从阴极光层起离开阴极更远处的电子具有更大的能量，甚至超过激发概率最大值，因此激发减少，发光强度变弱，而且它被明亮的负辉区反衬，显得很暗。在阴极暗区中，电子能量已超过电离电位，产生大量的碰撞电离，雪崩放电集中在这个区域发生。

以上三个区总称阴极位降区或阴极区。

（4）负辉区：进入负辉区的多数电子，是在阴极暗区中产生的或发生过多次非弹性碰撞的。它们的能量虽然比电离能小，但是大于或接近激发能，这些电子在负辉区产生许多激发碰撞，因而产生明亮的辉光。

（5）法拉第暗区：大部分电子在负辉区中经历多次碰撞损失了能量，不足以引起电离和激发，因此不发光。

（6）正柱区：在正柱区，在任何位置电子密度和正离子密度相等，放电电流主要是电子流。在不同的条件下，它可表现为均匀的光柱或明暗相间的层状光柱。

（7）阳极区：在该区有时可以看见阳极暗区，在阳极暗区之后是紧贴在阳极上的阳极辉光。

以上七个区域，在辉光放电管中并非一定全部出现，这与气体种类、压强、放电管尺寸、电极材料及形状大小、极间距离等因素有关。只有阴极位降区是维持正常辉光放电必不可少的区域。

辉光放电具有以下基本特征：

（1）是一种稳定的自持放电；

（2）放电电压明显低于着火电压，其着火电压由帕邢定律决定；

（3）放电时，放电空间呈现明暗相间的，有一定分布的光区；

（4）严格地讲，只有正光柱区部分属于等离子区，其中正负电荷密度相等，整体呈电中性；

(5)放电主要依靠二次电子繁流来维持。

正常辉光放电有4个明显的发光区域,即阴极光层、负辉区、正柱区及阳极光层。辉光放电的各发光区中,发光强度以负辉区最强,正柱区居中,阴极光层和阳极辉光最弱。虽然正柱区的强度不如负辉区强,但它的发光区域最大,因此对光通量的贡献也最大。例如,日光灯就是利用正柱区发光的,光效高达 80 lm/W。但是气体放电时,以上4个区域不一定全部出现,当电极间距离逐渐缩短时,正柱区逐渐缩短并首先消失,然后是法拉第暗区、负辉区相继消失。由图 3-7 可以看出,阴阳极之间的电位降主要发生在负辉区之前;维持辉光放电所必需的电离大部分发生在阴极暗区。也就是说,阴极位降区的宽度随气体压力成反比例变化。而 PDP 由于其放电单元的空间通常很小(电极间隙约为 100 μm),放电时只出现阴极位降区和负辉区,所以通常利用的是负辉区的发光,这是其发光效率不高的主要原因之一,采用正柱区放电是今后提高 PDP 性能的一个技术发展方向。

3.2.3 帕邢定律及影响着火电压的因素

1. 帕邢定律

19 世纪末,帕邢(Paschen)在测量气体着火电压的大量实验中发现:在冷阴极、均匀电场的条件下,着火电压 U_F 随放电管内的 Pd 乘积而变化,并不是分别随 P 和 d 的数值变化。这里的 P 是气体压力,d 是两平板电极间的距离。并且还发现,着火电压随 Pd 变化时,有一个最小值存在。着火电压随 Pd 变化的规律称为帕邢定律。图 3-8 给出了几种气体的帕邢曲线。

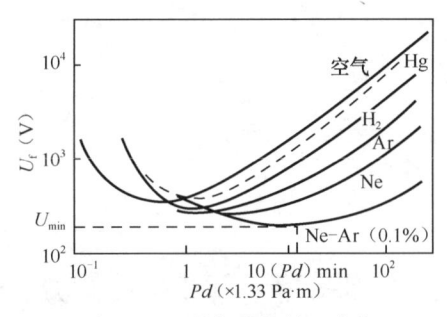

图 3-8 几种气体的帕邢曲线

2. 影响着火电压的几种因素

1)Pd 值的作用

帕邢定律表明,当其他因素不变时,Pd 值的变化对着火电压的变化起着决定性的作用。因此,PDP 中充入气体的压强和电极间隙对 PDP 的着火电压有很大影响。

2)气体种类和成分的影响

气体种类不同,着火电压 U_F 也就不同。通常当原子的电离能较低时,其 U_F 值偏低。气体的纯度对 U_F 也有很大影响。当在基本气体中混入微量杂质气体时,若两种气体间满足潘宁电离条件,如在 Ne 气中混入少量 Ar 气或 Xe 气,则可使气体的着火电压下降。所谓潘宁电离是指:设 A、B 为不同种类的原子,原子 A 的亚稳激发电位大于原子 B 的电离电位,亚稳原子 A^m 与基态原子 B 碰撞时,使 B 电离,变为基态正离子 B^+(或激发态正离子

B^{+*}),而亚稳原子 A^m 降低到较低能态,或变为基态原子 A,此过程称为潘宁电离,可用符号表示为

$$A^m+B \rightarrow A+B^+(或 B^{+*})+e$$

由于亚稳原子具有较长的寿命,其平均寿命是 $10^{-4} \sim 10^{-2}$ s(而一般激发态原子的寿命为 $10^{-8} \sim 10^{-7}$ s),因此潘宁电离的概率较高,使得基本气体的有效电离电位明显降低。另外,着火电压下降的大小还与两种气体的性质和混合比有非常密切的关系。

3)阴极材料和表面状况的影响

阴极材料与表面状况的变化直接影响到正离子轰击下的二次电子发射系数 γ 值的大小,从而影响到着火电压的大小。在其他条件相同的条件下,γ 系数越高,着火电压越低。

4)电场分布的影响

电极结构和极性决定着火前电极间隙的电场分布。电场分布对汤生 α 系数和 γ 系数的数值与分布起决定性作用,影响气体中电子与离子的运动轨迹及电子雪崩过程。因此,它对着火电压影响很大。

5)辅助电离源的影响

使用辅助电离源来加快带电粒子的形成,也可以使着火电压降低。例如,人工加热阳极产生热电子发射,取代 γ 发射过程的作用;用紫外光照射阴极,使阴极产生光电发射;放射性物质靠近放电管,放射性射线引起气体电离;通过预放电提供初始的带电粒子等可以大大降低着火电压。反之,在放电着火之前,带电粒子损耗越多,则会使着火电压升高。如果气体放电管工作在交流或重复脉冲状态,每次放电熄灭后,空间带电粒子消失的快慢将影响放电着火电压的高低。

3.3 彩色 AC-PDP

3.3.1 PDP 的结构

单色等离子体显示是指利用 Ne-Ar 混合气体在一定压力作用下产生气体放电,直接发出 582 nm 橙色光。

全彩等离子体显示是指利用 He-Xe 混合气体放电时产生不可见的 147 nm 真空紫外光(VUV),再使 VUV 激发相应的三基色光致荧光粉发出可见光进而达到显示目的的。

彩色 PDP 从结构上分为交流 PDP、直流 PDP 和交直流混合 PDP 三种。目前已经商业化的产品结构均为交流 PDP 结构。

AC-PDP 按电极结构的不同可分为对向放电型和表面放电型两种,基本结构如图 3-1 所示。对向放电型 AC-PDP 的两组电极分别制作在前后基板上,并且相互正交,在每一个交叉点构成一个放电单元,维持放电在前后基板间进行。对向放电型结构的特点是极间电容小,对电极间的绝缘性能要求低,易于提高分辨率,但由于其荧光粉处于离子轰击区,荧光粉容易劣化,因此 AC-PDP 的寿命相对较短。

表面放电型结构有多种,典型的三电极表面放电型 AC-PDP(见图 3-5)的显示屏由前后两个基板组成,在前基板上,每一彩色像素包括一对 ITO 透明电极,ITO 电极之上制作

有金属电极,称之为汇流电极(BUS 电极);像素之间,与电极平行方向制作有黑色介质条,用于提高显示对比度;介质和黑条之上是透明介质,最上层是用于降低工作电压和对介质进行保护的 MgO 层,在后基板上,最下层制作寻址电极,每个像素包括 3 条电极,与显示电极正交,电极之上先制作白色介质层,介质层之上,两条电极之间制作障壁,用于防止单元间的光电干扰和控制基板间隙。障壁的底部和侧面涂覆荧光粉材料,相邻 3 个障壁槽内分别涂覆 R、G、B 三基色荧光粉,形成一个彩色像素,后基板一角有一根排气管。前后基板用低熔点玻璃粉进行气密封接,通过排气管排出基板间的气体后,冲入潘宁反应气体。

如上所述,一个彩色像素由三个 R、G、B 子像素组成,每个子像素上的一对显示电极与一条寻址电极的交叉区域就是一个放电单元,维持放电在两组显示电极间进行。表面放电型 AC-PDP 与对向放电型 AC-PDP 相比的最大优点是亮度和发光效率高,显示电极间隙采用高精细的丝网印刷或光刻技术制作,各个单元工作特性的一致性容易保证,并且它的寿命长。因此,表面放电型 AC-PDP 是彩色 AC-PDP 制造中的主流结构,被富士通、NEC、先锋、Plasmaco 等公司所采用。

3.3.2 PDP 的放电气体和三基色荧光粉

彩色 AC-PDP 通常利用稀有混合气体放电产生的 VUV 来激发三基色光致荧光粉发光,这与荧光灯的发光原理相似。稀有混合气体的组成成分、配比、充气压强和荧光粉材料的发光特性对彩色 AC-PDP 的亮度、发光效率和色纯有很大影响。下面介绍彩色 AC-PDP 使用的放电气体和三基色光致荧光粉材料。

1. 放电气体

具有不同组成成分放电气体的着火电压、放电电流、辐射的光谱分布和强度不同,造成彩色 AC-DP 的工作电压、功耗、亮度、光效和色度等性能存在较大差异。因此,为了使彩色 AC-PDP 具有优良的显示性能,必须合理选择放电气体的组成成分。

彩色 AC-PDP 对放电气体的要求是:着火电压低;辐射的真空紫外光谱与荧光粉的激励光谱相匹配,而且强度高;放电本身发出的可见光对荧光粉发光色纯的影响小;放电产生的离子对介质保护膜材料溅射小;化学性能稳定。因此,彩色 AC-DP 可以选用稀有气体 He、Ne、Ar、Kr、Xe(激发电位和电离电位见表 3-1)作为放电气体,它们的谐振辐射波长分别为 58.3 nm、73.6 nm、106.7 nm、123.6 nm、147.0 nm。现在,彩色 AC-PDP 通常使用的荧光粉对波长在 140 nm<λ<200 nm 范围内的激发光谱具有较高的量子转化效率,因此一般选用 Xe 作为产生 VUV 的气体。这不仅是因为 Xe 原子可产生很强的 147 nm 的谐振辐射,而且 Xe 的二聚激发态粒子 Xe_2^* 还可产生 150 nm 和 173 nm 的辐射。但是纯 Xe 气的着火电压太高,必须采用混合气体。混合气体可由含 Xe 的两种或多种气体组成。对于两元气体,从降低着火电压出发,要选用可与 Xe 发生潘宁电离的气体,即该气体的亚稳态电位高于 Xe 的电离电位。由表 3-2 可以看出,只有 He 和 Ne 符合要求,因此两元放电气体有 He-Xe 和 Ne-Xe 两种。为了使彩色具有更高的亮度和更好的色纯,可在两元气体中另外加入一种或两种稀有气体,构成三元混合气体,如 He-Ne-Xe、Ne-Ar-Xe 等,或四元混合气体,如 He-Ne-Ar-Xe。

表 3-2　稀有气体原子的激发电位和电离电位

元　　素	He	Ne	Ar	Kr	Xe
亚稳激发电位 U_m（V）	19.80	16.62	11.55	9.91	8.32
谐振激发电位 U_r（V）	21.21	16.85	11.61	10.02	8.45
电离电位 U_S（V）	24.580	21.559	15.755	13.996	12.127

放电气体的混合配比对彩色 AC-PDP 的性能同样有显著影响，特别是混合气体中 Xe 的含量。一般来说，随着 Xe 含量的增加，AC-PDP 的亮度和光效提高，气体放电发出的可见光得到抑制，彩色 AC-PDP 的色纯得以改善，但同时会引起单元着火电压的提高，造成驱动困难。因此，对于彩色 AC-PDP，必须合理选择气体配比。目前，在量产的彩色 AC-PDP 中，通常充入的放电气体有 Ne-Xe（4%～6%）、He-Ne（20%～30%）-Xe（4%）。

充气压强的高低也是影响彩色 AC-PDP 性能的一个重要因素。图 3-9 为 He-Xe（7%）放电时 VUV 辐射光谱随气压的变化。可以看出，随着气压的升高，Xe 的紫外辐射从 147 nm 线光谱逐渐过渡到连续谱，使总的辐射强度增强，引起 AC-PDP 的亮度提高。按照帕邢定律，气体放电的着火电压是充气压强 P 和电极间隙 d 乘积的函数，并存在一个最小着火电压 U_{Fmin}，对应于 $(Pd)_{min}$。该结论对于对向放电型 AC-PDP 是适用的，而对于表面放电型 AC-PDP 不适用，因为其显示电极间的电场是非均匀分布的。但无论哪种结构的 AC-PDP，对于一定的显示电极间隙，都存在一条 $U_F \sim P$ 曲线，它具有与帕邢曲线相类似的形状，也存在一个最小着火电压 U_{Fmin} 和对应的 P_{min}。充气压强通常选在 $U_F \sim P$ 曲线的右支，可使彩色 AC-PDP 获得高亮度。

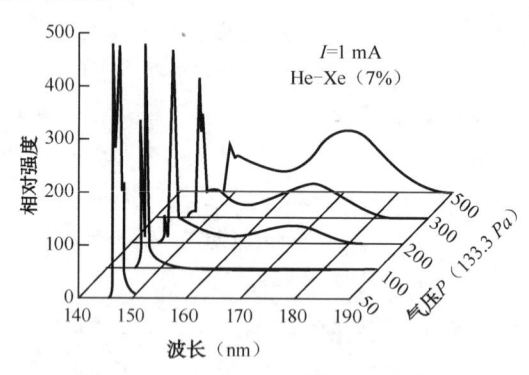

图 3-9　VUV 辐射光谱随气压的变化

2. 三基色光致荧光粉

彩色 AC-PDP 中使用的荧光粉是真空紫外激发的光致荧光粉，通过它将上述气体放电产生的真空紫外线转换成可见光。表 3-3 列出了常用光致荧光粉的发光特性。

为使彩色 AC-PDP 显示的图像色彩鲜艳、逼真，并使 AC-PDP 具有长久的寿命，对其使用的荧光粉要求为：在真空紫外线的激发下，发光效率高；色彩饱和度高，色彩再现区域大；余辉适宜；热稳定性和辐照稳定性好；有良好的真空性能，即具有低的饱和蒸气压并容易去气；涂覆性能良好。

表 3-3　常用光致荧光粉的发光特性

荧光粉	CIE 坐标 x	CIE 坐标 y	相对光效	余辉 (ms)	亮度 (cd/m²)
红粉					
Y_2O_3:Eu	0.618	0.347	0.67	1.3	62
(Y，Cd)BO_3:Eu	0.641	0.356	1.2	4.3	
YBO_3:Eu	0.65	0.35	1.0		
$GdBO_3$:Eu	0.64	0.36	0.94		
$LuBO_3$:Eu	0.63	0.37	0.74		
$ScBO_3$:Eu	0.61	0.39	0.94		
Y_2SiO_5:Eu	0.66	0.34	0.67		
绿粉					
Zn_2SiO_4:Mn	0.242	0.708	1.0	11.9	365
$BaAl_{12}O_{19}$:Mn	0.182	0.732	1.1	7.1	
$SrAl_{12}O_{19}$:Mn	0.16	0.75	0.62		
$CaAl_{12}O_{19}$:Mn	0.15	0.75	0.34		
$BaMgAl_{14}O_{23}$:Mn	0.15	0.73	0.92		
蓝粉					
$BaMgAl_{10}O_{17}$:Eu	0.147	0.067		<1	
$BaMgAl_{14}O_{23}$:Eu	0.142	0.087	1.6	<1	
Y_2SiO_5:Ce	0.16	0.09	1.1		51
$CaWO_4$:Pb	0.17	0.17	0.74		

根据以上要求，彩色 AC-PDP 通常选用的荧光粉有红粉：(Y，Cd)BO_3:Eu^{3+}；绿粉：$BaAl_{12}O_{19}$：Mn^{2+}，Zn_2SiO_4:Mn^{2+}；蓝粉：$BaMgAl_{10}O_{17}$:Eu^{2+}，$BaMgAl_{14}O_{23}$:Eu^{2+}。如果在彩色 AC-PDP 中使用 (Y，Cd)BO_3:Eu^{3+}、$BaAl_{12}O_{19}$:Mn^{2+}、$BaMgAl_{14}O_{23}$:Eu^{2+}这组荧光粉组合，可达到与彩色显像管（CRT）相近的彩色重现区域。

3.3.3　PDP 发光机理

彩色 AC-PDP 虽然有多种不同的结构，但其发光机理相同。彩色 PDP 的发光主要由以下两个基本过程组成：

（1）气体放电过程，即利用稀有混合气体在外加电压的作用下产生放电，使原子受激而跃迁，发射出真空紫外线（<200 nm）的过程；

（2）荧光粉发光过程，即利用气体放电所产生的紫外线，激发光致荧光粉发射出可见光的过程。

下面以充有 Ne-Xe 混合气体的表面放电型 AC-PDP 为例，说明 PDP 的发光机理。

1. 气体放电过程

对于彩色 AC-PDP 而言，气体的放电过程尤为重要，它不仅产生紫外线，而且对电压工作特性有很大影响。这里以彩色 AC-PDP 常用的 Ne-Xe 混合气体为例来说明气体放电中的电离和辐射过程。如图 3-10 所示是 Ne-Xe 气体放电能级跃迁和 VUV 辐射示意图。

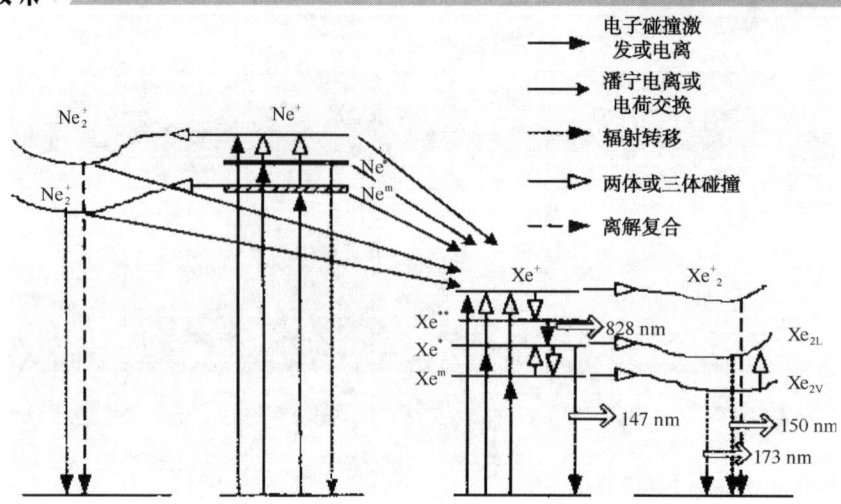

图 3-10 He-Ne 气体放电能级跃迁和 VUV 辐射示意图

Ne-Xe 混合气体放电的主要电离过程包括电子碰撞电离和潘宁电离。电子被电场加速到能量大于 21.6 eV 时，可与基态 Ne 原子发生电离碰撞：

$$e+Ne \rightarrow Ne^{+}+2e+Xe \rightarrow Xe^{**}$$

电子被电场加速到能量达 16.6 eV 时，与 Ne 原子碰撞，可使基态 Ne 原子激发到亚稳态（Ne^m）：

$$e+Ne \rightarrow Ne^m+e$$

Ne^m 的寿命长达 0.1～10 ms，与其他原子碰撞的概率很高，当与 Xe 原子碰撞时可使其电离，即发生潘宁电离：

$$Ne^m+Xe \rightarrow Ne+Xe^{+}+e$$

由于存在潘宁电离，使气体的有效电离电位明显降低，因而使气体放电的着火电压 U_f 大大下降。同时，被加速的电子还会与 Xe^+ 碰撞形成 Xe 的激发态：

$$e+Xe^{+} \rightarrow Xe^{**}+h\nu$$

其中：Xe^{**} 为 Xe 原子 $^2P5$、$^2P6$ 能级的激发态，很不稳定，极易跃迁到谐振态 Xe^*（$^1S_4$ 能级），并发出波长为 828 nm 的红外线。

Xe 原子从谐振态跃迁至基态时会辐射 147 nm 的 VUV：

$$Xe^*(^1S_4) \rightarrow Xe+h\nu (147\,nm)$$

如图 3-10 所示，Xe_{2u} 表示二聚激发态 $Xe_2^*(O_u^+)$，Xe_{2v} 表示二聚激发态 $Xe_2^*(^1\sum_u^+)$ 和 $Xe_2^*(^3\sum_u^+)$。

这些 Xe 的二聚激发态产生 VUV 辐射的过程如下：

$$Xe_2^*(O_u^+) \rightarrow 2Xe+h\nu (150\,nm)$$
$$Xe_2^*(^1\sum_u^+) \rightarrow 2Xe+h\nu (173\,nm)$$
$$Xe_2^*(^3\sum_u^+) \rightarrow 2Xe+h\nu (173\,nm)$$

以上这些过程产生的 147 nm、150 nm 和 173 nm 的 VUV 辐射可以有效地激发荧光粉发光。

另外，Ne-Xe 放电时除了产生 VUV 辐射以外，还存在可见光区的一些谱线，如 Ne 原子由 2p 能级跃迁到 1 s 能级时，会辐射出 585.2～743.8 nm 的许多谱线。这些可见光辐射会对 AC-PDP 的色纯产生影响。

2．荧光粉发光过程

荧光粉是一种粉末状结晶的物质，它由基质和激活剂组成。基质是一些高纯度的化合物晶体，常用的有锌（Zn）、镁（Mg）、钙（Ca）、钇（Y）等元素的氧化物、硫化物和硅酸盐等。晶体内部的缺陷对发光起着不可缺少的作用，这些缺陷称为发光中心。为了制造出这样的发光中心，就要在晶体中加入某种杂质，如银（Ag）、铜（Cu）、锰（Mn）或稀土族元素铕（Eu）、铈（Ce）等，这些杂质称为激活剂。因此荧光粉材料通常表示为基质：激活剂，如 $Zn_2SiO_4:Mn$。

真空紫外光激发荧光粉的发光过程如图 3-11 所示。当真空紫外线（如 147 nm）照射到荧光粉表面时，一部分被反射，一部分被吸收，另一部分则透射出荧光粉层。当荧光粉的基质吸收了真空紫外光能量后，基质电子可以从原子的价带跃迁到导带。同时，价带中因电子跃迁而出现一个空穴。在价带中，空穴由于热运动而扩散到价带顶，然后被杂质能级形成的一些发光中心能级俘获。而获得光子能量跃迁到导带的电子，在导带中运动，并很快消耗能量后下降到导带底。然后有两种可能的情况出现：一是电子将放出能量直接与发光中心复合而发出一定波长的光，其波长随发光中心能级在禁带中的位置不同而异；二是在导带下缘的电子被一些叫作电子陷阱的能级所俘获，当陷阱较浅时，被俘获的电子通过晶格的热振动返回导带，然后再与发光中心复合，因此发光的时间就"晚"了一些，使发光时间变长，即产生了"余辉"。

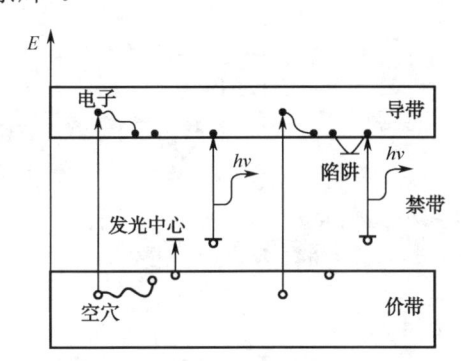

图 3-11 真空紫外光激发荧光粉的发光过程

3.3.4 PDP 的壁电荷和存储特性

从前面的分析知道，当气体两端所加电压小于某一阈值时，气体不发生放电现象，而这一阈值电压被称为"着火电压"，当气体两端所加电压超过这一阈值电压时，则气体放电迅速形成。在阈值电压以上的电流-电压特性十分陡峭，也就是有很强的非线性。

交流 PDP 的电极表面覆盖介质，驱动波形是交流脉冲，这样当气体着火后，产生的电子和正离子会沿着外加电场方向移动并聚积在电极对应的介质表面，形成壁电荷。

由壁电荷可以得到壁电荷形成的壁电压 U_W：

$$U_W = Q_W/C_0$$

必须注意，由壁电荷产生的壁电压与外加电压极性相反。

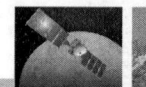

壁电荷产生的电场与外加电场反向，导致实际加在气体两端的电压减弱，放电停止。由于外加电压是交变的，当电压反向时，壁电荷产生的电场与外加电场正向叠加而使放电空间的实际电压增强，脉冲幅值大于着火电压 U_F，放电再次发生。当单元外加的交流脉冲幅值小于着火电压 U_F 而大于某一最小维持电压 U_{SM}（最小维持电压 U_{SM} 是指当外加电压小于这一电压值时，既使单元存在足够的壁电荷，又不能保证这一单元一直"点亮"）时，如果单元所带的壁电荷产生的电压叠加这一外加电压而大于气体的着火电压时，则这一单元将保持"点亮"状态，如果这一单元没有壁电荷或壁电荷的数量不足以使壁电压与外加电压之和大于着火电压，则这一单元将为"熄火"状态。因此，当单元施加这一幅值范围的交流脉冲时，如果单元原先是"点亮"的，此后状态仍为"点亮"，原来是"熄火"的，此后状态仍为"熄火"，记忆了单元的历史。只有当外加一定特征的脉冲改变单元内的壁电荷时，"点亮"、"熄火"状态才会发生改变。这一特征即为交流 PDP 的存储特性。利用交流 PDP 的存储特性可以实现 PDP 的大容量显示而不影响 PDP 的亮度。

上面讲述了交流 PDP 的一个放电单元的特征，但一块真正的显示屏是由若干单元组成的，由于制造工艺的原因，这些单元的着火电压和最小维持电压必然存在一定的差异。考虑把维持电压加到显示屏的所有单元上，并使所有单元都由处于"熄火"状态开始缓慢上升，把显示屏上第一次出现一个点亮单元的电压称为着火电压 U_{F1}，把正好使所有单元点亮的电压定义为最大着火电压 U_{FM}。考虑把维持电压从大于 U_{FM} 的幅值缓慢减少，这里定义出现第一个单元开始熄火的电压为最大熄火电压 U_{SM}，定义使熄火的单元减少到只剩一个点亮单元的维持电压为最小着火电压，否则有些单元将被点亮而不管其前面的状态如何；所加的维持电压又要大于最小熄火电压，以保证记忆住有效壁电荷的单元，否则有些该点亮的单元也维持不住。定义静态维持工作范围 ΔU_S 是最小着火电压与最低熄火电压之差，即

$$\Delta U_S = U_{F1} - U_{SM} \tag{3-1}$$

式中，ΔU_S 也称为存储容限。只有当 ΔU_S 为正值时，交流 PDP 才能在存储模式下工作。

在三电极表面放电彩色 PDP 的实际工作中，由于受选址电压幅值的影响，动态工作时的维持电压的动态范围还要减小。因此，显示屏有足够的静态维持电压范围，对于动态工作时有较宽的工作窗口而言是十分重要的。

3.3.5　PDP 的工作原理

AC-PDP 工作时，所有行、列电极之间都加上交变的维持电压脉冲 ΔU_S，其幅值不足以引燃单元放电，但能维持已有的放电，此时各行、列电极交叉形成的像素均未放电发光。PDP 的擦写工作原理如图 3-12 所示，如果在被选单元对应的一对电极间叠加一个书写脉冲，其幅值超过着火电压 U_F，则该单元产生放电而发光。放电所产生的电子和正离子在电场的作用下分别向瞬时阳极和瞬时阴极运动，并在电极介质表面积累形成壁电荷，壁电荷形成的电场与外加电场反向，经几百纳秒后合成的电场不足以维持放电，放电终止，发光呈现为一个光脉冲。维持电压转至下半周期时极性相反，外加电场与上次壁电荷形成的电场同向，不必再加书写脉冲，依靠维持电压脉冲即可引起单元再次放电，也即只有加入一个书写脉冲，就可使单元从熄火转入放电，并继续维持下去。如果要停止放电单元的放电，可在维持脉冲前加一个擦除脉冲，它产生放电，抵消原来存在于介质表面的壁

电荷，却不产生足够新的壁电荷，维持电压转向后没有足够的壁电荷电场与之叠加，无法产生放电，转为"熄火"状态。因此，AC-PDP 的像素在书写脉冲和擦除脉冲的作用下分别进入"点亮"和"熄火"状态以后，仅在维持电压的作用下就能保持原有的放电和"熄火"状态，直到下一书写脉冲的到来为止。下面以一个子像素为例具体说明三电极表面放电型 AC-PDP 的工作原理。

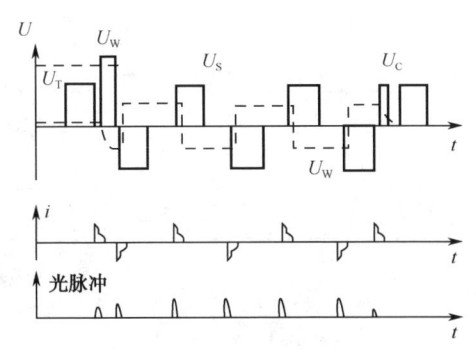

图 3-12 PDP 的擦写工作原理

要使单元由熄火状态转入点亮状态，即在单元内积累壁电荷，只需先在寻址 A 电极和扫描 Y 电极上加一个外加电压 U_{AY}，使 $U_{AY}>U$，在单元内发生放电，积累壁电荷，由壁电荷产生的壁电压与 U_{AY} 反向；然后再在 X 和 Y 电极加上与壁电压方向相同的维持电压 U_S，则维持电压与壁电压叠加，单元又发生放电，这样单元就处于稳定的点亮状态，如图 3-13 所示。此为一次放电过程，如果要该单元持续点亮，则继续加入交流维持脉冲。

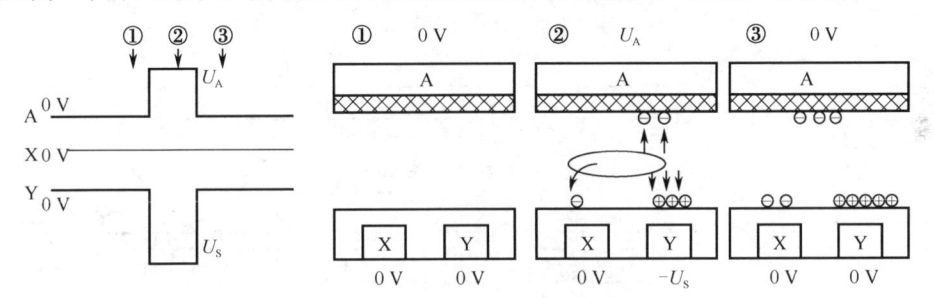

图 3-13 利用寻址电极使单元转到点亮状态

3.3.6 壁电荷的擦除方式

要使一个单元由点亮状态回到稳定的熄灭状态，即擦除单元中的壁电荷，或者说显示单元在点亮状态和熄灭状态之间转换有如下几种方法：一是可以加一个远大于着火电压 U_F 的电压脉冲，使放电结束后单元内的壁电压还大于着火电压，然后在脉冲下降后使单元中各电极的外加电压相同，这样，壁电荷本身形成的壁电压使单元内发生放电，由于此时外电路并不提供电流，所以放电使壁电荷基本中和，单元回到熄灭状态；二是利用 A 电极和扫描电极放电，维持 A 电极和扫描电极之间的放电同时进行，在单元内积累额外的壁电荷，使壁电荷的电压超过着火电压，引起单元内放电，后面的放电进行时外电路不提供电流，则壁电荷因该放电而被中和，其工作过程如图 3-14 所示；三是利用窄脉冲（脉冲宽度约 1 μs 左右）的擦除作用。

窄脉冲的要求是只引起放电,而且要在放电未结束时使脉冲结束,放电造成壁电荷中和,如图 3-15 所示;四是可以用缓慢上升的脉冲(最高电压为维持电压),使单元刚达到着火电压时,就进行一次放电,因为放电强度小,壁电荷被中和一部分,电压再上升,重复以上过程,最终擦除大多数壁电荷,使单元回到熄灭状态,如图 3-16 所示。

图 3-14 利用寻址电极使单元转到熄灭状态

图 3-15 窄脉冲的擦除作用

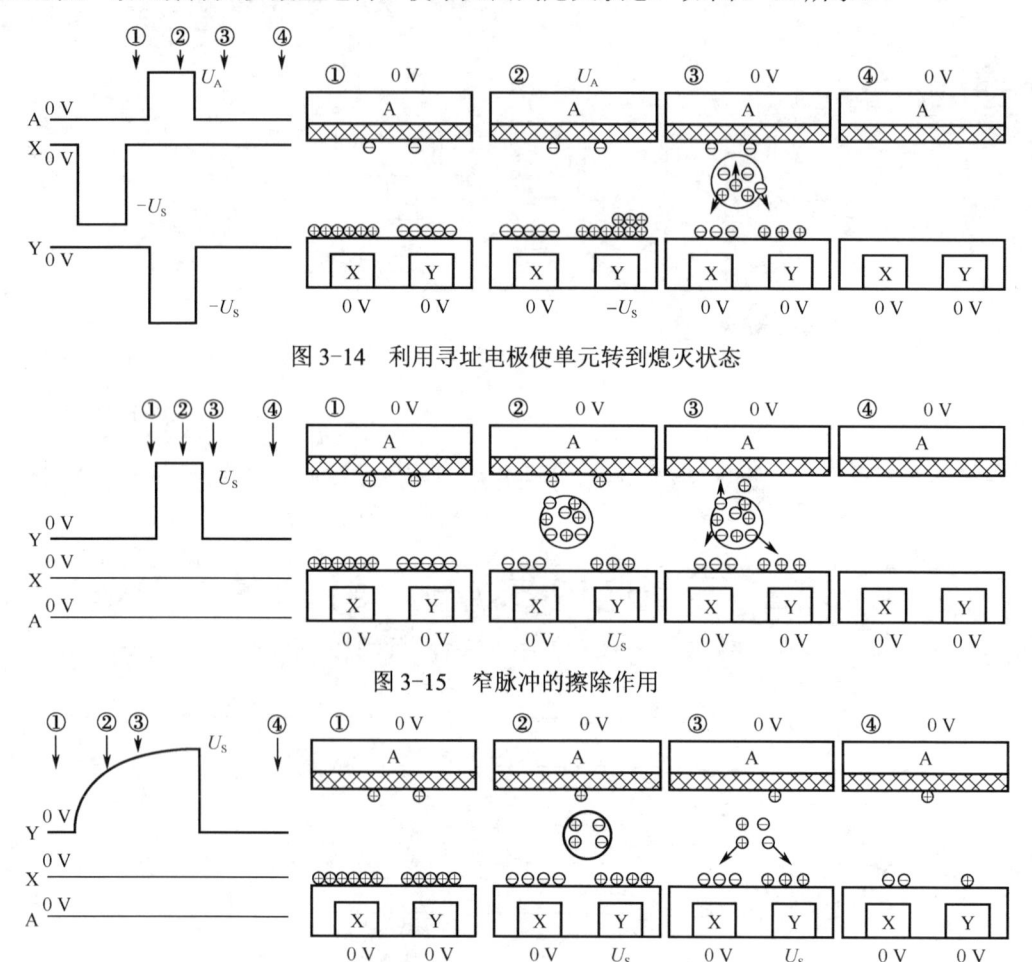

图 3-16 指数型脉冲的擦除作用

通过上述的分析可知,如果加上合适的电压脉冲序列,就可以实现 AC-PDP 显示单元中壁电荷的建立、擦除及维持显示等操作。采用不同时序的电压脉冲序列就构成了不同的驱动方法。

3.3.7 PDP 的寿命

PDP 是一种气体放电型器件。工作时,气体放电所产生的大量电子和离子在电场的作用下定向撞击放电单元的介质表面,使介质受到损伤。尤其是带正电的离子,由于其质量大,相应的动量较大,轰击单元介质表面时往往引起溅射,造成介质表面物理和化学损伤,如果不采取保护措施,PDP 的寿命将很快终止。

研究发现,MgO 薄膜是一种耐离子轰击性能优良的薄膜,由于它的二次电子发射系数较大，离子轰击的动量很容易以发射若干个二次电子来消化，从而保护了 MgO 薄膜下面的结构。研究还表明，MgO 薄膜较高的二次电子发射系数，还可以降低器件的着火电压。因此现在的交流 PDP 都采用 MgO 保护膜。采用 MgO 保护膜的器件，再加上合理的器件设计，工作寿命可达 3～5 万小时。

彩色 PDP 的寿命过程由以下两方面决定。

（1）MgO 薄膜在正离子的不断轰击下，γ 不断下降，着火电压不断增高，同时加剧了各显示单元特性的不一致性，导致 ΔU_s 下降，直到 PDP 无法驱动。

（2）荧光粉在少量正离子的轰击下逐步劣化，在 147 nm 紫外光的照射下劣化，在少量轰击蒸发物的污染下劣化，导致发光亮度下降。当发光亮度下降到初始亮度的 50%时，就认为寿命终了。

目前，商品中的荧光粉的寿命是决定 PDP 寿命的主要因素。

3.4 PDP 的驱动和多灰度级实现方法

3.4.1 PDP 的 ADS 驱动原理

由 3.3 节的讨论得知，通过施加不同时序的高压脉冲序列就构成了不同的驱动方法。彩色 AC-PDP 驱动方法的研究是 PDP 研究中最活跃的部分，一方面是因为驱动方法可以在屏结构不变的情况下大幅度提高显示质量，另一方面驱动电路的成本在显示器中占有很大的比重，而好的驱动方法可以降低电路的工作电压，从而降低电路的成本。

在驱动三电极表面放电彩色 PDP 时，通常将所有维持电极相连，由 X 维持驱动电路的驱动；Y 扫描电极扫描驱动电路和维持电路分别驱动，A 选址电极与选址驱动器相连。在选址过程中，Y 电极和 A 电极之间进行选址触发放电，使将要点亮单元的 X、Y 电极表面带上一定量的壁电荷。所有单元的维持发光放电由 X 电极和 Y 电极之间的维持显示驱动完成，维持电压的大小前面已经讨论过。X、Y 电极之间除了进行维持显示之处，还要对全屏所有单元进行初始化或擦除多余电荷，其目的是在选址过程中使各单元的状态一致，实现稳定的选址。

ADS（Address and Display Separation）工作方式也就是寻址与显示分离方式，是目前最常用的驱动方式，许多新型驱动方法都是基于它开发出来的。根据寻址方法的不同，可以将 ADS 驱动方法分为写寻址驱动方法和擦除寻址驱动方法。

对于整个显示屏的驱动，先使所有的显示单元处于点亮状态，然后在寻址期根据显示数据的情况选择擦除已预先积累在不要点亮的单元中的壁电荷，使其转入熄灭状态，而要点亮显示单元的壁电荷则保留下来，即还处于点亮状态；在维持期，只有那些处于点亮状态的单元会维持发光，这就是所谓的擦除寻址驱动方法。

写寻址驱动方法是先使全屏所有的显示单元都处于熄灭状态，然后在寻址期使要点亮显示的单元转入点亮状态，即在其中积累壁电荷，而不要点亮显示的单元不积累壁电荷，即还处于熄灭状态；在维持期，只有积累了壁电荷的单元会维持发光。如图 3-17 所示，图中寻址期 Y 电极脉冲的斜线表示脉冲是顺序加到各行的。在准备期开始时，三个电极的电压都为零。由于上一场或子场的最后一个维持脉冲的极性是 Y 电极为正脉冲，所以可能在

平板显示技术

Y 电极上积累有负的壁电荷，在 X 电极上为正的壁电荷，因此首先在 X 电极上加幅度为 U_{XW}（U_{XW} 远大于 X、Y 电极间的着火电压 U_{FXY}）的全屏写脉冲，从而使 X、Y 电极间发生强放电，并在 X、Y 电极上分别积累负的和正的壁电荷，在脉冲的下降沿，由于强放电产生的壁电荷自身形成的电压 U_W 大于 U_{FXY}，使 X、Y 电极之间又发生放电（自擦除放电），而此时 X、Y 和 A 三个电极的电压都为零，因此放电使壁电荷大都中和了。这样，不管在前一子场一个放电单元是否进行过维持放电，经过上述两次放电后，屏上的所有单元都处在同一状态，即熄灭状态。图 3-17 中，当在 X 电极加全屏写脉冲的同时，A 电极加的电压为 U_{AW}(U_{AW}≈U_{XW}/2)，这样使得 A 电极对放电产生的正负电荷具有相同的吸引力，从而做到了在 A 电极上基本没有壁电荷积累。

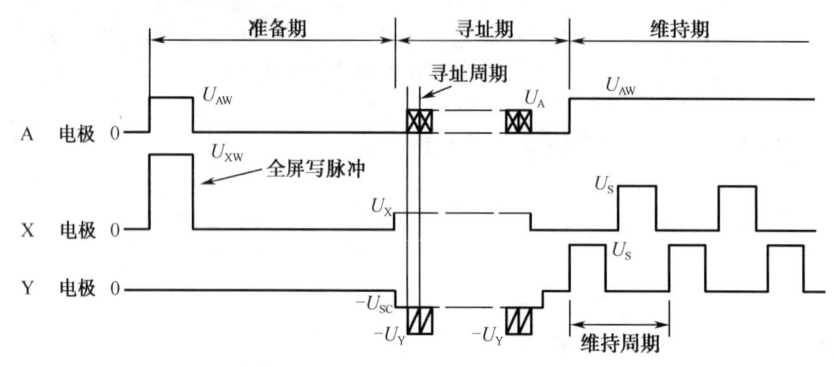

图 3-17 写寻址驱动方法的波形图

进入寻址期，X 电极加电压 U_X；顺序扫描 Y 电极，未扫描到的 Y 电极加-U_{SC}，而扫描到的 Y 电极加电压-U_Y；与此同时，对和需要点亮的单元相对应的 A 电极加寻址脉冲 U_a，而不点亮的则加 0 V。电压 U_X、U_Y 和 U_a 的关系应为

$$U_{Smin} \leqslant U_X + U_Y \leqslant U_{FXYmin}$$
$$U_A + U_Y \geqslant U_{FXYmax}$$

式中，U_{Smin} 为维持放电所需的最小电压；U_{FXYmin} 为 X、Y 电极之间的最小着火点压；U_{FXYmax} 为 A、Y 电极之间的最大着火电压。

在要点亮的单元内，首先是 A 和 Y 之间放电，由此引起 X、Y 电极之间的放电，从而在 X、Y 电极上积累了壁电荷，这些壁电荷足以保障后面维持期维持放电的进行。而对于不点亮的单元，由于寻址电极不加 U_A 脉冲，未进行寻址放电，所以单元内也就不会有壁电荷的积累。

在维持期，一个维持周期是：首先在 A 电极加 U_{AW}，X 电极加 0V，Y 电极加维持脉冲 U_A，由于在寻址期要点亮的单元已经积累有壁电荷，假设由壁电荷引起的电压为 U_W，则选取 $U_W+U_S>U_{FXY}$，X、Y 电极之间就发生表面放电，从而使壁电荷的极性反转；在下半个维持周期，Y 电极加 0V，X 电极加维持脉冲 U_S，由于壁电荷的作用，维持放电又得以进行。重复前面的过程，就可以使显示屏一直处在点亮状态。

对于 ADS 驱动方法，由于分为 8 个子场，每个子场都要顺序扫描寻址各显示行，以 YGA 格式的显示为例，假设扫描一行的时间为 3 μs，扫描 480 行所需的时间为 1.44 ms，则在一场时间 16.7 ms 内 8 个子场扫描寻址所用的时间为 11.52 ms，这样留给维持放电显示的时间只有 5.15 ms。如果把准备期的时间计算在内，则维持显示时间占不到一场总时间的

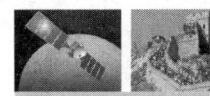

31%。当显示屏的像素数更多时，如 1024×768，则维持显示期的时间更少，因此用该驱动方法驱动的显示屏的亮度比较低。

提高显示亮度的方法是将显示屏分为上下两部分，两部分同时扫描寻址，这样可以减少扫描寻址所需的时间，从而使维持放电显示的时间增加，但这样会增加寻址驱动集成电路的规模，从而使整机成本提高。另外，还可以通过提高维持放电脉冲频率的方法来提高显示亮度，但这也有一个限度，因为频率太高时存在亮度饱和问题。

3.4.2 多灰度级的实现方法

根据人眼的视觉生理，当光脉冲的重复频率高于临界闪烁频率（50 Hz）时，可以通过控制光脉冲的个数来显示不同的亮度。

对于彩色 AC-PDP 来讲，在显示图像时，每个单元的状态只有点亮或不点亮两种，而且每次放电都在瞬间完成，因此与 CRT 的通过调节电子束流的强度来控制显示灰度不同，不能用调制脉冲宽度或控制放电强度的方法去改变显示的亮度，即实现多灰度级显示。但考虑到其维持脉冲的频率通常在几十到几百千赫兹的范围，而且每次维持放电的强度都相同，一次放电就会产生一个发光脉冲，所以在彩色 AC-PDP 中可以利用调节维持脉冲个数的方法来实现多灰度级显示。

对于表面放电型彩色 AC-PDP，通常采用寻址与显示分离（ADS）的子场驱动方法。按照这种方法，显示一幅图像时，是在一场时间内顺序扫描寻址各显示行，然后整屏的所有显示单元同时维持显示。下面介绍采用寻址与显示分离的子场驱动方法实现多灰度显示的原理。

将某一种颜色的电平信号量化为 n 位数据，对显示数据按位进行显示，每位显示期的维持放电时间长度，即发光脉冲个数和该位的权重相关联，权重越大，该显示期的发光脉冲个数越多，反之，则发光脉冲个数越少。这样，各位显示的亮度也就不同，一位的显示时间称为一个子场。每个子场包括准备期、寻址期和维持期。准备期使全屏所有显示单元的状态一致，为寻址做好准备；在寻址期，顺序扫描各显示行，完成对全屏所有单元的寻址；在维持期，全屏所有积累了壁电荷的单元进行维持显示。各子场的准备期、寻址期时间相同。

以显示数据量化为 8 位为例，将一场时间分为 8 个子场，8 个子场主要的区别在于其维持期的时间（即维持脉冲个数）不同。例如，1～8 子场分别对应显示从图像数据的最低位至最高位，则 8 个子场的维持期的时间呈 1∶2∶4∶8∶16∶32∶64∶128 的关系，如图 3-18 所示。这样通过不同子场的点亮的组合就可以实现 256 级的灰度显示。

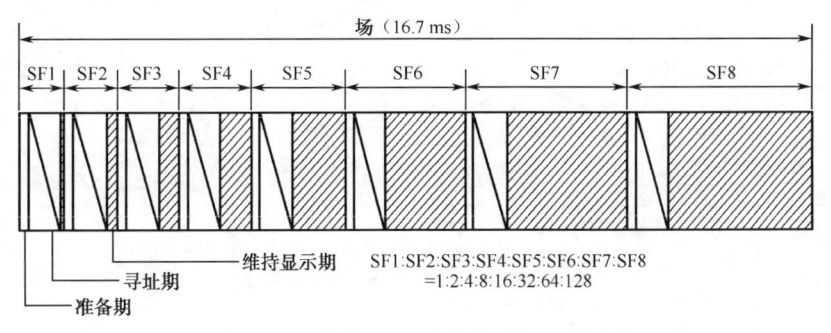

图 3-18 寻址与显示分离的子场驱动技术

例如，一个数据为 00000000，则所有子场都不点亮，显示为最暗的 0 级灰度。当数据为 00001001 时，只有第一和第四子场点亮，对应灰度级为 9 的亮度。当数据为 11111111 时，所有子场都点亮，显示图像最亮，对应灰度级为 255 的亮度。对于彩色 AC-PDP，红、绿、蓝三种基本颜色中的每种可以显示 256（2^8）级灰度，这样就可以组合出 16 777 216（2^{24}）种颜色，从而实现全色显示。

3.5 彩色 AC-PDP 的制造材料和工艺

本节以富士通公司开发的三电极结构表面放电型 AC-PDP 为例，介绍彩色 AC-PDP 的制造材料和工艺。

AC-PDP 的制造过程总体上可分为 3 部分：前基板制造工序、后基板制造工序和总装工序。每一工序又包括许多部件的制作。

彩色 AC-PDP 的主要部件及其制作材料和方法如图 3-19 和表 3-4 所示，制造工艺流程如图 3-20 所示。

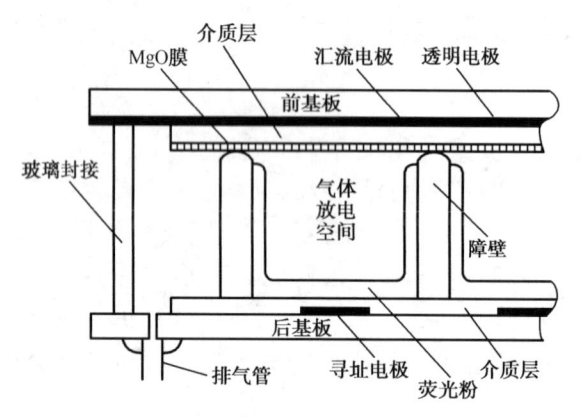

图 3-19 彩色 AC-PDP 的主要部件

表 3-4 彩色 AC-PDP 主要部件的制作材料和方法

主要部件	技术要求	制作材料	制作方法
前后基板	应变点温度高，热膨胀系数与电极和介质材料匹配	普通平板钠钙玻璃 PDP 专用基板玻璃	浮法玻璃等
透明导电电极	可见光透过率高，电导率高，刻蚀性能优良	氧化铟锡（ITO）薄膜 SnO_2 薄膜	用磁控溅射、真空蒸镀法在玻璃基板上制备 ITO 或 SnO_2 薄膜，刻蚀成形
汇流电极	导电性能好，与透明导电薄膜附着力强	Cr-Cu-Cr 薄膜	磁控溅射法制备薄膜，刻蚀成形
		Ag 浆料	丝网印刷图形，烧结制成
		光敏 Ag 浆料	丝网印刷，光刻成形，烧结制成
前基板透明介质层	可见光透过率高，耐电压击穿强度高	低熔点玻璃	丝网印刷浆料，烧结制成
介质保护层	次级电子发射系数高，表面电阻率和体电阻率高，耐离子轰击	MgO 薄膜	电子束蒸发 MgO 膜料
			反应磁控溅射纯 Mg 靶
			反应空心阴极溅射纯 Mg 靶

续表

主要部件	技术要求	制作材料	制作方法
寻址电极	导电性能好，与玻璃基板附着力强	Ag 浆料	丝网印刷图形，烧结制成
		光敏 Ag 浆料	丝网印刷，光刻成形，烧结制成
后基板介质层	反射率高，与玻璃附着牢固	低熔点玻璃	丝网印刷浆料，烧结制成
障壁	高度偏差小于±5 μm	低熔点玻璃	丝网印刷法，喷砂法
荧光粉层	发光效率高，色彩饱和度高，厚度均匀	如（Y，Cd）BO$_3$:Eu^{3+}（R） BaAl$_{12}$O$_{19}$:Mn^{2+}（G） BaMgAl$_{14}$O$_{23}$:Eu^{2+}（B）	丝网印刷法 厚膜光刻法
封接层	封接温度低，热膨胀系数与基板玻璃材料匹配	低熔点玻璃	丝网印刷法 喷砂法
排气管	热膨胀系数与基板玻璃和封接低玻粉材料匹配	钠钙玻璃	
放电气体	着火电压低，真空紫外光谱辐射强度高，可见光强度低	Ne-Xe，He-Xe，He-Ne-Xe，Ne-Ar-Xe 等	
各向异性导电膜	同时具有黏接性、导电性和绝缘性	金属粒子等导电微粒分散于树脂黏接剂中的特种薄膜	

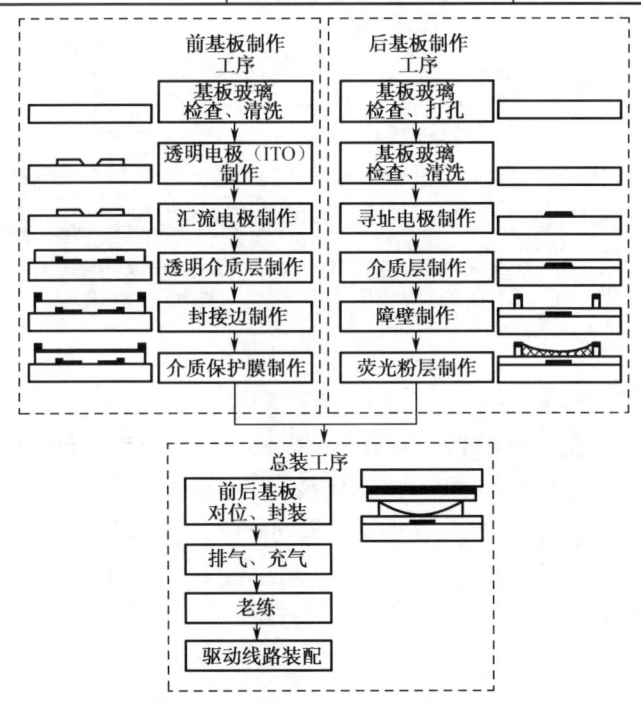

图 3-20　彩色 AC-PDP 的制造工艺流程

3.5.1　彩色 AC-PDP 的主要部件及其制作材料

1. 前后基板

基板玻璃是 AC-PDP 各个部件的载体，因此要求其表面平整度高、热加工变形小。由于在彩色 AC-PDP 的制造过程中，前、后玻璃基板要经过多次高温烘焙、烧结，通常这些

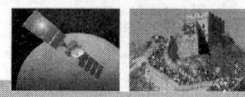

温度在 400 ℃～600 ℃之间，因此彩色 AC-PDP 基板玻璃的热稳定性对 AC-PDP 的性能质量起着非常重要的作用。

目前，在 AC-PDP 的研究开发中，普遍使用的玻璃基板为采用浮法工艺制作的平板钠钙玻璃。这种玻璃的优点是价格便宜，而且与已开发出的彩色 AC-PDP 所用的其他材料相匹配。但是，其缺点是应变点低，一般为 500 ℃左右，热稳定性差。而在 AC-PDP 的制造工艺中，很多烧结温度都高于普通钠钙玻璃的应变点，从而导致玻璃基板产生弯曲、不规则形变和热收缩。这在大面积、高清晰度彩色 AC-PDP 显示器的制造中，不仅会造成像素错位（如寻址电极、障壁、荧光粉之间的错位），还使印刷出现困难。

为了提高 AC-PDP 基板玻璃的热稳定性，近年来开发出了几种专门用于 AC-PDP 的具有高应变点的玻璃基板。例如，日本旭硝子公司开发的 PD200 玻璃基板，其应变点为 570 ℃；美国 Corning 公司和法国 Saint-Gobain 公司也合作开发出 CS25 玻璃基板，它的应变点温度高达 610 ℃。

虽然这些 AC-PDP 专用基板玻璃热稳定性能优良，但其价格远远高于平板钠钙玻璃，从而提高了 AC-PDP 的制造成本。因此，彩色 AC-DPP 用的基板仍广泛使用普通钠钙玻璃。对于普通钠钙玻璃，可以通过优化烧结工艺来减小其在烧结过程中产生的热变形，把玻璃的热变形对 AC-PDP 的影响控制在尽可能小的程度。

2．透明电极

为了减少对荧光粉发出的可见光的阻挡，显示电极一般采用复合式电极结构，即显示电极由较宽的透明电极和较细的金属电极构成。

透明电极要求透明度高，并且与玻璃基板附着力强。可采用的材料有氧化铟锡（ITO）薄膜和 SnO_2 薄膜。目前 ITO 工艺十分成熟，但其导电机制是氧空位，在 AC-PDP 制造工艺中经过高温处理时，氧空位损失多，阻值变化较大。SnO_2 薄膜是最早使用的透明导电膜，它的成膜工艺简单，成本低，且热稳定性好，但其刻蚀性能不易掌握。到现在为止，ITO 仍是透明电极的主要材料。

3．汇流电极和寻址电极

透明电极虽然有较好的导电性，但当电极较长时其导电性能就显得不够。解决的办法是在透明电极上加一条金属汇流电极（Bus 电极）。为了减少对光的阻挡，汇流电极的宽度很窄（小于 100 μm），并且通常制作在透明电极的外侧。常用的汇流电极的材料有薄膜 Cr-Cu-Cr 电极、厚膜 Ag 电极等。

AC-PDP 的数据信号加在寻址电极上，用来对矩阵单元进行寻址放电。常用的寻址电极材料为厚膜 Ag 电极。

4．介质层

在 AC-PDP 中，前、后基板的电极之上都涂覆有介质层。当器件工作时，电极间加有较高的电压，这就要求介质层要有较高的耐压值，如果介质层的绝缘性能差，就会导致介质击穿，进而使电极断线。

介质镀料主要由玻璃粉、树脂黏接剂、溶剂等组成。根据软化点不同，可以把介质浆料分为流动型和软化型两种。流动型是指介质烧结温度远高于介质的软化点；软化型是指介质的烧结温度在介质的软化点附近。软化型浆料的绝缘性能良好，与电极反应小，但表面平滑性差、透过率低。而流动型浆料烧结后透过率高、表面平滑性好，但与电极反应大，绝缘性能不如软化型浆料。介质浆料的选择应根据所使用的电极材料及对绝缘性、透过率等的要求来选取。

5．介质保护膜

AC-PDP 中介质保护膜的作用是延长显示器的寿命，增加工作电压的稳定性，并且能够显著降低器件的着火电压，减小放电的时间延迟。

用作 AC-PDP 介质保护膜的材料应满足以下要求：二次电子发射系数高；表面电阻率及体电阻率高；耐离子轰击；与介质层的膨胀系数相近；放电延迟小。

为了寻求合适的保护膜材料，前人曾对数十种可能的材料做过实验研究。结果发现，MgO 薄膜不仅具有很强的抗溅射能力，而且有很高的二次电子发射系数，有利于提高 AC-PDP 的寿命和降低 AC-PDP 的工作电压，因此，MgO 薄膜很适合作为 AC-PDP 的介质保护膜。

6．障壁

在 AC-PDP 器件中，障壁的作用主要有两点：保证两块基板间的放电间隙，确保一定的放电空间；防止相邻单元间的光电串扰。因此，对障壁的要求是高度一致（偏差在±5μm 以内）、形状均匀，这样才能保证 AC-PDP 器件工作的可靠性。

对障壁几何尺寸的要求是障壁宽度应尽可能窄，以增大单元的开口率，提高器件亮度。

制作障壁的基本材料是低熔点玻璃，其热膨胀系数应与基板玻璃相匹配。

7．荧光粉层

荧光粉层的作用是将 VUV 转变为可见光，实现彩色显示。荧光粉材料的选择见表 3-3。

8．放电气体

放电气体用于产生真空紫外辐射（VUV）。气体的选择见 3.3.2 节。

3.5.2 丝网印刷技术和光刻技术

彩色 AC-PDP 的制造技术，概括起来就是成膜技术。它可分为薄膜技术和厚膜技术两种。薄膜技术是指利用真空电子束蒸发、磁控溅射等成膜方法在基板上沉积一层连续的薄膜，对于具有图形的部件，再用光刻技术制作出所需的图形。厚膜技术是指利用丝网印刷技术在基板上制作一个连续的或具有图形的膜层，或与光刻技术相结合制作出具有图形的膜层（称为厚膜光刻技术）。在彩色 AC-PDP 中，薄膜技术主要用来制造透明电极、汇流电极、介质保护膜等部件；厚膜技术主要用来制造汇流电极、寻址电极、介质层、荧光粉层、障壁、封接层等部件。

由于丝网印刷技术和光刻技术在彩色 AC-PDP 的制造中起着非常关键的作用，因此下面对它们做一个简要介绍。

1．丝网印刷技术

丝网印刷技术的工作原理是：采用丝网作为版基，在印版上形成图形和版膜两部分，

版膜部分阻止浆料通过，图形部分为丝网通孔。印刷时，在丝网印版上注入浆料，浆料在无外力作用时，不会自动通过网孔漏在承印物上，当用刮板以一定的角度和压力刮动浆料时，浆料通过网版漏印到承印物上，实现图形的复制。其工作原理如图 3-21 所示。

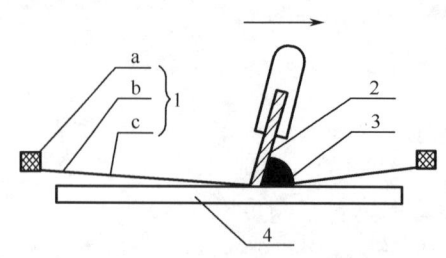

1—丝网印版［a. 网框，b. 丝网上的非图文部分（简称版膜），c. 丝网上的图文部分］；2—刮板；3—浆料；4—基板

图 3-21　丝网印刷工作原理图

丝网印刷的工艺流程是：丝印制版—丝网印制—浆料烘干—浆料烧结。

采用印刷法制作彩色 AC-PDP 的优点是成本较低，适合于批量生产。用丝网印刷法制作 AC-PDP 的各个部件，其质量取决于多种因素，如：在浆料方面，有浆料的性质、成分、颗粒度及均匀性、载体材料、黏度及触变性等；在基板方面，有基板材料、尺寸精度、平整度和光洁度等；在刮板方面，有刮板材料的种类、硬度、形状等；在丝网方面，有丝网材料的种类、性质、丝网目数、丝网线径、丝网张力、版膜的种类、框架平整度、框架与网线夹角等；在印刷方式方面，有印刷接触角、印刷压力、印刷速度、印刷间隙等；在印刷环境条件方面，有温度、湿度和清洁度等；此外，干燥时间和温度及烧结工艺等也都会影响到部件质量。

印刷工艺是彩色 AC-PDP 的主要制造技术之一，它具有设备低价、工艺简易、生产率高、成本低等优点。但与光刻技术相比，印刷工艺的缺点是精度较差，分辨率不易做高。

2．光刻技术

光刻技术是一种图像复印与刻蚀相结合的微细加工技术。首先利用各种曝光的方法将掩模的图形精确复印到涂覆在待刻蚀材料表面上的光致抗蚀剂（光刻胶）上面，抗蚀剂曝光和未曝光部分的性能完全不同；然后在光刻胶的保护下进行选择件刻蚀，从而在待刻蚀材料上得到所需的图形。光刻的工艺包含两个主要方面：掩模板的制造及图形从掩模板至待刻蚀材料的转移。图形加工的精度主要受掩模板的质量和精度、抗蚀剂的性能、图形的形成方法及装置精度、位置的对准方法及精度、刻蚀方法等诸因素的影响。

光刻工艺的具体流程如下（见图 3-22）：

（1）在玻璃整个表面上形成的膜层表面上涂布光刻胶，所谓光刻胶是指紫外线感光性树脂，分为紫外线照射硬化的负性和紫外线照射分解的正性两大类；

（2）中间经过掩模用紫外线照射光刻胶，使其曝光；

（3）将曝光后的玻璃基板浸入显影液中，去除未硬化的光刻胶（显像）；

（4）经显像之后，位于残留光刻胶保护膜下面的 ITO 膜要保留，而没有光刻胶膜保护的 ITO 膜要用等离子体（干法）或蚀刻液（湿法）去除，即蚀刻；

（5）最后用等离子体或强碱溶液等将 ITO 膜上的残留光刻胶去除。

光刻工艺的特点是能够实现大面积、高精度的图形，且工艺成熟，因而它在彩色 AC-

PDP 的制造中得到了广泛应用，如 AC-PDP 丝网印刷漏印版及 AC-PDP 的 ITO 电极、Cr-Cu-Cr 电极等的制作。特别是近年来，随着 AC-PDP 向着高像质、高分辨率化发展，其对部件图形的宽度、尺寸和位置精度的要求越来越高，因而相继开发出各种厚膜光刻工艺用于 AC-PDP 的制造。

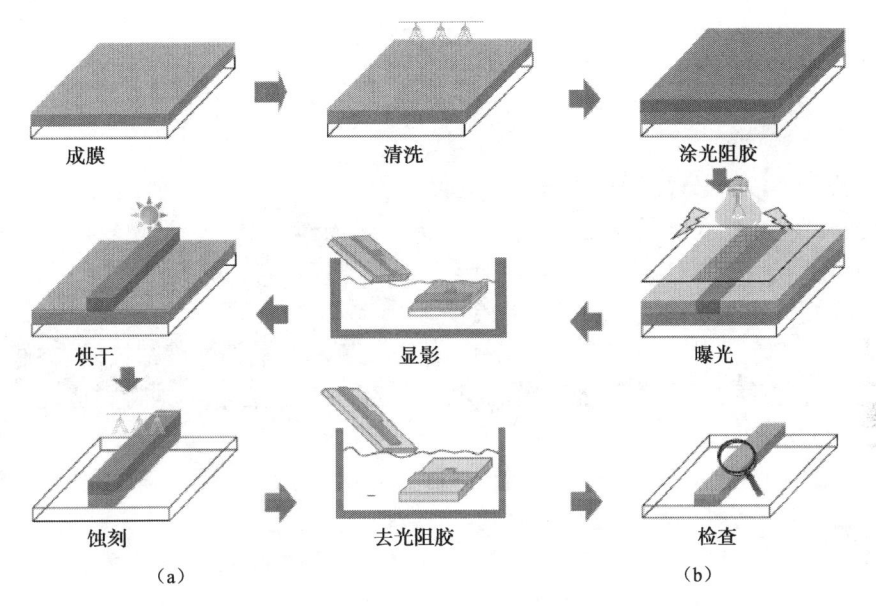

图 3-22 光刻工艺的具体流程

3.5.3 前基板的关键制造工艺

1. 透明电极的制作

ITO 膜的制备方法可分为化学方法和真空物理方法两大类。目前适用于工业化规模生产的主要是真空蒸发和磁控溅射。随着技术向大型化和精细化方向发展，磁控溅射已成为主要方法。磁控溅射的原理是：在一定的真空条件下，通过施加于靶材和基片的负电压差，产生一个与磁场正交的电场，使电子在电场作用下冲击 Ar 原子，产生大量的 Ar^+，Ar^+ 快速冲撞靶材，使阴极靶材沉积到基片上，实现溅射镀膜，见图 3-23。可以采用 In-Sn 合金靶反应溅射，也可以采用 ITO 氧化靶溅射。

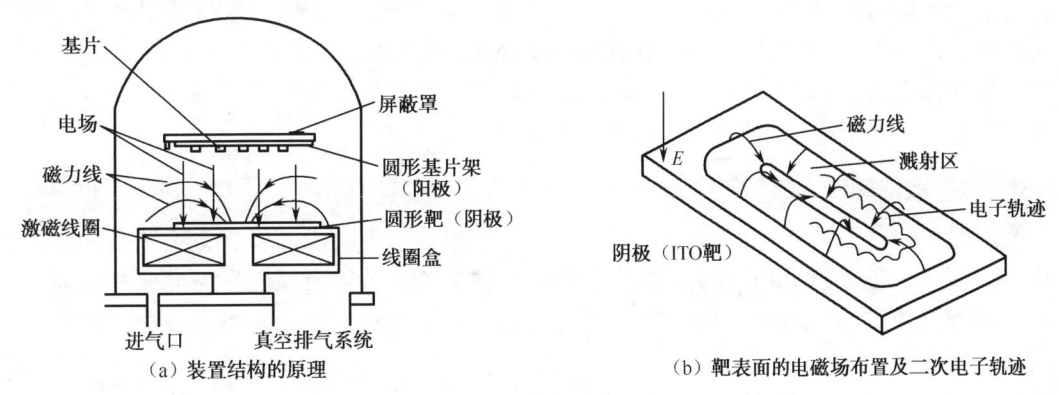

图 3-23 平面磁控溅射原理

其具体过程叙述如下：

（1）对溅射系统抽真空使其达到较高的真空状态，再通入一定压力（如数 Pa）的氩气，在 ITO 靶上施加一定的负电压（如-800 V），使得在靶的表面及其附近形成相互垂直的电磁场，见图 3-23（a）；

（2）在上述电压（还有磁场）及气压下，系统内发生气体放电，形成等离子体，其中电子碰撞氩原子使其电离形成氩离子（Ar^+）；

（3）氩离子（Ar^+）在负电压作用下加速碰撞 ITO 靶，ITO 靶原子被溅射出，飞向玻璃基板，并以 ITO 膜的形式沉积在其表面之上；

（4）氩离子（Ar^+）碰撞 ITO 靶表面，在溅射出 ITO 靶构成原子的同时，还会产生二次电子（γ 电子），该二次电子在靶表面相互垂直的磁场作用下，会沿靶表面的"跑道"作"圆周线"运动，见图 3-23（b），大大增加了与原子碰撞使后者电离的机会，从而使得入射靶的离子数变多，被溅射出的 ITO 原子也会变多。

因此，磁控溅射是高速（沉积速率高）、低温（靶和基板的温度都较低）、低损伤（基板表面受高能电子轰击损伤小）的薄膜沉积法。若采用大平面靶，则特别适合于大面积玻璃基板的连续式沉积。

制作 ITO 透明电极时，首先要进行 ITO 透明导电膜的制作，其过程是：玻璃基板清洗、烘干后，进入射频溅射镀膜室镀制 SiO_2 膜，然后进入溅射镀膜室溅射 ITO 膜，最后进行真空退火。接着，在 ITO 膜上涂上感光胶，利用掩模光刻技术制作出与电极图形一致的光刻胶图形。最后再以此光刻胶图形为掩模，采用湿法刻蚀技术制作出 ITO 透明电极。

2．汇流电极的制作

富士通公司采用 Cr-Cu-Cr 薄膜材料制作汇流电极。底层 Cr 用来增加电极和玻璃基板的附着力，顶层 Cr 用来防止 Cu 的氧化，Cu 是电极导电的主体。Cr 和 Cu 薄膜用溅射法制作，在刻蚀电极图形时，需要选用多种腐蚀液来完成对不同金属层的刻蚀。由于采用了薄膜光刻技术，所以这种电极的特点是图形精细准确，边缘整齐，而且导电性能优良，但其制作工艺复杂，成本较高。

采用厚膜技术制作汇流电极有两种方法：一种是采用丝网印刷法直接制作出电极，即把金属浆料印刷在透明 ITO 膜的边缘上，再经高温烧结而成，这是厚膜技术中普遍采用的制作方法，最常用的金属浆料是 Ag 浆料；第二种方法是采用厚膜光刻技术制作汇流电极，使用的材料是光敏 Ag 浆料（主要由颗粒极细的 Ag 粉和感光树脂构成），用丝网印刷的方法形成几微米厚的连续膜层，然后用光刻法形成电极，最后经烧结而成，该方法制作出的电极边缘平直、尺寸准确，但目前光敏 Ag 浆料的价格较为昂贵。

3．介质层的制作

介质层的制作一般采用丝网印刷法。虽然没有图形精度要求，但这并不意味介质层的制作工艺简单。前基板介质层对膜层的透明度、膜厚的一致性及表面平整度要求较高，而且在介质膜层中不能有气泡、针孔和欠点等缺陷。这是因为这些缺陷将导致介质膜的耐电压击穿强度下降。

4．封接层的制作

对封接层的涂覆要求是四条边的厚度和宽度均匀一致，以保证密封质量。一般采用丝网印刷法或喷涂法制作，然后进行预烧结。

5．介质保护膜的制作

目前，彩色 AC-PDP 的介质保护薄膜一般为 MgO 薄膜，其通常的制备方法是在富氧气氛中利用电子束蒸发的方法制备。电子束蒸发镀膜装置示意如图 3-24 所示。

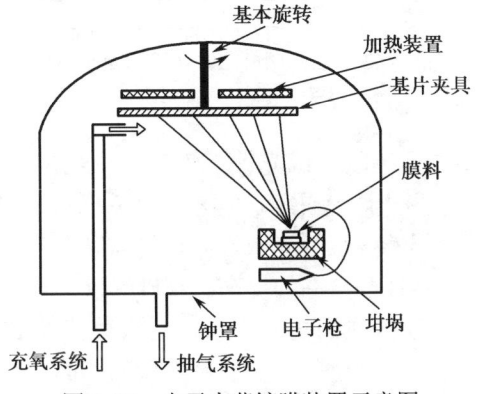

图 3-24 电子束蒸镀膜装置示意图

主要制作材料选用纯氧化镁膜料。蒸发前的本底真空度为 10^{-4} Pa，蒸发过程中通入氧气。薄膜厚度的不均匀度要求在±10%以内。

电子束蒸发制备的 MgO 薄膜的结构呈现出明显的<111>结晶面择优取向。由于相对于其他结晶取向来说，<111>结晶面择优取向的 MgO 薄膜最能降低 AC-PDP 的着火电压，所以电子束蒸发制备的 MgO 薄膜能较好地满足 AC-PDP 的要求。

3.5.4　后基板的关键制造工艺

1．寻址电极的制作

寻址电极一般采用丝网印刷法或厚膜光刻技术制作。

2．介质层的制作

介质层一般采用丝网印刷法制作。

3．障壁的制作

障壁高度一般在 100~200 μm 的范围内，主要制作技术有以下几种。

1）丝网印刷法

使用两种浆料，障壁主体是白色，有较高的反射率，以提高亮度；端面是黑色，以提高器件的对比度，并采用多次重复印刷（通常为 8~10 次）来达到所需的障壁高度，见图 3-25，最后经过烧结制成。

采用丝网印刷制作障壁，由于需要多次印刷，因此工艺步骤多，制作时间长，对位要求严格，而且要求操作人员有熟练的技术及对印刷设备的性能、浆料性能、环境对丝网的影响等有全面的了解，因此制作工艺复杂。但由于丝网印刷法的材料浪费少，所以材料成本低。

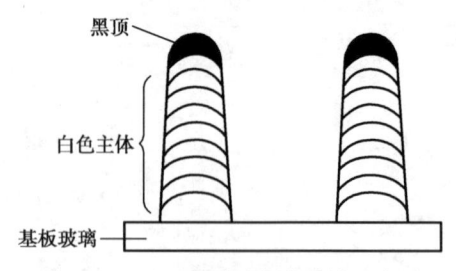

图 3-25　丝网印刷法制作障壁示意图

2）喷砂法

喷砂法采用一种耐喷砂的光敏胶（或光敏干膜）用光刻法制成图形。喷砂时，利用障壁材料和光敏胶的选择性刻蚀形成障壁图形，再经去胶和烧结而成（如图 3-26 所示）。由于采用光刻中的曝光技术，使得障壁尺寸一致性好。目前障壁的宽度实验室可做到 30 μm，生产上可做到 70 μm，有利于器件开口率的提高。喷砂法仅需和寻址电极对准一次，制作大面积器件时失配的问题较小。喷砂法的生产率高，只需数分钟就可完成喷砂刻蚀。用作障壁材料的低熔点玻璃粉和抗喷砂光敏胶现已能制成干膜，可以很方便地用热压的方法贴在基板上，不仅工艺简单，障壁的平整度也有了提高，因此喷砂法是一种适合于大生产的工艺技术。喷砂法的缺点是材料利用率低，并且被喷砂刻蚀的材料中含有不少铅的氧化物，污染环境。

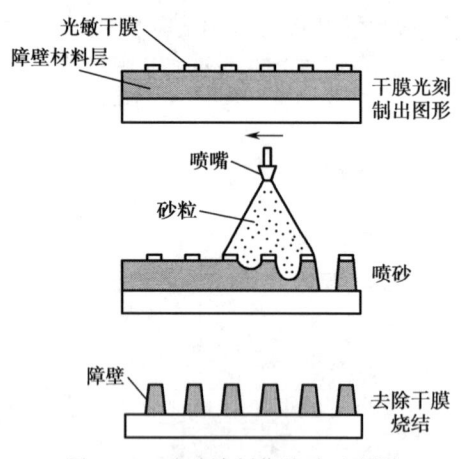

图 3-26　喷砂法制作障壁示意图

目前，53 cm 以下的 PDP 产品的障壁大都用丝网印刷法制作，而 102 cm 以上的 PDP 产品基本上都用喷砂法。喷砂法是当前制作障壁的主流技术。

障壁制作是彩色 PDP 制造的关键技术之一，开发工艺简单、材料成本低的障壁制作技术是一项降低 PDP 制造成本的有效措施，因此，各 PDP 制造公司和研究机构对于新型障壁制作方法的研究开发非常积极。除通常采用的丝网印刷法和喷砂法外，近年来又提出和试验成功了许多新工艺，如光敏浆料法、填平法、模压法等。

3）光敏浆料法

在障壁材料中加入光敏树脂形成浆料，用印刷的方法涂覆到基板上形成连续膜，然后直接用掩模曝光显影，最后经烧结而成障壁。光敏浆料法制作障壁的工艺流程如图 3-27 所示。这是一种标准的光刻方法，因此图形可以做得比较精细。但这种方法的缺点是材料消耗大。

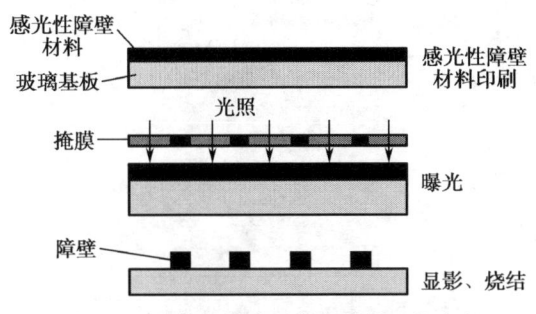

图 3-27 光敏浆料法制作障壁的工艺流程

4）填平法

先将厚 150 μm 以上的光敏干膜热压在基板上，再用光刻法在其上刻出障壁沟槽，然后采用刮印法用障壁浆料将其填平、干燥、研磨后将光敏膜烧去，障壁也同时烧成，其工艺流程如图 3-28 所示。用填平法制作障壁，所得图形精细、尺寸准确，障壁宽度可以小于 60 μm。填平法的另一个优点是它只在形成障壁的地方填充浆料，克服了喷砂法和光敏浆料法材料浪费大的缺点。因此，填平法兼有精度高、产率高和材料省的优点，是一种被人们十分看好的障壁制作技术。

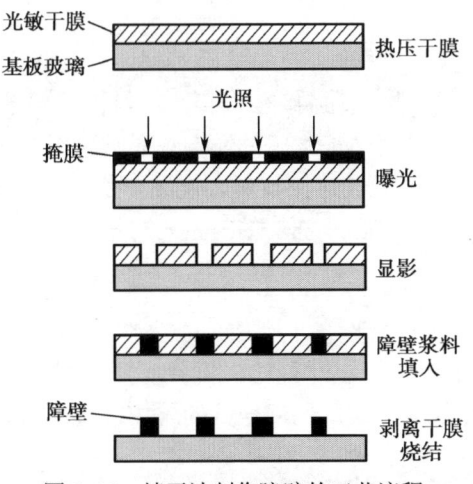

图 3-28 填平法制作障壁的工艺流程

5）模压法

先在基板表面涂上障壁浆料并干燥，然后将刻有障壁形状的凹模压下，在挤压的作用下，浆料填满凹模空隙，形成障壁形状，垂直提起凹模，再烧结成障壁，下基板厚膜介质层也可在同一过程中形成。模压法制作障壁的工艺流程如图 3-29。采用模压法，障壁宽度

可以做到 20 μm 以下，而且由于工艺简单和浆料利用率高，因此可以实现高生产率、低制作成本。

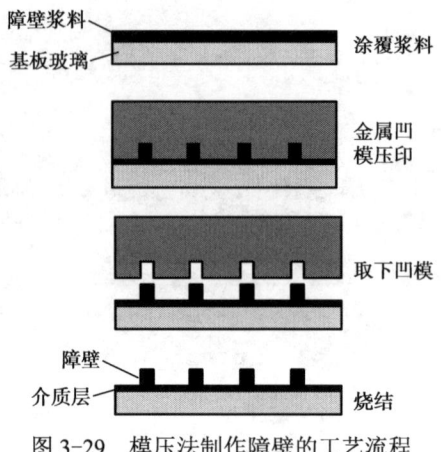

图 3-29 模压法制作障壁的工艺流程

4．荧光粉层的制作

荧光粉层采用丝网印刷法或厚膜光刻法制作，要求荧光粉均匀地涂覆在单元的谷底和障壁的侧壁上，以增大视角；而在障壁顶部不能留有荧光粉，以防止混色。

3.5.5 总装工艺

前、后基板都制作好后，就进入总装工序。该工序包括：前、后基板封接，屏的排气，AC-PDP 的老练和引线连接。

1．前、后基板封接

前、后基板制作完毕之后，需要将它们准确对位，并在较高的温度下利用低熔点玻璃将前、后基板及充、排气用的排气管封接在一起。对封接的要求是强度高、气密性好。在封接过程中，为了减少有机载体对 MgO 膜的影响，通常采用两次烧结工艺，即在前基板做好电极和介质后，涂覆非结晶型低玻封接浆料，烧结一次；然后蒸镀 MgO，在前、后基板装配完毕后，接到排气台上，再进行一次烧结封接。

2．排气、充气工艺

一般封接、排气和充气在一台设备上完成。首先在 400 ℃以上的温度下进行低熔点玻璃封接，然后待温度降到 300 ℃以上时开始保温并对显示板排气，保温数小时后，开始降温，当温度降到室温时，充入按一定比例混合好的气体，最后封离排气管。

3．老练测试

刚从排气台上下来的 PDP 显示器，各项电学和光学参数并不稳定，需要在一定的工作条件下使全屏各像素同时点亮，待工作一段时间后各种参数趋于稳定，这就是老练的过程。老练所需要的时间要根据显示屏的结构、性能和老练的规范而定。在一般情况下，老练过程中的着火电压会略有下降，存储容限 M 略有增大，而亮度会有一定的下降。不同生产线应根据自己产品的特性，进行一系列老练实验，把结果制成曲线，根据曲线的变化趋

势确定适合自己产品的老练规范和时间。

老练以后的产品需要进行初步测试，包括红场、绿场、蓝场和白场的目检，白场下的亮度和亮度均匀性检测等。相应的一些电学工作参数也随之确定。PDP 光电性能的测试目前还没有国际标准，IEC 公布了 PDP 性能测试方法的讨论稿。各大公司都有自己的公司标准，据了解，这些标准和 IEC 公布的讨论稿大体一致。经过老练测试的显示屏，淘汰不合格的产品，就可以进入模块安装工序了。

4．引线连接

显示板和驱动电路板之间通过柔性印制电路（Flexible Printed Circuit，FPC）来连接。由于显示板和 FPC 连接处的引线间距一般只有 0.25～0.20 mm（可能达到-0.1 mm），为实现如此高密度线路的可靠连接，通常要采用一种称为各向异性导电膜（Anisotropic Conductive Film，ACF）的材料。

ACF 是同时具有黏接性、导电性、绝缘性的电气各向异性的高分子薄膜，经热压，在膜厚方向上具有导电性，而在膜面方向上具有绝缘性。将它夹在显示板引出电极和 FPC 之间，通过热压而使两者连接起来。

3.6 PDP 的应用及展望

3.6.1 PDP 面临的挑战

1．提高发光效率

PDP 在实现 FHD 显示方面面临的挑战除了要提高工艺精度以外，发光效率是最为根本的问题，因为显示单元做小了，发光效率就降低了，亮度也上不去，所以发光效率是彩色 PDP 技术走向成熟最关键的问题。现在已实现 50 英寸全高清显示，尽快实现 42 英寸全高清是一道坎。据 2006 年统计，器件的发光效率为 1.8 lm/W 左右，在这样的效率下，模件的功耗大约为每英寸对角线 6 W，亮度为 500 cd/m^2。

PDP 目前的发光效率低于 CRT，甚至比 LCD 模件的发光效率还稍差一些。PDP 发光效率下一步的目标应该在 3 lm/W，这就可以与 LCD 的效率相当。要做到这一点，改进器件的结构、研究新的气体放电模式、提高荧光粉在 147 nm VUV 照射下的量子效率是几个主要的技术途径。PDP 发光效率的最终目标为 5 lm/W，这可能要在以上几个领域内取得革命性的进展后才能实现。

2．进一步降低成本

PDP 目前面临的另一个问题是生产成本。为大规模进入家庭扫清道路，在中小规模生产线上，显示屏和电路的成本各占 50%；在规模生产线上，显示屏成本可降至 20%，而电路的成本上升到 80%。可见降低电路成本是 PDP 降价的关键。降低阈值电压和峰值电流是降低电路成本的重要方面，但它和器件的结构（保护层的二次发射系数、结构均匀性、杂散电容等）密切相关；改进驱动方法，简化电路，提高电路集成度，提高开关电源效率等则是电路本身的课题。

在降低屏的生产成本方面，以较小的材料消耗和较高的生产率为目标。8 面取的基板、

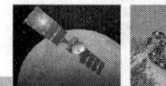

新的工艺方法和简化工艺流程的进展正酝酿着新一代生产技术的形成。完成了规模生产的考验以后，必将大大降低屏的生产成本。从国内建设 PDP 生产线的角度看，最大限度地实现原材料（包括 IC）的国产化是降低生产成本的重要方面。应该在器件和电路开发的同时，推进原材料本地化的进程。

3.6.2 PDP 的应用领域

在彩色 PDP 出现以前，单色 PDP 主要应用于数字显示板、图形显示器，以及计算机显示器和军用数据显示系统。进入 20 世纪 90 年代以后，随着 PDP 彩色化的实现、信息容量与屏幕尺寸的增大、图像质量的提高和价格的降低，PDP 被广泛地用于车站、机场、商场、宾馆、银行、股票交易所、运动场等场合的商业和公众信息显示，以及用于军事指挥、工业控制等领域。

1．大屏幕壁挂电视、高清晰度电视和多媒体显示器

电视技术正朝着大屏幕、高清晰度、数字化方向发展。从目前的情况来看，可以实现大屏幕显示的主要方式有多种，具体技术分类如图 3-30 所示。

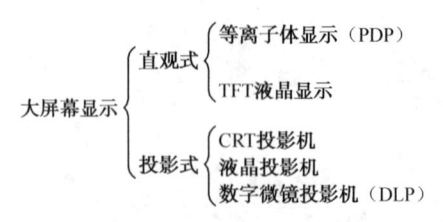

$$
\text{大屏幕显示}\begin{cases} \text{直观式}\begin{cases} \text{等离子体显示（PDP）} \\ \text{TFT 液晶显示} \end{cases} \\ \text{投影式}\begin{cases} \text{CRT 投影机} \\ \text{液晶投影机} \\ \text{数字微镜投影机（DLP）} \end{cases} \end{cases}
$$

图 3-30　大屏幕显示技术分类

直观式与投影式相比，厚度薄，质量轻，可以实现壁挂电视，因此它更符合未来家庭的需要。在直观式显示中，在对角线为 100～180 cm 的电视机领域，等离子体显示最具竞争力，而液晶显示（TFT-LCD）要制成 100 cm 以上显示屏的成本太高。由于 PDP 器件具有存储特性，显示亮度不会随着屏幕尺寸的增大和像素数的增多而明显下降；响应速度快，达微秒量级；视角达 160 ℃以上；可实现全色显示；厚度薄，质量轻；器件结构和制作工艺较为简单等优点，使其易于实现大屏幕显示器的制造，可以用作家庭、办公室、宾馆的壁挂电视。

由于 PDP 的大屏幕、高清晰度及全数字化工作模式的特征，使得 PDP 还是理想的多媒体通信网络终端，适用于宾馆、远程教育、远程医疗、网上购物等，使相隔遥远的人们可以通过大屏幕显示来相互交谈和交换信息，就像近在咫尺一样。

2．商业和公众信息显示

由于 PDP 易于实现大屏幕显示和高亮度，具有 160°的广阔视角，能让更多的人观看，因此它非常适合应用于机场、车站、码头、商场、宾馆、医院、银行、股票交易所、运动场、展览会大厅、公司、娱乐场所等场合的各种商业和公众信息显示。用于此类用途的 PDP 显示屏有两种：单块显示屏和由多个显示模块拼接而成的拼接屏。

单块屏的优点是分辨率高，适合于近距离观看和显示高清晰度图像，但屏幕尺寸难于做到大于 180 cm；拼接屏的优点是组合灵活，可以做成任意尺寸，但由于拼接边的影响，

分辨率相对较低，适合于远距离观看和显示字符和图形。PDP 拼接屏与其他种类拼接屏相比，具有屏幕显示分辨率高、使用可靠性高、显示色彩丰富艳丽、视角宽等优点。

3. 军事指挥、工业控制等方面的应用

PDP 具有高对比度、高清晰度、大视角和高亮度，适合于大面积显示，适应了军事上大型指挥中心、情报信息中心的多信息显示的需要。富士通公司已制造出军用型 107 cm 彩色 PDP，韩国 LG 公司已为军方制造出 152 cm 的 PDP 板。另外，PDP 具有占空间小、图像清晰、数字化工作、抗干扰能力强、工作温度范围宽、适用于严苛的环境等特点，满足了现代战争对武器装备轻便、紧凑的要求，因此非常适合在军事和恶劣环境下（如高空的强环境光、海上的盐雾、潮气、战场上的冲击与震动等）使用。例如，PDP 可用于移动的作战飞机、舰艇、战车、单兵携带的战场或战术显示设备及民用舰船的显示系统。美国的 Photonics 公司和法国的 Thomson 公司均专门生产要求高显示质量、在恶劣环境场合下使用的单色和彩色 PDP 显示器。

在工业应用方面，PDP 可以用于需要大屏幕高清晰度显示的生产调度中心、过程控制管理监控中心等处，以及用在智能化仪器仪表及计算机控制系统中，进行工业流程的画面显示，以便对生产过程中的流量、流速、温度、压力等参数进行管理和监视。

3.6.3 展望

彩色 PDP 主要的应用领域是大屏幕电视市场。它在 40～80 英寸的应用范围内具有一定的技术优势，在 2000 至 2010 年间得到了迅速发展。但是随着 TFT-LCD 迅速向大尺寸方向发展，PDP 大尺寸的优势不再明显。而且 TFT-LCD 的分辨率高，易于制作全高清，而 PDP 不易制作全高清；TFT-LCD 的功耗低，而 PDP 的发光效率迟迟未能取得突破性进展，功耗居高不下。因此，PDP 电视的销售在 LCD 的强大压力下，自 2011 年出现明显下降。日本开始退出 PDP 的生产，韩国也宣布不再继续投资扩大 PDP 的生产。PDP 产业进入了进退维谷的境地。

PDP 的响应速度快，视频特性优良，用作快门眼镜的 3D 电视有一定优势，因此随着 3D 电视的热销它又产生了转机的希望。但戴眼镜的 3D 电视本身并没有得到消费者真正的青睐，因此 PDP 还是会按照原来的轨迹发展。

PDP 的一些基础研究，尤其是高发光效率的新模式和新结构的研究还在继续，它们的突破也许可以用在其他领域，当然也包括显示技术在内。

思考与练习题 3

1. 在 PDP 中为什么要加入汇流电极？
2. PDP 中障壁的作用是什么？
3. PDP 是如何实现灰度显示的？
4. 可以使用何种方法消除像素单元中的壁电荷？
5. ADS 驱动方式中运用了哪些知识？

第4章 有机发光二极管显示

4.1 有机发光二极管的显示原理与分类

4.1.1 有机发光二极管的发展

有机发光二极管（Organic Light Emitting Diode，OLED）又称为有机电致发光显示器，是自20世纪中期发展起来的一种新型显示技术，其原理是通过正负载流子注入有机半导体薄膜后复合产生发光。有机电致发光现象在1936年就被人发现，但直到1987年柯达公司推出了OLED双层器件，OLED才作为一种可商业化和性能优异的平板显示技术引起人们的重视。与液晶显示器相比，OLED具有全固态、主动发光、高亮度、高对比度、超薄、低成本、低功耗、无视角限制、工作温度范围宽等诸多优点，被认为是最有可能替代液晶显示器的技术。近年来，在强大的应用背景推动下，OLED技术取得了迅猛的发展，在诸如发光亮度、发光效率、使用寿命等方面均已接近和达到实际应用的要求。

OLED技术在过去近20年左右的时间里取得了巨大的进展，1997年，日本先锋公司开始销售配备有绿色OLED点阵显示器（256×64）的车载FM接收机；同年，日本出光兴产研制出5英寸QVGA全彩色OLED显示器；1998年，日本NEC公司、先锋公司各自研制出5英寸无源驱动全彩色QVGA OLED显示器；1999年，日本先锋公司销售配备有多色OLED点阵显示器的车载音响设备；2000年，Motorola公司推出采用OLED显示屏的手机；2001年，SONY公司展示了13英寸的OLED全彩显示屏；2003年，柯达公司推出了第一款采用AMOLED的相机LS633；2005年，三星电子公司展示了40英寸的有源驱动彩色OLED显

示器；2009 年，SONY 公司推出了厚度只有 3mm 的第一款 OLED 电视 XEL-1，引起了巨大的轰动；2011 年，LG 推出了 15 寸的 OLED 电视 EL9500；2013 年，LG 和三星都宣布将量产 55 英寸的 OLED 电视，并开始小批量投放市场。从 2009 年到 2013 年，采用 AMOLED 显示屏的智能手机热销带动了中小尺寸 AMOLED 的飞速发展，其中三星 Galaxy 系列（S、S2、S3、S4、Note 等）手机的销量已超过了 1.5 亿部。

目前，全球已经有一百家左右的研究单位和企业投入到 OLED 的研发和生产中，其中有很多当今显示行业的巨人，如三星、LG、飞利浦、SONY 等公司。

整体上讲，OLED 的产业化工作已经开始，其中单色和多色器件已经达到批量生产水平，大尺寸全彩色器件目前尚处在产业化的前期阶段。

OLED 的应用大致可以分为三个阶段。

（1）1997~2001 年：OLED 的试验阶段，在这个阶段，OLED 开始走出实验室，主要应用在汽车音响面板、PDA 和手机上，但产量非常有限，产品规格也很少，均为无源驱动，单色或区域彩色，很大程度上带有试验和试销的性质。2001 年，OLED 全球销售额仅约 1.5 亿美元。

（2）2002~2005 年：OLED 的成长阶段，在这个阶段，人们能广泛接触到带有 OLED 的产品，包括车载显示器、PDA、手机、DVD、数码相机、数码摄像机、头盔用微显示器和家电产品等。产品正式走入市场，主要是进入传统 LCD、VFD 等显示器领域，仍以无源驱动、单色或多色显示、10 英寸以下面板为主，但有源驱动的、全彩色和 10 英寸以上面板也开始投入使用。

（3）2005 年以后：OLED 的成熟阶段，随着 OLED 产业化技术的日渐成熟，OLED 将全面出击显示器市场并拓展属于自己的应用领域，OLED 的各项技术优势将得到充分发掘和发挥。初步估计，除传统显示领域外，OLED 将在以下四个应用领域得到巨大发展。

1. 3G 通信终端

3G 通信与目前的 2G 通信相比，最突出的变化就是传输速率的提高，由传输简单语音和简单图形数据转变为传输高质量语音数据和多媒体数据，与之相适应的通信终端显示器也必须从单色显示转变为全彩色显示，从静态图形显示转变为动态图像显示。目前来看，可以满足此要求的最有可能采用的显示技术为 TFT-LCD 和 OLED，但 TFT-LCD 存在亮度不足、成本较高、视角宽度窄、响应速度慢和温度特性差等问题，而使用 OLED 的手机则可以满足在太阳光下、寒冷环境下实现正常工作的要求，并且具有无视角限制、可播放动态图像而无拖尾现象、色彩柔和、耗电量低等优点。所以有理由相信，一旦技术成熟、产量规模比较大之后，OLED 必将成为 3G 通信终端显示器的主流。

2. 壁挂电视和桌面电脑显示器

OLED 具有高响应速度、高亮度、宽视角及高对比度的特性，因此非常适合用作显示器。更重要的是，OLED 非常薄，比液晶显示器还要薄，因此将来的 OLED 电视可以挂在墙上，不再占用室内空间。

3. 军事和特殊用途

OLED 为全固态器件，无真空腔，无液态成分，因此不怕震动，使用方便，加上高分辨、视角宽和工作温度范围宽等特点，必然得到军事界的密切关注和广泛应用。除军事用途外，在其他显示器件无法使用的恶劣环境，如高寒或强烈震动环境中，OLED 具有独特优势。

4. 柔软显示器

可实现柔软显示是在目前所有已经应用的和正在开发的显示器中，OLED 具有的独特性能。将导电玻璃基片换成导电塑料基片（或其他柔软材料基底），采用同样的材料和类似的工艺就可制成柔软有机发光显示器（Flexible OLED，FOLED）。这种显示器的实用化将大大拓展显示器的应用领域，并改变人们对显示器的传统观念。FOLED 可以用于服装装饰、工艺品、标牌和显示器，也可用来制作可卷曲携带且具有无线数据传输功能的电子报纸及电视机。

总之，集众多优点于一身的有机发光显示器必将成为未来重要的显示器，并在人们的生活中发挥越来越大的作用。OLED 发展至今，虽然已有产品面世，而且预计将有更多的产品出现，但是仍然是一种并不完全成熟的新技术，无论是技术发展还是产品开发方面均存在很大的发展空间。目前国际上 OLED 技术发展的几个重要趋势是：

（1）开发新型 OLED 有机材料，以期进一步提高器件性能；
（2）改善生产工艺，提高器件稳定性和成品率，以保证产品推向市场后的竞争力；
（3）研制彩色显示屏及相关驱动电路；
（4）为了实现大面积显示，研发有源驱动的 OLED 显示器。

4.1.2 有机发光二极管的显示原理

高效有机 ELD 器件通常有一个基本的两层结构，但由于空穴传输层与电子传输层之间的能级不匹配，所以在其界面处产生了势垒。空穴和电子集中在界面处，并在此处复合的概率最大。如果在空穴传输层和电子传输层之间的界面处引入起荧光中心作用的物质，可以对发光中心进行有序的优化，如此可在电子传输层和空穴传输层之间形成一层很薄的发光层，见图 4-1。这种结构在调整电致发光的颜色方面特别有效。

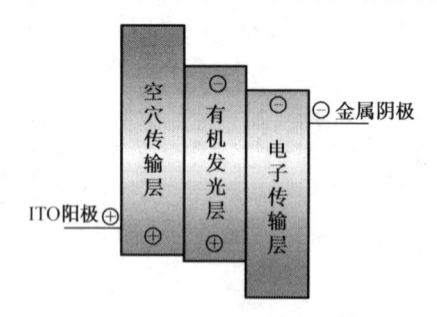

图 4-1 OLED 的基本结构

OLED 器件的结构如图 4-2 所示：在透明电极（ITO 膜，阳极）上，由有机空穴传输层 HTL、有机发光层 EML、有机电子传输层 ETL 及金属背电极（阴极）等组成。当在器件的两端加上正向直流电压时（ITO 为正，背电极为负）即可发光。通过选择不同的发光材料或掺杂的方法，就可以得到不同颜色的光。

第4章 有机发光二极管显示

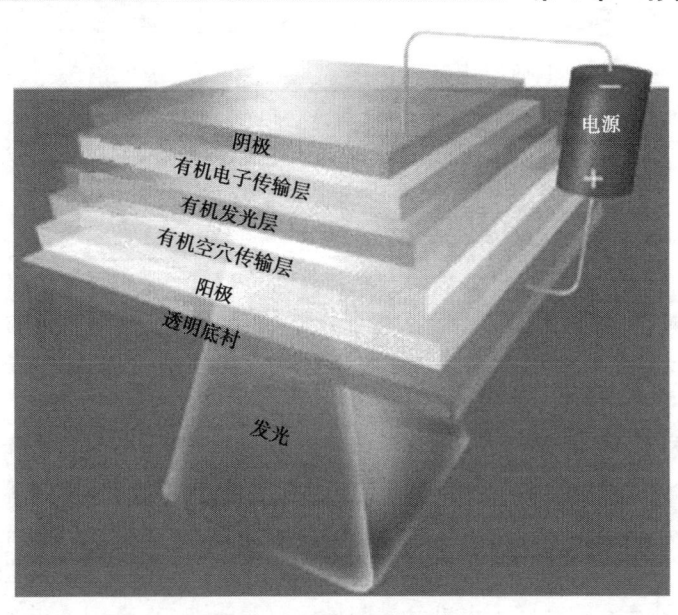

图 4-2 OLED 器件的结构

OLED 属于载流子双注入型发光器件，其发光原理为：在外界电压的驱动下，由电极注入的电子和空穴在有机材料中复合而释放出能量，并将能量传递给有机发光物质的分子，后者受到激发，从基态跃迁到激发态，当受激分子从激发态回到基态时辐射跃迁而产生发光现象。发光过程通常由以下 5 个阶段完成。

（1）在外加电场的作用下载流子的注入：电子和空穴分别从阴极和阳极向夹在电极之间的有机功能薄膜注入。

（2）载流子的迁移：注入的电子和空穴分别从电子传输层和空穴传输层向发光层迁移。

（3）载流子的复合：电子和空穴在发光层中相遇复合，产生激子。

（4）激子的迁移：激子在电场作用下迁移，能量传递给发光分子，并激发电子从基态跃迁为激发态。

（5）电致发光：激发态能量通过辐射跃迁，产生光子，释放出光能。

有机薄膜 EL 器件的驱动方式，就电压极性而言，可分为直流驱动和交流驱动。正向直流驱动时，空穴和电子的传输方向是固定不变的，其中未参与复合的多余空穴（或电子）或者积累在 HTL/EML（或 EML/ETL）界面，或者越过势垒流入电极。交流驱动时，正半周的发光机制与正向直流驱动完全一样，但是交流驱动的负半周却起着十分重要的作用，即在正半周电压过后，HTL/EML（或 EML/ETL）界面处积累了未复合的多余空穴（或电子），当负半周电压来到时，这些多余的电子和空穴改变运动方向，朝着相反的方向运动，相对地消耗了这些多余的电子和空穴，从而削弱了由正半周的多余载流子在器件内部形成的内建电场，内建电场进一步增强了下一个正半周的载流子注入及复合，最终有利于提高复合效率。另外，负半周的反向偏压处理可以"烧断"某些局部导通的微观小通道"细丝"，这种细丝实际上是由某种"针孔"引起的。针孔的消除对于延长器件的使用寿命是相当重要的。由此可见，交流驱动更适合于有机 EL 器件的发光机制。

有机电致发光中的空穴传输层、电子传输层和发光层都是低活度固体。通过这些有机

层的电流受空间电荷的限制。使用几百纳米或更薄的有机薄膜，同时选择与有机层相匹配的有机材料，可以避免空间电荷对电流的影响。通常以 ITO 膜为阳极，以低逸出功材料为阴极。

4.1.3 有机发光二极管的分类

OLED 有许多分类方法，本节主要介绍几个主要的类别。

根据材料的不同，OLED 可以分为两大类：聚合物器件（Polymar OLED，PLED）和小分子器件（Small Molecular OLED，简称为小分子 OLED 或直接简称为 OLED）。美国柯达公司（Eastman Kodak）和英国剑桥显示技术公司（Cambridge Display Technology，CDT）分别为小分子 OLED 和 PLED 的代表。小分子 OLED 技术始于 1987 年，一般用真空蒸镀的方法组装器件，发展得较早，技术较为成熟，市场上的产品大多是小分子器件，因此本章重点讨论小分子 OLED 显示技术。PLED 的发展始于 1990 年，聚合物材料可以采用旋涂、印刷等方法制备薄膜，从而有可能大大降低器件的制作成本。PLED 面临的最大问题是如何实现彩色图形显示，虽然利用喷墨打印技术有可能解决这个问题，但技术远未成熟。

OLED 按照驱动方式的不同，也可分为两种：有源驱动 OLED（Active Matrix OLED，AMOLED）和无源驱动（Passive Matrix OLED，PMOLED）。PMOLED 技术比较成熟，在小尺寸 OLED 产品中已被大量采用，但是无源驱动技术受到扫描行数的限制，不可能用于大尺寸显示。大尺寸 AMOLED 驱动技术目前还不成熟，成品率低，仍处于研究阶段。

随着 OLED 技术的发展，OLED 产生了许多新的分类方法或新的器件类型，如柔性 OLED（Flexible OLED）、顶部发射 OLED（TOP Emmitting OLED）、磷光 OLED（PHOLED）、微显示 OLED、白光 OLED、叠层 OLED（Tandem stucture OLED）等。

4.2 有机发光二极管制备工艺

有机发光二极管的制备是一项系统工程，含有多项关键技术。器件的发光效率和稳定性、器件的成品率乃至器件的成本等都受到工艺技术的控制。有机发光二极管工艺技术的发展对其产业化进程来说至关重要。有机发光二极管制备工艺技术按聚合物和小分子材料分为小分子有机发光二极管（OLED）工艺技术和聚合物发光二极管（PLED）工艺技术两大类，小分子 OLED 通常用蒸镀方法或干法制备，PLED 一般用溶液方法或湿法制备。PLED 目前备受人们关注的工艺技术是喷墨打印技术，近几年来取得了较大的进展，但要实现产业化还存在一定的距离，本节不讨论喷墨打印等相关 PLED 工艺技术，重点讨论小分子 OLED 工艺技术。

OLED 的制备工艺主要涉及薄膜工艺和表面处理技术，图 4-3 给出了简单基板制备 OLED 的工艺流程图。

OLED 制备过程中的 ITO 图形的光刻等工艺流程与 LCD 有类似的地方，因此本节不对全部的工艺流程进行介绍，而是重点讨论 OLED 制备过程中的关键工艺技术，其中包括 ITO 基片的清洗与预处理、阴极隔离柱制备、有机功能薄膜和金属电极的制备、彩色化技术、封装技术，以及与工艺技术密切相关的 OLED 器件稳定性和寿命问题等。

基片清洗 → 预处理 → 空穴注入层 → 空穴传输层 → 发光层

电子传输层 → 金属电极 → 后处理 → 封装 → 性能测试

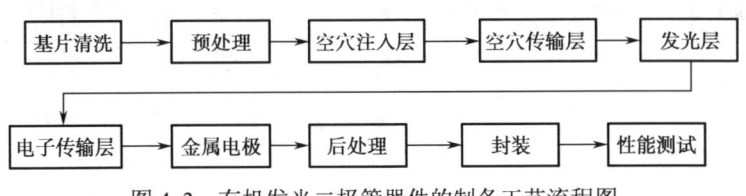

图 4-3 有机发光二极管器件的制备工艺流程图

对 ITO 薄膜进行处理是为了改变 ITO 的表面状态，使得 ITO 的表面能级与空穴传输层的能级相匹配。现在常用的 ITO 表面处理方法有紫外线—臭氧（UV-Ozone）处理和等离子体（plasma）处理两种。有机功能薄膜的制备工艺技术可以分为干法和湿法两种。在制备聚合物电致发光显示器时，常常采用旋转涂覆（Spin coating）和喷墨打印技术（Ink-jet printing），称之为湿法工艺；而对于有机小分子器件的制备，则通常采用真空热蒸发技术，称之为干法工艺。在 OLED 制备过程中的另一个关键技术就是在最后封装之前对器件的预封装。一般采用无机材料，如 SiO_2、MgF_2 和 In_2O_3 等对器件进行预封装。然后再用环氧树脂和平板玻璃进行最终封装。

4.2.1 基片清洗

因为有机层与 ITO 间的界面对发光性能的影响至关重要，所以 ITO 基片在使用之前必须仔细清洗，以彻底清除基片表面的污染物。这些污染物通常可以分为四类：有形颗粒，如尘埃等；有机物质，如油脂和涂料等；无机物质，如碱、盐和锈斑等；微生物机体。清除基片表面污染的方法有：化学清洗法、超声波清洗法、真空烘烤法和离子轰击法等。下面介绍几种清洗方法。

1. 化学清洗

实验中首先采用乙醇、丙酮清洗 ITO 基片，以清除油、润滑脂、脂肪和其他的有机污染物。常用的有机溶剂有氯仿和四氯化碳等。实践证明这种清洗方法行之有效。然后再采用去离子水超声清洗，当声强为 1~2 W/cm^2，清洗液的温度增高时，空化核增多对产生空化有利，但温度过高时，气泡中的蒸气压增大对空化不利。对于水，较适宜的温度约为 60 ℃，而对于乙醇，则必须在低于 30 ℃时，才会达到较好的清洗效果。ITO 基片在用超声波清洗之后，用去离子水漂洗干净，放在洁净工作台上，用红外灯烘干 40 min，再放入真空室进行预处理。

2. 超声波清洗

超声清洗是利用超声波技术，使水和溶剂发生振动，清洗表面复杂的附着物而且不损伤基片的一种清洗方法。目前，超声波清洗广泛应用于 OLED 器件制作的前清洗工艺中。超声波清洗的基本原理是空化作用：存在于液体中的微气泡（空化核）在声场的作用下振动，当声压达到一定值时，气泡迅速增长然后突然闭合，在气泡闭合时产生激波，在其周围产生上千个大气压力，破坏不溶性污物而使它们分散于溶液中，使表面得以净化。

要想达到良好的清洗效果，还必须选择适当的声学参数和清洗液。一般来说，从清洗效果和经济性综合考虑，超声频率选择在 15~50 kHz 范围（如 28 kHz、38 kHz 等）适合于基板附着有机物的清洗。采用高频率（1 MHz 以上）的超声波清洗主要是为了清洗亚微米级（0.1μm）以下的污染物。

3. 紫外光清洗

紫外光（UV）清洗的工作原理是利用紫外光对有机物质所起的光敏氧化作用以达到清洗黏附在物体表面上的有机化合物的目的。紫外光清洗一方面能避免由于使用有机溶剂造成的污染，同时能够将清洗过程缩短。在实际应用中，通常利用一种能产生两种波长紫外光的低压水银灯（这种紫外光灯能够产生波长为 254 nm 和波长为 185 nm 的紫外光，通常 185 nm 波长光能量仅为 254 nm 波长光的 20%）。其工作过程是：大多数有机化合物对其中 254 nm 波长的紫外光有较强的吸收能力，它们在吸收了紫外光之后，分解为离子、游离态原子、受激分子和中性分子，而大气中的氧气在吸收了波长为 185 nm 的紫外光子后产生臭氧 O_3 和原子氧 O，产生的臭氧对 254 nm 波长的紫外光具有强烈的吸收作用，在光子的作用下，臭氧又分解为氧气 O_2 和氧原子 O，由于原子氧极其活泼，物体表面上的碳和氢化和物的光敏分解物在它的氧化作用下生成可挥发性气体，二氧化碳、氮气和水蒸气等挥发性气体逸出物体表面，从而达到彻底清除黏附在物体表面上的顽固有机物质的目的。

4.2.2 表面预处理

在制备 OLED 时，主要采用 ITO 玻璃作为透明的空穴注入电极。ITO 的表面特性直接影响到整个器件的发光行为和稳定性，因而引起了人们的高度重视。常规性的基片清洗方法旨在彻底清除基片表面的污染物，但这种方法不能满足 OLED 的要求。OLED 不但要求 ITO 表面非常洁净，同时也要求 ITO 有较高的功函数以减小空穴的注入势垒，还要求 ITO 表面平整以保证电场的均匀性。因此，人们开始采用各种方法对 ITO 进行特殊的表面处理或修饰，如酸碱处理、紫外线—臭氧（UV—Ozone）处理、O_2 或 SF_6 等离子体（Plasma）处理等。目前已经确认比较好的处理方法是紫外线—臭氧处理和 O_2 等离子体处理。采用低能氧离子束以一定角度轰击 ITO 基片，也取得了很好的效果。

1. 酸碱处理

固体表面的结构与组成都与内部不同，处于表面的原子或离子表现为配位上的不饱和性。这是由于形成固体表面时，被切断的化学键造成的。正是由于这一原因，固体表面极易吸附外来原子，使表面产生污染。因为环境空气中存在大量水分，所以水是固体表面最常见的污染物。由于金属氧化物表面被切断的化学键为离子键或强极性键，易与极性很强的水分子结合，因此绝大多数金属氧化物的清洁表面都是被水污染了的。在多数情况下，水在金属氧化物表面最终解离吸附生成 OH 及 H^+，其吸附中心分别为表面金属离子及氧离子。

根据酸碱性理论，M^+ 是酸中心，O 是碱中心，此时水解离吸附是在一对酸碱中心上进行的。在对 ITO 表面的水进行解离之后，再使用酸碱处理 ITO 金属氧化物表面时，酸中的 H^+、碱中的 OH 分别被碱中心和酸中心吸附，形成一层偶极层，因而改变了 ITO 表面的功函数。

2. 等离子体处理

等离子体的作用通常是改变表面粗糙度和提高功函数。研究发现，等离子作用对表面粗糙度的影响并不大，只能使 ITO 的均方根粗糙度从 1.8 nm 降到 1.6 nm，但对功函数的影响却比较大。用等离子体处理高功函数的方法也不尽相同。

等离子体处理是通过补充 ITO 表面的氧空位来提高表面氧含量的。只作为溶剂清洗的 ITO 薄膜表面存在厚度大约为 0.7 nm 的碳氢化合物覆盖层,氧等离子体处理不仅可以有效地除去这层碳氢化合物,提高 ITO 薄膜表面的 O 含量,同时大大改善了表面化学组成的均匀性。氧等离子处理提高了 ITO 薄膜表面层中 O^{2-} 离子的浓度,其修饰的厚度范围约为 50 nm。这一处理减少了 O 空位浓度,降低了 ITO 薄膜表面的载流子浓度,从而降低了 ITO 薄膜表面的导电性。氧等离子体处理改变了 ITO 薄膜表面上 In、Sn、O、C 4 个元素的相对含量及化学状态,改善了 ITO 薄膜表面的化学结构。

采用氧等离子体、氧辉光放电机臭氧环境紫外线处理等方法氧化处理 ITO 表面时,间隙氧扩散进 ITO 中与 Sn 形成不活泼的复合物,减少了导带中的电子数量,使 ITO 的功函数增加。

如图 4-4 所示为离子束轰击 ITO 基片实验装置示意图,将被清洗的基片置于压力为 1×10^{-2} Pa 的真空室内,持续通入微量高纯氧气,使真空室内压力维持在 2×10^{-2} Pa,调节离子源,使离子能量为 125 eV,束流密度为 32 $\mu A/cm^2$,同时调节中和电流,使其大小与束流相等,以避免电荷在 ITO 基片上的积累。打开挡板,氧离子束将以 45°角轰击基片,作用 20 s 以后,关上挡板,离子束处理基片的过程结束。将基片取出进行分析,或送至下一工序制备有机薄膜,最后得到 OLED。

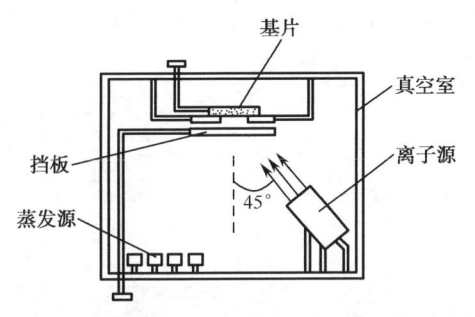

图 4-4 离子束轰击 ITO 基片实验装置示意图

经过离子束轰击之后,ITO 的方块电阻基本不变,这说明离子束轰击没有对 ITO 表面造成较大损伤。用 XPS 测试了氧离子束轰击前后 ITO 基片的表面成分变化(见表 4-1),结果发现,氧离子束轰击以后,ITO 表面的 Sn 和 In 的比例基本没有变化。实验中同时发现,经过氧离子束处理,ITO 表面氧的含量大大提高了,而碳污染物的含量却降低了。一些研究结果表明,ITO 的 HOMO 能级与其表面氧的含量有关,氧的含量越高,其功函数越高;也有人认为 ITO 的功函数与碳污染物的含量有关,碳含量越低,功函数越高。ITO 的功函数越高,空穴的注入势垒就会越低,器件的启动电压就会相应地降低。

表 4-1 离子束轰击前后 ITO 基片的表面成分分析

	未经处理的 ITO	氧离子束处理过的 ITO
[Sn]/[In]	0.12/1.00	0.11/1.00
[O]/[In]+[Sn]	1.26/1.00	1.90/1.00
[C]/[In]+[Sn]	0.40/1.00	0.36/1.00

4.2.3 阴极隔离柱技术

根据基板的构成，OLED 分为无源矩阵和有源矩阵，关于有源矩阵将在后面的章节中讨论。无源矩阵是由不带薄膜（晶体管）TFT 的简单基板构成的。在行方向制备条状的 ITO 阳极，蒸镀有机功能层后，在列方向制备条状的金属阴极。驱动时，按照不同的时间在行列间施加电压，驱动处于交叉点位置的 OLED。虽然无源矩阵在高分辨率和彩色化方面存在许多问题，但由于无源矩阵 OLED 的设备投资和工艺成本较低等，使得无源矩阵的 OLED 产品仍然会有一定的市场，因此人们投入了相当多的精力对无源矩阵 OLED 的高分辨率和彩色化技术进行研究和开发。

为了实现无源矩阵 OLED 的高分辨和彩色化，更好地解决阴极模板分辨率低和器件成品率低等问题，人们在研究中引入了阴极隔离柱结构，即在器件制备中不使用金属模板，而是在蒸镀有机薄膜和金属阴极之前，在基板上制备绝缘的间壁，最终实现将器件的不同像素隔开，实现像素阵列，从而有利于实现批量生产。

在隔离柱制备中，通常采用的材料是光刻胶（如 KPR、KOR、KMER、KTFR 等）。目前采用有机绝缘材料和光刻胶的 OLED 隔离柱制备工艺比较成熟。隔离柱的形状是隔离效果的关键。如图 4-5 所示为倒梯形隔离柱结构，它是一种比较合理的隔离柱结构。

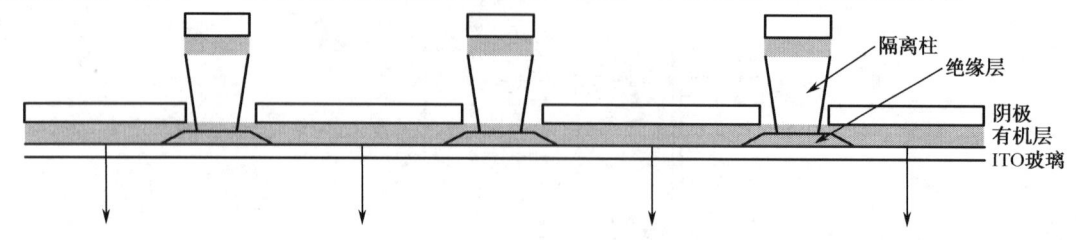

图 4-5 倒梯形隔离柱结构

在这种结构中，在 ITO 上先制备了像素框定层（pixel define layer），将条状 ITO 电极的边缘包覆起来，防止 ITO 棱角与阴极直接接触，避免了短路。同时使用倒梯形的隔离柱实现了条状阴极间的分离。这种隔离柱结构可使不同像素的有机功能层相互隔离，排除了载流子从一个像素电极出发，经过本像素有机功能层再到另一个像素有机功能层，从而引起另一个像素发光的可能性。隔离柱消除了显示中的交叉效应，提高了显示对比度，降低了功耗。

制作隔离柱的基本方法如下。

在透明基片上旋涂第一层光敏型有机绝缘材料，厚度为 0.5~5 μm，一般为光敏型 PI，前烘后曝光。曝光图形为网状结构或条状结构，线条的宽度由显示分辨率，即像素之间的间隔所决定，显影后线宽为 10~50 μm，然后进行后烘。

在有机绝缘材料上旋涂第二层光敏型有机绝缘材料，厚度为 0.5~5 μm，一般为光刻后线条横截面能形成上大下小倒梯形形状的光刻胶中的一种。一般为负性光刻胶，前烘后对第二层有机绝缘层进行曝光，曝光图形为直线条，显影后的线宽为 5~45 μm。

4.2.4 有机薄膜或金属电极的制备

小分子 OLED 器件通常采用真空蒸镀法沉积成膜。其具体操作是在真空中加热蒸发容器中待形成薄膜的原材料，使其原子或分子从表面气化逸出，形成蒸气流，入射到固体衬

底或基片的表面，凝结形成固态薄膜。

蒸镀包括以下三个基本过程。

（1）加热蒸发过程：包括由凝聚相转变为气相（固相或液相—气相）的相变过程。实验过程中，有机材料在受热时，一般要经过熔化过程，然后再蒸发出去。也有的材料由于熔点较高，往往不经过液相而直接升华。

（2）飞行过程：气化原子或分子在蒸发源与基片之间的输送，即这些粒子在环境气氛中的飞行过程。飞行过程中与真空室内残余气体分子发生碰撞的次数与蒸发源到基片之间的距离有关。

（3）沉积过程：蒸发原子或分子在基片表面上的沉积过程，包括蒸气凝聚、成核、核生长、形成连续薄膜等阶段。由于基片的温度远低于蒸发源温度，因此沉积物分子在基片表面将直接发生从气相到固相的相变过程。

实验过程中发现，真空度对薄膜的质量有很大的影响。如果真空度太低，有机分子将与大量空气分子碰撞，使膜层受到严重污染，甚至被氧化烧毁；而此条件下沉积的金属往往没有光泽，表面粗糙，得不到均匀连续的薄膜。

事实上，真空蒸发是在一定压强的残余气体中进行的。真空室内存在两种粒子，一种是蒸发物质的原子或分子，另一种是残余气体分子。这些残余气体分子会对薄膜的形成过程乃至薄膜的性质产生影响。因此，要想获得高纯度的薄膜，就必须要求残余气体的压强非常低。理论计算表明，为了保证镀膜质量，当蒸发源到基片的距离为 25 cm 时，必须保证压强低于 3×10^{-3} Pa。

真空室内的残余气体一般包含氧、氮、水汽，真空室内支架和夹具及蒸发源材料所含的污染气体等成分。对于大多数真空系统而言，水汽是残余气体的主要成分。水汽可与新生态的金属膜发生反应，生成氧化物而释放出氢气；或者与钨等加热器材料作用，生成氧化物和氢。张志林等人研究过真空度不同时蒸镀的金属铝电极的功函数，发现随着真空度的提高，铝的功函数从 4.2 eV 下降到 3.7 eV。

4.2.5 彩色化技术

小分子 OLED 器件实现彩色化的方式与聚合物器件（PLED）不同。聚合物器件通常采用喷墨打印制备全彩色器件，虽然目前还存在一些技术问题，但因其成本低廉、工艺简单等优点，无疑将成为未来大面积平板显示技术的一个发展方向。本节重点介绍小分子 OLED 器件的彩色化技术。

目前在小分子 OLED 全彩显示器技术方面，实现彩色化的工艺方式有 RGB 分别蒸镀工艺方式、色变换工艺方式、白光+CF 工艺方式 3 种，如图 4-6 所示。

RGB 分别蒸镀工艺方法是通过以红、绿、蓝三色为独立发光材料进行发光的，是目前 OLED 彩色化常用的工艺方法，其关键技术是蒸镀 RGB 有机功能薄膜所用精密模板。常用的制备模板方法有电镀法和刻蚀法，电镀法形成的模板精度很高，但容易损坏，不易清洗；刻蚀法的精度由于工艺限制难以提高，这都是有待解决的问题。彩色滤光薄膜法以白色为背光源材料，通过类似 LCD 彩色滤光片来达到全彩效果，此种全彩方法的最大优点是可直接应用 LCD 彩色滤光片技术，其关键在于白色光源及彩色滤光薄膜的成本。光色转换法主要是利用蓝光发光材料为发光源，经由光色转换薄膜将蓝光分别转换成红光或绿光进而实现红、绿、蓝三色光的。蓝光发光材料虽不需要对应 pixel 图形，但光色转换薄膜需要制作对应的 pixel 图形，此种方法转换率是关键。发光效率虽优于彩色滤光薄膜法，但却不及三色独立发光材料法。表 4-2 给出了 OLED 彩色化 3 种工艺方式的比较。

（a）RGB分别蒸镀工艺方式　（b）色变换工艺方式（蓝光+CCM）　（c）白光+CF工艺方式

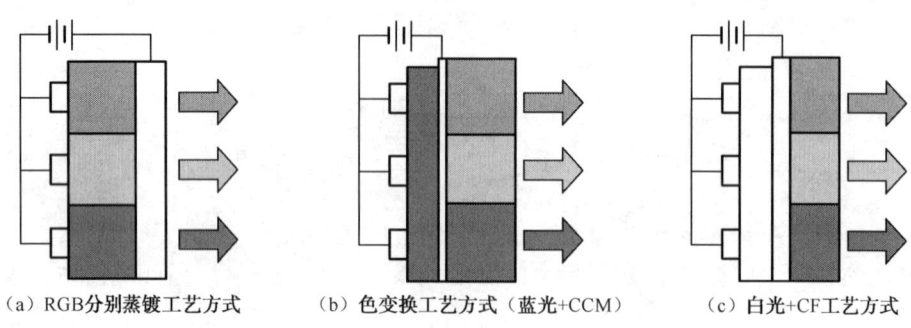

图 4-6　OLED 实现彩色化的三种工艺方法

表 4-2　OLED 彩色化 3 种工艺方式的比较

比较项目	RGB 分别蒸镀工艺方式	色变换工艺方式（蓝光+CCM）	白光+CF 工艺方式
发光方式	以红、绿、蓝 3 色为独立发光材料进行发光	以蓝光加上转换膜进行发光	以白光发光材料加上彩色滤色膜进行发光
发光效率	优	可	差
精细度	平	佳	佳
优点	对比度佳	高效率、广视角	与液晶使用的材料相同
技术关键	金属模板问题 RGB 的色纯度及发光效率和稳定性	蓝光材料的发光效率及稳定性 红光的转换效率	长寿命、高效率、色纯度匹配的白光材料

4.2.6　OLED 器件封装技术

OLED 器件对水氧极为敏感，因此封装技术直接影响器件的稳定性和寿命等。下面将对封装技术的几个主要因素进行讨论。

1. 封装技术

封装是 OLED 器件制作的关键工序之一。封装主要有 3 种技术：金属盖封装、玻璃基片封装、薄膜封装。目前常用的封装方式是玻璃基片封装，即将带有凹槽的玻璃基片与 OLED 基片压合在一起，封装用基片预先制作好，其带有凹槽的大小、个数与 OLED 基片上的显示屏相对应。封装玻璃片的加工有两种方法，一种是喷砂，另一种是采取腐蚀的方式。如图 4-7 所示为 OLED 基片与封装玻璃片之间封装黏合的示意图。

2. 吸水材料

OLED 器件要求氧气的透过率为 10^{-3}（cc·m^2）/d 以下，水气的透过率为 10^{-6}（g·m^2）/d 以下。

一般 OLED 的寿命周期易受周围水气与氧气所影响而降低。水气来源主要分为两种：一种是经由外在环境渗透进入组件内；另一种是在 OLED 工艺中被每一层物质所吸收的水气。为了减少水气进入组件或排除由工艺中所吸附的水气，一般最常使用的物质为吸水材

料（干燥片或干燥剂）。可以利用化学吸附或物理吸附的方式捕捉自由移动的水分子，以达到去除组件内水气的目的。

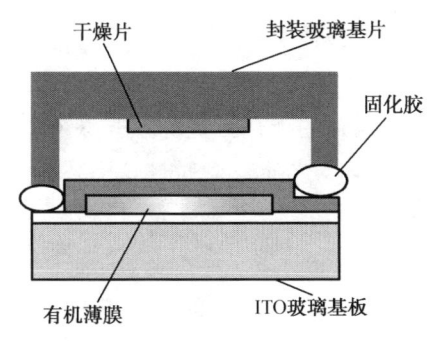

图 4-7 OLED 基片与封装玻璃片之间封装黏合的示意图

干燥片和干燥剂通过贴附在封装玻璃基片的内侧以吸附器件内部的水分，减少水氧气成分对组件的破坏。

3. 封装工艺流程

封装工艺流程如图 4-8 所示。

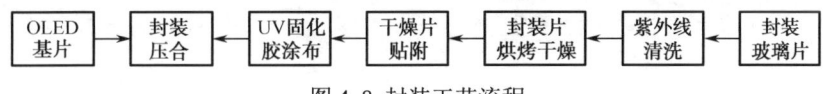

图 4-8 封装工艺流程

4. 水氧浓度控制和封装压合

在 OLED 器件封装过程中，水氧浓度需要达到一定的标准。OLED 器件中的有机物极易和水氧结合，对器件的性能和寿命有非常大的影响。因此，封装时的水氧浓度要控制在非常低的水平，水氧浓度的控制是通过 N_2 循环精制设备完成的。

在压合过程中，要控制 UV 固化胶的高度和宽度，使封装室内的压力合适，以避免封装后器件产生气泡，如图 4-9 所示。

图 4-9 压力控制不当产生气泡

4.2.7 OLED 器件的寿命和稳定性

OLED 器件的寿命和稳定性是制约其迅速产业化的一个关键因素，解决 OLED 器件的寿命和稳定性问题是一个系统工程问题，需要从多个环节进行调控。

1. ITO 薄膜质量和清洗方法的控制

1）ITO 玻璃的选择

阳极界面漏电流和器件串扰等现象与 ITO 薄膜质量密切相关，直接影响器件的寿命和稳定性，因此必须严格控制 ITO 薄膜质量，其中包括 ITO 薄膜的平整度、结晶性、择优取向特性、晶粒大小、晶界特性、表层碳和氧含量及能级大小等。

2）ITO 辅助电极的制备

当制备高分辨率显示屏时，ITO 线条过细，需要加入金属辅助电极，加入金属辅助电极可以使电阻降低，易于进行驱动电路的连接，提高发光区的均匀性和稳定性。在制备辅助电极时，要考虑电阻大小、光透过率、界面结合特性、图案蚀刻特性等。

3）ITO 的清洗工艺

ITO 表面的污染物直接影响器件的效率、寿命和稳定性。ITO 刻蚀溶液的 pH 值，清洗和烘干的时间和温度，UV 清洗和等离子体清洗的参数等工艺要进行系统的优化。

2. 隔离柱制备条件

在隔离柱制备过程中，光刻胶、清洗液、漂洗条件、烘干温度和时间等对 ITO 和器件的寿命影响较大，优化隔离柱制备条件是提高器件产品的稳定性和寿命的关键。

3. 稳定性 OLED 材料的选择

目前 T_g 温度较低的空穴传输材料是一个关键因素。电子传输材料的电子迁移率较低造成了无效复合，这些都直接和间接地影响了器件的寿命。参杂材料的选择可以有效提高器件的效率和寿命。

4. 器件结构的优化

器件各层材料的能级匹配、厚度、速率的控制、参杂浓度的控制，特别是阴极材料 LiF 厚度和速率的精确控制和优化等工作必须系统地进行优化。

5. 封装条件的优化

（1）蒸镀等环境温、湿度和洁净度的控制。

（2）预封装多层膜的制备。试验结果表明，有机无机多层膜预封装结构器件的老化黑点较少，稳定性和寿命得到了提高。

（3）封装干燥剂。加入封装干燥剂有两种方法：在封装玻璃上蒸镀 CaO 和 BaO 干燥剂薄膜；在封装玻璃上粘贴 CaO 和 BaO 干燥剂薄膜。这两种方法对提高器件的寿命和稳定性非常有效。

（4）封装胶及其封装方法和封装气氛的选择。封装胶及 UV 封装能量和温度、时间直接影响器件的寿命和稳定性，因此必须对封装胶和封装条件进行优化。氮气、氩气等不同封装气氛对器件的寿命和稳定性有较大的影响。目前封装技术是控制器件寿命和稳定性的关键。

6. 连接条件

连接处的均匀性和接触电阻的大小影响器件的发光均匀性和寿命，优化连接材料，加热温度和连接时间等条件对提高器件的稳定性和寿命有益。

7. 驱动电路

无源器件的串扰，反向电流和尖脉冲等现象严重影响器件的稳定性和寿命。研究脉冲宽度、占空比、反向电流、抑制电压、电路功耗和屏功耗、恒压方法和恒流方法等对寿命

的影响，优化驱动电路是提高器件寿命和稳定性的方法之一。

4.3 有机发光二极管显示驱动技术

从电子学角度简述有机发光二极管显示器件的显示原理为：在大于某一阈值的外加电场作用下，空穴和电子以电流的形式分别从阳极和阴极注入夹在阳极和阴极间的有机薄膜发光层，两者结合并生成激子，发生辐射复合而导致发光。发光强度与注入的电流成正比，注入显示器件中的每个显示像素的电流可以单独控制，不同的显示像素在驱动信号的作用下，在显示屏上合成出各种字符、数字图形及图像。有机发光二极管显示驱动器的功能就是提供这种电流信号。

常用于有机发光二极管上的驱动方法可分为有源驱动和无源驱动两种，有源驱动突出的特点是恒流驱动电路集成在显示屏上，而且每一个发光像素对应其矩阵寻址用薄膜晶体管、驱动发光用薄膜晶体管、电荷存储电容等。

有机发光二极管具有二极管特性，因此原则上为单向直流驱动，但是由于有机发光薄膜的厚度在纳米量级，因此器件具有很明显的电容特性。为了提高显示器件的刷新频率，可对不发光的像素对应的电容进行快速放电。目前很多驱动电路采用正向恒流反向恒压的驱动模式。

当有机发光二极管显示像素上所加的正向电压大于发光的阈值电压时，像素将发光显示；当所加的正向电压小于阈值电压时，像素不产生电光效应而不显示；当所加的正向电压在阈值电压附近时，会有微弱的光发出。对于发光的像素，发光强度与注入的电流成正比，因此为了实现对显示对比度和亮度的控制，有机发光二极管驱动器要能够控制驱动输出的电流幅值。另外，为了实现灰度显示、改善刷新频率等功能，还要求有机发光二极管驱动器能够对正向电流的脉宽、反向电压的幅值和脉宽、频率等参数进行控制。

4.3.1 静态驱动器原理

1. 静态驱动方式

在静态驱动的有机发光二极管显示器件上，一般各发光像素的阴极是连在一起引出的，各像素的阳极是分立引出的，如图 4-7 所示（也有阳极连在一起而阴极分立引出的）。此时，器件的阴极连在一起引出接到某一电源电压 S1 上，如 0V，阳极 Ai 通过一个可控中间接线端 Mi 可与另一电源电压 S2，如-5V，或者与可调幅值的恒流源 Di 相连接。

控制所要显示的像素阳极，如 A2，对应的中间接线端，如 M2，与对应的可调幅值恒流源，如 D2 相连接，在恒流源电压与阴极电压之差大于像素发光阈值的前提下，像素 2 将在恒流源的驱动下发光，处于显示态。

对于不发光的像素，控制所要显示的像素阳极，如 A3，对应的中间接线端，如 M3，与-5V 电源相连接，由于像素 3 的阳极、阴极间的电压差为-5V，发光二极管反向截止，像素 3 将不发光，处于不显示态。

随着显示信息的改变，某一个像素上将轮换加载正电压和负电压，因此总体来看将是一种交流电压效果。当然如果只从有机电致发光像素发光与不发光的基本要求出发，图 4-10

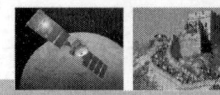

中的电源 S2 的电压值等于电源 S1 的电压值即可，这样加载在像素上的电压将为单向直流，而非交流。但是在以后的讨论中我们将会发现由于交叉效应的存在，为了提高显示效果，必须采取交流的形式。

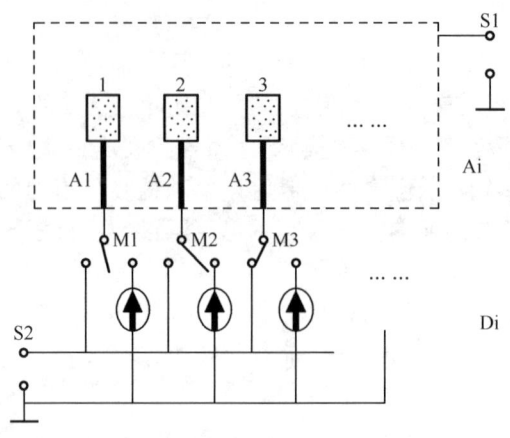

图 4-10 静态驱动方式示意图

从上面的讨论可知，上述这种驱动方式的特点是在一幅完整的图像显示过程中，每一个像素上所加的电压值（对不发光像素）或电流值（对发光像素）是不变化的，因此这种驱动方式就称为静态驱动方式。

2. 静态驱动电路的实例

静态驱动电路一般用于段式显示屏的驱动，这是因为段式显示屏上每个发光像素的两个电极中至多有一个电极是与其他的发光像素共享的，这样每个发光像素的亮和暗部可以单独控制。

静态驱动电路的一个实例的原理框图如图 4-11 所示。该电路利用单片机控制实现 4 位 7 段码时钟显示。

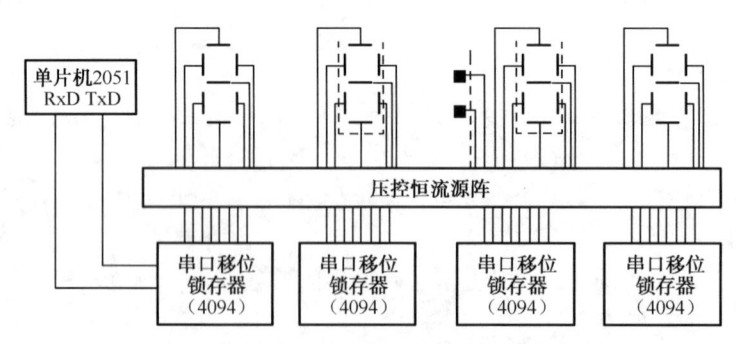

图 4-11 静态驱动 4 位 7 段码时钟显示电路

图中的每个 7 段码有一个公共电极，用于区别时、分的冒号两点有一个公共电极，5 个公共电极都是发光像素的阴极，且同时接到电路的地电平上。单片机 2051 从串行口控制输出时钟数据，经过 4 个 8 位移位锁存器 4094 级联，在同步信号下并行输出 32 位数据信号，该数据信号为电压信号。经过压控恒流源阵列的转换，32 路恒流信号将输入至 4 个 7 段码电极和冒号电极上。该 4 位 7 段码时钟的最小单位是分钟，这样在一分钟内，每个发光像素上所加的电信号固定不变，下一分钟来临时单片机将重新刷新数据，把不同的电信号输出到各发光像素电极上。

4.3.2 动态驱动器原理

从 4.3.1 节的分析可知，静态驱动要求显示屏上除一个公共电极外，每一个发光像素都必须有另一个独立的电极引出。当显示器件上的显示像素众多时，如点阵型有机发光二极管显示器件，若使用静态驱动（无源驱动方式中的静态驱动）结构将会产生众多的引脚及庞大的硬件驱动电路。为此，与液晶类似，人们把显示屏上像素的两个电极制成了矩阵型结构，即水平一组显示像素的同一性质的电极是公用的，纵向一组显示像素的相同性质的另一电极是公用的。如果像素可分为 N 行和 M 列，就可有 N 个行电极和 M 个列电极，它们分别被称为行电极和列电极。

每个有机发光二极管的示像素都由其所在的行与列的位置唯一确定。为了点亮整屏像素，将采取逐行点亮或逐列点亮，点亮整屏像素时间小于人眼视觉暂留极限 20 ms 的方法。该方法对应的驱动方式就叫作动态驱动法。下面将比较具体地叙述该方法驱动显示屏的过程。

1. 动态驱动方法简述

上述行电极和列电极分别对应发光像素的两个电极，即阴极和阳极。行电极为阴极或阳极均可，为了方便讨论，在下面的叙述中取行电极为阴极。

在实际电路驱动的过程中，要逐行点亮或逐列点亮像素。通常，对于逐行点亮的方式，行电极被称为扫描电极，列电极被称为数据电极；对于逐列点亮的方式，列电极被称为扫描电极，行电极被称为数据电极。同样，为了方便讨论，下面采用逐行扫描方式。

有机发光二极管显示的动态驱动法是循环地给每行电极施加选择脉冲，同时所有列电极给出该行像素的驱动电流脉冲，从而实现某行所有显示像素的驱动。这种行扫描是逐行顺序进行的，循环扫描一遍所有行所用的时间叫作帧周期。

在每一帧中每一行的选择时间是一样的。假设一帧的扫描行数为 N，扫描一帧的时间为 1，则一行所占的选择时间为一帧时间的 $1/N$，该值被称为占空比系数。在相同电流下，扫描行数的增多将使占空比下降，从而引起有机二极管像素上的电流注入在一帧中的有效值下降，降低了显示质量。因此，随着显示像素的增多，为了保证显示质量，就需要适度地提高驱动电流或采用双屏电极结构以提高占空比系数。

在动态驱动方式下，某一有机发光二极管像素（选择点）呈显示效果是由施加在行电极上的选择电压与施加在列电极上的选择电压的合成来实现的。与该像素不在同一行和同一列的像素（非选点）都处在非选状态下，与该像素在同一行或同一列的像素均有选择电压加入，称之为半选择点。当该点的电场电压处于有机电致发光的阈值电压附近时，屏上将出现不应有的半显示现象，使得显示对比度下降，这种现象叫作"交叉效应"。

在有机发光二极管动态驱动方法中解决"交叉效应"的方法是反向截止法，即让图 4-10 中的电源 S2 的电压值小于电源 S1 的电压值，给所有未选中的有机二极管发光像素上施加反向电压。这是因为有机发光二极管的原理是像素中注入电流，正负电荷载流子的复合形成发光，反向截止强行使可能形成发光的弱场漂移电流、扩散电流都不可能在像素中通

过，从而有效地消除了交叉效应。有机发光二极管的显示动态驱动法利用反向截止法有效地增大了显示屏的对比度，提高了显示画面的质量。

除了由于电极的公用形成交叉效应外，有机发光二极管显示屏中正负电荷载流子复合形成发光的机理使得任何两个发光像素，只要组成它们结构的任何一个功能膜是直接连接在一起的，则两个发光像素之间就可能有相互串扰的现象，即一个像素发光，另一个像素也可能发出微弱的光。这种现象主要是由于有机功能薄膜厚度均匀性差，薄膜的横向绝缘性差造成的。从驱动的角度，为了减缓这种不利的串扰，采取反向截止法也是一种行之有效的方法。

反向截止法已经广泛应用于动态驱动型有机发光二极管显示器件和静态驱动型有机发光二极管显示器件中。反向截止法本身还存在很多值得优化的方面，如反向电压的幅值、脉宽、电流的控制等目前都在研究中。

2. 动态驱动实现

如图 4-12 所示为实现点阵显示屏动态驱动的整套电路控制框图。CPU（或 MCU）控制电路产生总控制信号，行控制电路和列驱动电路在总控制信号下，结合各自内部的功能，产生基本行信号和基本列信号，行驱动电路和列驱动电路在总控制信号、基本行信号和基本列信号下，结合各自内部的功能，产生行扫描信号和列数据信号。

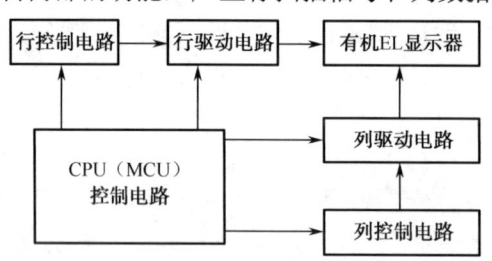

图 4-12　实现点阵显示屏动态驱动的整套电路控制框图

如图 4-13 所示为动态驱动 OLED 显示器的行扫描和列数据驱动电路输出的波形信号示意图。行/列控制电路分别产生的信号 1、3 优选为幅值是+5 V 的脉冲信号，而对应的行驱动电路输出的扫描信号 2 的幅值从 U_1 到 U_3，对应的列驱动电路输出数据信号 4 的幅值从 U_2 到 U_4，U_0 为参考值，此处的 U_0、U_1、U_2、U_3 和 U_4 为实数，表示电压值，在电路中其值可调。脉冲宽度 T_1、T_2、T_3 和 T_4 是可按照行列数的大小、显示灰度（后面将要叙述灰度的实现）等调节的。调整 U_1、U_2、U_3 和 U_4 的值可以调整被选中像素的发光强度。

为了便于说明图中的输出波形如何点亮显示像素，选择 U_0=0 V，$U_1 \geq U_2 > 0 \geq U_3 \geq U_4$，并设 U_1、U_2、U_3、U_4 为电压信号，若行扫描信号使某一行被选中，则行驱动电路输出信号的值为 U_3。如果此刻某列有数据信号，列驱动电路输出信号的值为 U_2，则对应于该行该列的像素点被选中，当该像素上所加电压 U_2-U_3 大于阈值电压时，该像素发光。此时，不包括半选点的所有非选点像素的列（即阳极）连接 U_4，行（即阴极）连接 U_1，这时发光二极管（即像素）上的电压反偏，残存在像素中的像素发光时积累的电荷被放掉，像素处于深度截止状态，抑制了像素中感应电流的产生，提高了抗干扰能力。处于半选点的像素，其上所加电压分别为 U_4-U_3（行选中，列未选中）和 U_2-U_1（列选中，行未选中），均为负值，使处于半选点的像素也处于截止状态，这也将有效地抑制像素中产生感应电流。

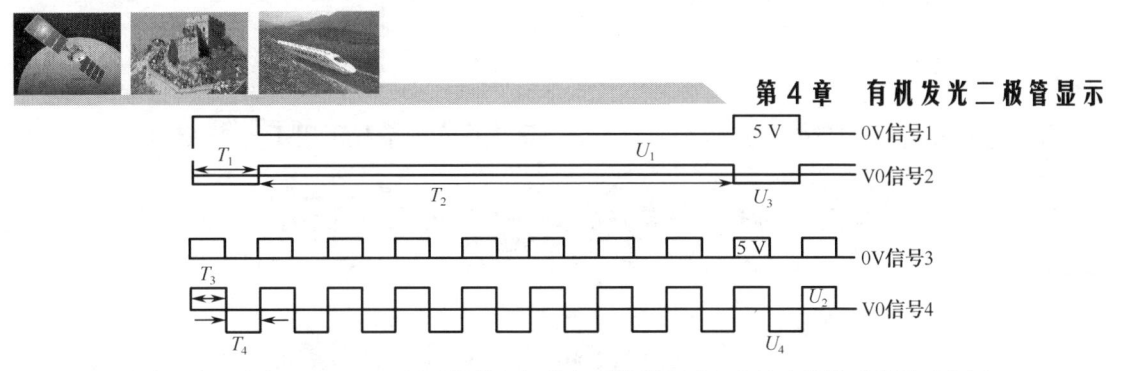

图 4-13 动态驱动 OLED 显示器的行扫描和列数据驱动电路输出的波形信号示意图

4.3.3 带灰度控制的显示

显示器的灰度等级是指黑白图像由黑色到白色之间的亮度层次。灰度等级越多，图像从黑到白的层次就越丰富，细节也就越清晰。灰度对于图像显示和彩色化都是一个非常重要的指标。一般用于有灰度显示的屏多为点阵显示屏，其驱动也多为动态驱动，下面通过动态驱动点阵显示屏说明实现灰度控制的几种方法。

1. 幅值控制法

在输出数据的列驱动器中加入输出的电信号幅值的控制，使有机电致发光显示产生灰度的变化，这种灰度的控制称为灰度的幅值控制法。

灰度的幅值控制法的驱动原理是：列驱动器的恒流电路具有逻辑可编程功能，每一列数据输出都有一路输出恒流大小可控的恒流电路，每一路恒流电路的逻辑控制输入端将和表征该像素灰度级的二进制数相连，二进制数不同则在恒流输出端得到的电流幅度值不同，一般 N 位二进制数将对应 2^N 种状态，从而实现灰度显示。举例说明：一个像素有 3 位数据，可设计一种电路恒流输出具有 $2^3=8$ 挡的电路，则该电路就可完成 8 级灰度显示。

2. 空间灰度调制

将显示像素划分为若干可单独控制的"子像素"，当显示像素中不同数量的"子像素"被选通时，在一定距离外观察，像素将显示不同的灰度等级。

这种方法不需要特殊的驱动和控制技巧，这是它的优点，但是它却又有着不可克服的缺点。首先，它不可能将显示像素分割成很多的"子像素"，因此它就不可能有很多的灰度级别。其次，它的灰度级别是用增加微细加工的成本和降低分辨率换取的，即若保持原有分辨率就必须将原有显示像素再分割加工成更小的"子像素"，这在已经很小的显示像素的基础上将是十分困难的，而且大量增加的子像素还需要大量的驱动和控制电路。这样造成的成本增加也是不可容忍的。若以原有显示像素作为"子像素"，组成显示像素，其加工成本虽可不必增加，但显示像素面积扩大很多，其分辨率的降低也会变得让人无法容忍。

3. 时间灰度调制

时间灰度调制即在一个时间单位内，控制显示像素选通截止的时间长短，从而使显示像素在观察者眼中形成不同的灰度等级。

1) 帧灰度调制

任何点矩阵图形显示，无论是显示固定的画面，还是显示视频的活动画面，其实都是由动态扫描驱动的一帧帧画面构成的。假定选取若干帧为一个单位，在这个单位内某一像素在不同帧内被导通，在另一些帧内不被导通，则该像素就会呈现出不同的灰度级别。

这种帧灰度调制可以在一个像素点上调制出不同的灰度级别，不过这种方法是把若干帧合并为一个大单位的，因此也会引起灰度级别的闪烁，若保证不出现闪烁，就必须增加帧频。由于有机电致发光显示屏在窄脉冲驱动下寿命缩短，所以帧频不可能太高。

2）脉宽灰度调制

这种方法是在扫描脉冲对应的数据脉宽中划出一个灰度调制脉冲，这个脉冲的宽度可以划分为多个级别，不同宽度级别代表不同灰度信息，从而可以使被选通的像素实现不同的灰度级别。实验表明数据脉冲宽度与其对应的平均亮度成正比，因此，脉宽的等分将实现亮度的等比例降低。

如图 4-14 所示，脉冲 1 是选通所有像素的脉冲，与脉冲 1 选通脉宽相同的数据脉宽将对应最高的亮度，一般地将对应最高灰度级数据脉宽。把最高灰度级数据脉宽（图中的脉冲 2）4 等分，脉冲 3 和脉冲 4 将分别对应灰度 2 级和灰度 1 级。这种调制方法不仅可以在一个像素上实现灰度调制，而且可以很容易地通过电路控制将灰度信息携带在列信号脉冲上，非常方便。像帧灰度调制一样，脉宽调制灰度的级别也会因有机电致发光不能响应过窄的脉冲宽度值而受到限制。

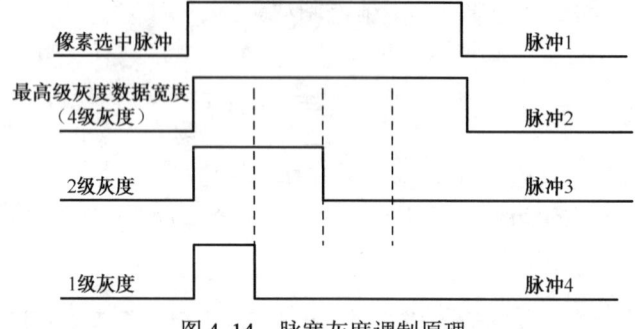

图 4-14 脉宽灰度调制原理

思考与练习题 4

1. 有机电致发光显示器（OLED）中缓冲层的作用是什么？
2. 在 OLED 结构中，有机电子传输层的作用是什么？
3. 在 OLED 结构中，有机空穴传输层的作用是什么？
4. OLED 实现灰度的方法有几种？
5. 为什么 OLED 具有单向导通特性？

第5章 发光二极管显示

5.1 发光二极管的概念及半导体基础

5.1.1 发光二极管的概念

发光二极管（Light Emitting Diode，LED）是一种电—光转换型器件，是 p-n 结结构。在 p-n 结上加正向电压，产生少子注入，少子在传输过程中不断扩散，不断复合而发光。改变所采用的半导体材料，就能得到不同波长的发光颜色。

Losev 于 1923 年发现了 SiC 中偶然形成的 p-n 结中的发光现象。III-V 族半导体单晶生产技术、半导体制作技术的发展，为 LED 制作奠定了基础。LED 作为一种电子器件于 20 世纪 70 年代进入批量化、商品化。以发光效率为标志的 LED 发展史见图 5-1。

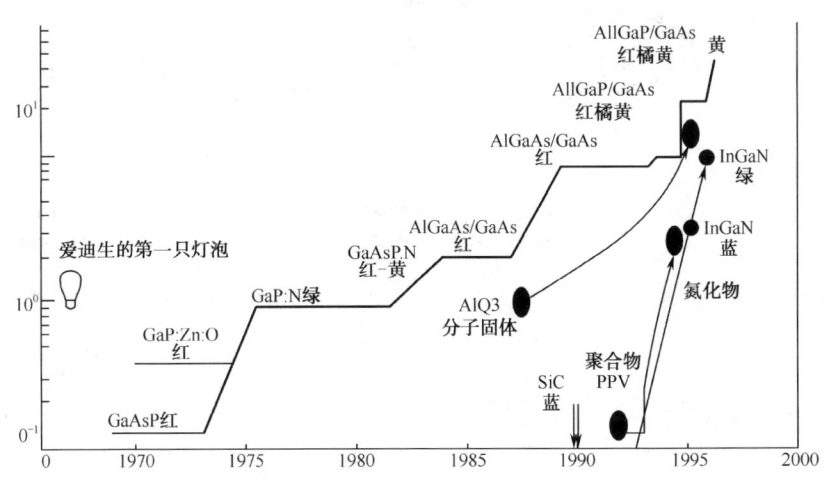

图 5-1 以发光效率为标志的 LED 发展史

早期开发的为普通型 LED，是中、低亮度的红、橙、黄、绿 LED，已获广泛使用。近期开发的新型 LED 是指蓝光 LED 和高亮度、超高亮度 LED。

LED 产业的重点一直为可见光范围 380～760 nm，约占 LED 总产量的 90%以上。

LED 的发光机理是电子、空穴带间跃迁复合发光。设材料能带宽度为 E_g（一般写成 ΔE），则带间跃迁复合发光的频率为

$$h\nu = \Delta E \quad （h \text{ 为普朗克常数}）$$

改写后可得光波波长与 ΔE 间的关系。

对于可见光，λ 应小于 760 nm，即 E_g>1.63 eV。Si 的 E_g 为 1.12 eV，不能用，只能用Ⅲ-Ⅴ族化合物。例如，GaP 的 E_g=2.34 eV。如果要制作蓝光 LED（λ<490 nm），则 E_g>2.53 eV，Ⅲ-Ⅴ族化合物也不行了，必须采用宽带材料，如Ⅱ-Ⅵ族化合物 SiN、GaN 等。

LED 的主要优点：

① 主动发光，一般产品发光强度>1 cd，高的可达 10 cd；

② 工作电压低，约为 2 V；

③ 由于是正向偏置工作，因此性能稳定，工作温度范围宽，寿命长（10^5 h）；

④ 响应速度快，对于直接复合型材料为 16～160 MHz，对于间接复合型材料为 10^5～10^6 Hz；

⑤ 尺寸小，一般 LED 的 p-n 结芯片面积为 0.3 mm^2，用于通信的红外 LED 芯片面积只有可见光的 1/50。

LED 的主要缺点是电流大，功耗大。在七画式显示中，每画要 10 mA。例如，由 100 个 LED 组成的小矩阵，工作电流就达 1 A。

LED 主要用于笔画型字符显示，各种数字仪表、家用电器的显示。随着亮度的提高，价格的下降，加之色彩齐全，其主要应用已转向室内和室外大面积多色和彩色显示。

5.1.2 能带

1. 状态密度

在半导体的导带和价带中，有很多能级存在，但相邻能级间隔很小，约为 10^{-22} eV 数量级，可以近似认为能级是连续的。

单位能量间隔中的量子数称为状态密度，即

$$g(E) = \frac{\mathrm{d}Z}{\mathrm{d}E} \tag{5-1}$$

可求得导带底附近的状态密度为

$$g_C(E) = 4\pi V \frac{(2m_n)^{3/2}}{h^3}(E - E_C)^{1/2} \tag{5-2}$$

价带顶附近的状态密度为

$$g_V(E) = 4\pi V \frac{(2m_p)^{3/2}}{h^3}(E_V - E)^{1/2} \tag{5-3}$$

式中，V 为晶体体积；m_n、n_p 为电子、空穴的有效质量。

由上式可知导带底附近的状态密度随电子能量增加按抛物线关系增大，即电子能量越高，状态密度越大，如图 5-2 所示。价带顶附近的状态密度随空穴能量减小也按抛物线关

系增大。

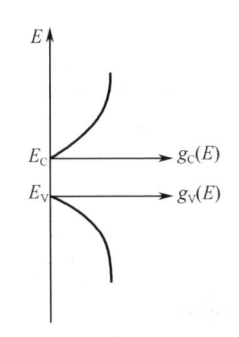

图 5-2 状态密度与能量关系图

2. 费米分布与玻耳兹曼分布

根据量子统计理论，能量为 E 的一个量子态被一个电子占据的概率为

$$f(E) = \frac{1}{1+\exp\left(\dfrac{E-E_F}{k_0 T}\right)} \tag{5-4}$$

式中，$f(E)$ 称为电子的费米分布函数，k_0 为 $T=0$ K 时的玻耳兹曼常数。

$f(E)$ 的特性：

① 当 $T=0$ K 时，若 $E<E_F$，则 $f(E)=1$；若 $E>E_F$，则 $f(E)=0$；

② 当 $T>0$ K 时，若 $E<E_F$，则 $f(E)>0.5$；若 $E=E_F$，则 $f(E)=0.5$；若 $E>E_F$，则 $f(E)<0.5$。

当 $E-E_F>5k_0T$ 时，$f(E)<0.7\%$，量子态几乎是空的。

当 $E-E_F<5k_0T$ 时，$f(E)>99.3\%$，量子态几乎是满的。

室温下，$k_0T=0.026$ eV，$5k_0T=0.13$ eV。

当 $E-E_F \gg k_0T$，费米分布函数转变为

$$f_B(E) = \exp\left(-\frac{E-E_F}{k_0 T}\right) = A\exp\left(-\frac{E}{k_0 T}\right) \tag{5-5}$$

这就是玻耳兹曼分布函数，表示能量为 E 的量子态被电子占据的概率。导带底一般有 $E_c-E_F \gg 5k_0T$ 这种情况，占据概率很小。

$1-f(E)$ 是能量为 E 的量子态不被电子占据的概率，即量子态被空穴占据的概率：

$$1-f(E) = \frac{1}{1+\exp\left(\dfrac{E_F-E}{k_0 T}\right)} \tag{5-6}$$

当 $E-E_F \ll k_0T$ 时（一般情况下，价带顶为这种情况）：

$$1-f(E) \approx \exp\left(-\frac{E_F-E}{K_0 T}\right) = B\exp\left(\frac{E}{k_0 T}\right) \ll 1 \tag{5-7}$$

表明 E 远小于 E_F 时，空穴占据能量为 E 的量子态的概率很小，因为这些量子态几乎全被电子占据了。

3. 导带中的电子浓度和价带中的空穴浓度

在能量 $E \sim E+dE$ 之间的电子数 dN 为

$$dN = f_B(E)g_C(E)dE \tag{5-8}$$

将 $f_B(E)$、$g_C(E)$ 的表达式代入，并除以体积 V，可得能量在 $E \sim E+dE$ 之间单位体积中的电子数为

$$dn = \frac{dN}{V} = 4\pi \frac{(2m_n)^{3/2}}{h^3} \exp\left(-\frac{E-E_F}{k_0 T}\right)(E-E_F)^{1/2} dE \tag{5-9}$$

设 $E-E_F=x$，则 $dn \propto \exp(-x)x^{1/2}$，其分布曲线如图 5-3 所示。

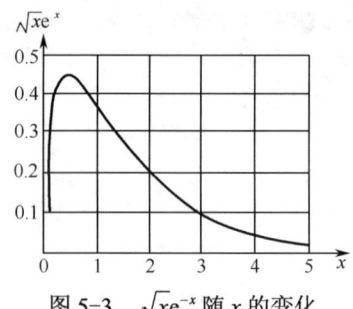

图 5-3 $\sqrt{x}e^{-x}$ 随 x 的变化

热平衡下非简并半导体导带的电子浓度 n_o 为

$$n_o = \int_{E_C}^{E_C} dn = N_C \exp\left(-\frac{E_C - E_F}{k_0 T}\right) \tag{5-10}$$

式中，$N_C = 2\frac{(2\pi m_n k_0 T)^{3/2}}{h^3}$；$E_C$ 为导带顶电子能量，计算时用 ∞ 代之。

仿之得：

$$p_o = N_V \exp\left(\frac{E_V - E_F}{k_0 T}\right) \tag{5-11}$$

式中，$N_V = 2\frac{(2\pi m_p k_0 T)^{3/2}}{h^3}$。

由图 5-4 可知导带中的电子大多数在导带底附近，而价带中的空穴大多数在价带顶附近，将 n_o、p_o 相乘得到载流子浓度乘积：

$$\begin{aligned}n_o p_o &= N_C N_V \exp\left(-\frac{E_g}{k_0 T}\right) \\ &= 2.33 \times 10^{31} \left(\frac{m_n m_p}{m_o^2}\right)^{3/2} T^3 \exp\left(-\frac{E_g}{k_0 T}\right)\end{aligned} \tag{5-12}$$

式中，m_o 为电子质量。

由上式可知，n_o、p_o 与费米能级无关，即对于一定半导体 n_o、p_o 只取决于温度 T，与杂质浓度无关。而在一定温度下，对于不同半导体，因禁带宽度 E_g 不同，n_o、P_o 也将不同。

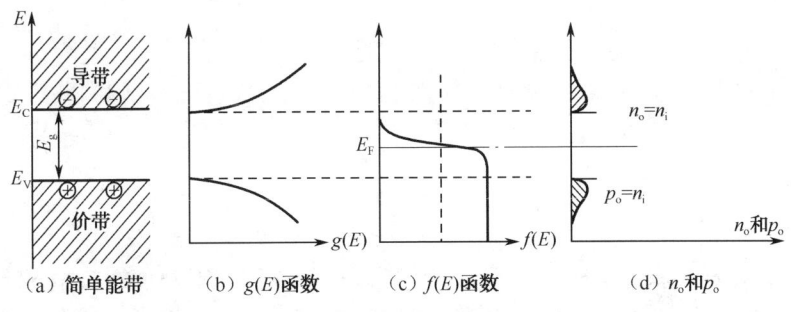

图 5-4　本征半导体中载流子分布

（a）简单能带　　（b）$g(E)$函数　　（c）$f(E)$函数　　（d）n_o和p_o

5.1.3　p-n 结

1. 本征半导体

本征半导体是指一块没有杂质和缺陷的半导体。在 $T=0$ K 时，价带中的全部量子态都被电子占满，而导带中的电子态都是空的。当 $T>0$ K 时，由于热激发，有电子从价带中激发到导带成为自由电子，同时在价带中产生空穴。导带中的电子浓度 n_o 与价带中的空穴浓度 p_o 相等，即 $n_o=p_o=n_i$：

$$n_i = \left(\frac{N_C}{N_V}\right) \exp\left(-\frac{E_g}{2k_0 T}\right) \tag{5-13}$$

式中，N_C、N_V 分别为导带与价带中的有效态密度；E_g 为材料的禁带宽度。在室温下 Si 的 $n_i=1.3\times 10^{10}/cm^3$；GaAs 的 $n_i=1.1\times 10^7/cm^3$。

2. n 型半导体

掺入比基体材料高一价的杂质，由于它们的能级很靠近导带底，远离费米能级，可以认为杂质能级是全部电离的，形成施主能级。设施主浓度为 N_D，则电子浓度 $n_o=N_D$。设 $N_D=10^{16}/cm^3$（轻掺杂），则 $n_o=10^{16}/cm^3$。由于 $n_o p_o=n_i^2$，对于 Si，取 $n_i=11\times 10^{10}/cm^3$，代入得 $p_o=1.4\times 10^4/cm^3$。称 n_o 为多子，p_o 为少子。

对于 Si，掺五价的磷、砷，形成施主杂质。

3. p 型半导体

掺入比基体材料低一价的杂质，形成受主能级，从价带接受一个电子，在价带中形成空穴。一般情况下，p 型半导体中的 $p_o \gg n_o$，称 n_o 为少子，p_o 为多子。

以上 n_o、p_o 都处于热平衡下，称为平衡载流子浓度。

4. p-n 结

n 型半导体和 p 型半导体相接触处，由于接触面两侧电子、空穴浓度不同，必然发生扩散流，即 n 型半导体中的多子（电子）向 p 型半导体中扩散；p 型半导体中的多子（空穴）向 n 型半导体中扩散。结果是 n 型半导体带正电，p 型半导体带负电，在接触面两侧建立内建场。该内建场能将 n 型中扩散到场中的少子（空穴）拉向 p 型，反之能将 p 型中扩散到场中的少子（电子）拉向 n 型，形成一个与扩散流相反方向的漂移流。当这两者平衡时，内建场稳定下来，p 区、n 区之间的总电流为零。内建场中载流子不能停留，为高阻区，称

为 p-n 结的势垒区（也称耗尽层）。

p-n 结上的外加电压不管是正向的还是反向的，都降在势垒区上。平衡 p-n 结的能带图见图 5-5。势垒区的 n 型侧为失去电子的施主离子，带正电；p 型侧为获得电子的受主离子，带负电。就是这些空间电荷使能带弯曲。势垒区宽度与掺杂浓度有关。掺杂浓度越高，势垒宽度越小。

5. 正向偏压下的 p-n 结

正向偏压是指 p 区加正电压、n 区加负电压。这个电压几乎都加在势垒区上，与内建场方向相反，总电场下降，使漂移流变小，破坏了原来的平衡，产生了电子从 n 区向 p 区、空穴从 p 区向 n 区的纯扩散流。

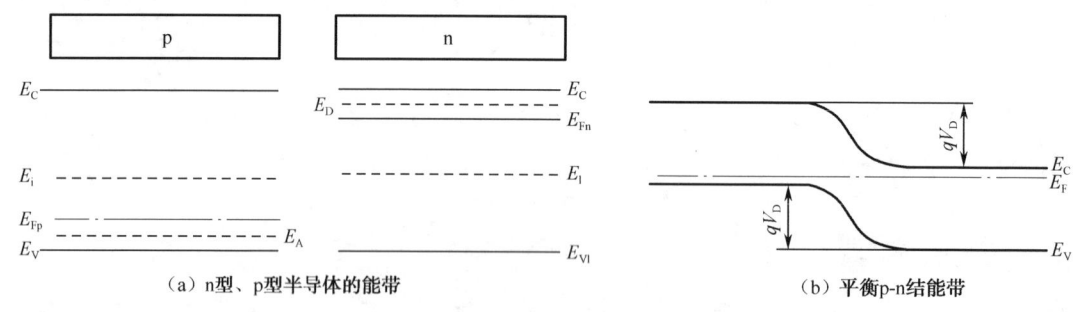

(a) n 型、p 型半导体的能带　　　　(b) 平衡 p-n 结能带

图 5-5　p-n 结的能带图

电子通过势垒区进入 p 区，在势垒边界处形成电子积累，成为 p 区的非平衡少子，它们的浓度高于 p 区中的少子浓度，形成了从边界向 p 区内部的电子扩散流。非平衡少子边扩散边与 p 区的空穴复合，经过几倍扩散长度后，全部复合。这一段区域称为扩散区（在 LED 中为发光区）。

空穴通过势垒区进入 n 区，同理也形成空穴扩散流。因此通过 p-n 结的总电流是这两种扩散流之和。

由理想 p-n 结模型的电压电流方程可求得流经 p-n 结的电流密度 J：

$$J = \left(\frac{qD_n n_{po}}{L_n} + \frac{qD_p P_{no}}{L_p} \right)(e^{\frac{qV}{k_0 T}} - 1)$$

设 $J_s = \left(\dfrac{qD_n n_{po}}{L_n} + \dfrac{qD_p p_{no}}{L_p} \right)$，则

$$J = J_s (e^{\frac{qV}{k_0 T}} - 1) \tag{5-14}$$

这就是著名的肖克莱方程式。

式中，D_n、D_p 分别是电子、空穴的扩散系数；L_n、L_p 分别是电子、空穴的扩散长度；n_{po} 是 p 区的平衡电子浓度；p_{no} 是 n 区的平衡空穴浓度。

对于反向偏压，则 $V<0$，一般有 $e^{\frac{qV}{k_0 T}} \ll 1$，所以反向饱和电流为

$$J = -J_s$$

曲线的不对称性表现出 p-n 结具有单向导电性（见图 5-6）。

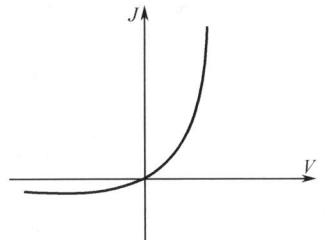

图 5-6 理想 p-n 结的 J-V 曲线

6. 扩散长度和势垒宽度

1）扩散长度（见图 5-7）

在正向偏压下，n 区多子注入到 p 区成为非平衡超额少子。在 p 区中无电场，超额少子靠扩散向 p 区内部深入，由于与 p 区中的多子空穴复合，逐渐衰减，这就是发光区。p 区多子注入到 n 区的情况仿之。

注入 p 区的非平衡少子分布（见图 5-7）：

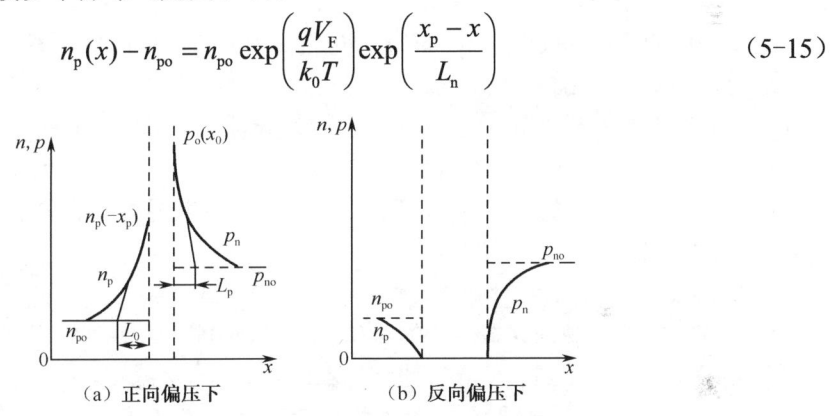

$$n_p(x) - n_{po} = n_{po} \exp\left(\frac{qV_F}{k_0 T}\right) \exp\left(\frac{x_p - x}{L_n}\right) \quad (5-15)$$

图 5-7 非平衡少子的分布
（a）正向偏压下 （b）反向偏压下

2）势垒宽度

对于突变结势垒宽度：

$$\chi_D = \sqrt{\frac{1.3 \times 10^7 V_D}{N_B}}$$

式中，N_B 为轻掺杂一边的浓度；V_D 为接触电位差（V），对于 Si 可取 V_D=0.71 V，则对于不同的 N_B 有：

N_B（1/cm³）	10^{16}	10^{17}	10^{18}	10^{19}
χ_D（μm）	0.32	0.1	0.031	0.01

可见 $\chi_D \ll L$，也就是说，载流子通过势垒区时的复合量可以忽略不计。

7. 异质结

异质结由两种不同的半导体单晶材料组成，分为反型异质结与同型异质结，在 LED 中采用的是反型异质结。为了简化，下面只介绍不考虑界面态的突变反型异质结（见图 5-8）。

（a）形成前　　　　　　　　　　　（b）形成后

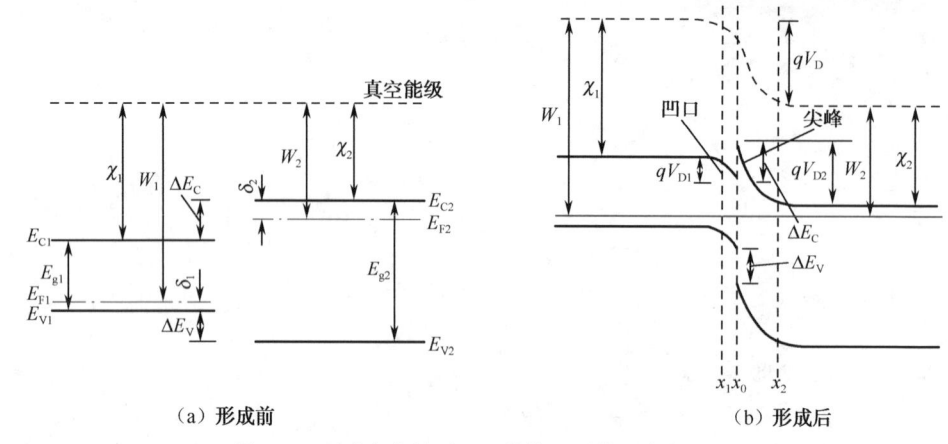

图 5-8　形成突变异质 p-n 结前、后的平衡能带图

反型异质结形成后：
① 费米能级统一，$E_F=E_{F1}=E_{F2}$；
② 交界面的两边形成内建场，由于介电常数不一样，所以内建场在交界面是不连续的；
③ 总内建场 $qV_D=qV_{D1}+qV_{D2}=E_{F2}-E_{F1}$；
④ n 型材料能带弯曲量 qV_{D2} 在两种半导体导带底交界处形成向上的尖峰，突变量 $\Delta E_C=\chi_1-\chi_2$；
⑤ p 型材料能带弯曲量 qV_{D1} 在两种半导体价带顶交界处形成向下的凹口，突变量 $\Delta E_V=(E_{g2}-E_{g1})-(\chi_1-\chi_2)$；
⑥ $\Delta E_C+\Delta E_V=E_{g2}-E_{g1}$；
⑦ 空穴由 p 型价带到 n 型价带的势垒高度是（$qV_D+\Delta E_V$）；
⑧ 电子由 n 型导带到 p 型导带的势垒高度是（$qV_D-\Delta E_C$）；
⑨ 正向注入时，电子流比空穴流大 $\exp(\Delta E_C+\Delta E_V)/k_0T$ 倍，即空穴流可忽略；
⑩ 这种以一种载流子为主的注入方式，对提高 LED 发光效率很有用。

5.1.4　复合理论

导带中的电子与价带中的空穴互相复合时，一定会释放出多余能量。放出能量的方式有两大类：
① 发射光子，称为辐射复合；
② 不发射光子，称为非辐射复合（最后转变为热能或激发别的载流子）。

在热平衡状态下存在热激发与平衡载流子间复合的平衡。由于不管是 p 区还是 n 区中，少子密度都很小，所以这种复合是很弱的。即使有辐射复合，由于材料的本征吸收，从外部是观察不到光发射的。必须激发载流子，形成不平衡载流子，它们的复合才会导致显著的光发射。LED 中是利用 p-n 结正向加电压，注入超额非平衡少子，边扩散边复合实现发光的。

1. 辐射复合

辐射复合可直接由带间电子和空穴的复合产生，也可以通过晶体中的中间能级来产

生。产生这些中间能级的缺陷或杂质叫作发光中心。按电子跃迁方式可把辐射复合分为下列几种。

1）直接复合

直接复合是指电子在导带与价带间直接跃迁而引起非平衡载流子的复合过程，也称带间复合。这种复合产生的光子很易被晶体基质所吸收，只有采取特殊措施后才会有高的发光效率。直接复合时，导带底与价带顶的波数 k 值必定相同，不需要第三者参加，为二体过程，其辐射效率高。GaAs、InP 属于这种材料。

2）间接复合

这类材料导带底与价带顶的波数 k 值不一样。电子空穴复合过程必须有第三者声子参加，为三体过程，辐射效率很小，一般为 0.1%。

GaP 属于这种材料，但它的发光效率很高，这是因为 GaP 通过激子和等电子陷阱进行非带间复合。

（1）等电子陷阱的激子复合。基质晶体用周期表同一列的元素置换，由于两者的电子亲和力不同，便会对电子或空穴产生吸引力，这类势阱叫作等电子陷阱。当等电子陷阱俘获了电子或空穴后，便带电，又会再俘获相反电荷，形成束缚激子。

例如，GaP 晶体中掺入氮原子，构成 GaP:N。氮原子置换了磷原子的位置后，仍为电中性，使 GaP:N 具有更大的负电性，会俘获空穴，其后又会以库仑场力俘获电子。

由于等电子陷阱作用力的范围很窄，局限在杂质点附近，即电子波函数范围很小，根据测不准原理，其波函数的 k 空间扩展区域必然很宽。其俘获电子的波函数会扩展到 $k=0$ 处，从而与 $k=0$ 处价带中空穴互相作用产生复合概率（见图 5-9）。

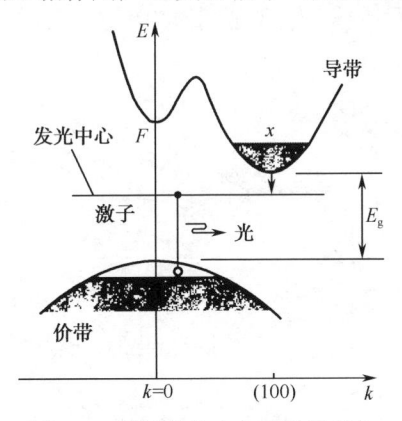

图 5-9 通过发光中心的发光复合

GaP:N 发绿光，主要是依靠激子的辐射跃迁发光。

（2）D-A 对复合。D-A 对复合是指施主俘获电子和受主俘获空穴之间的复合，是一种发射光子能量小于带隙的重要机构，它能明显地提高间接带隙半导体材料的发光效率。

当施主和受主同时进入晶格格点，形成近邻对时，这种施主和受主形成的联合发光中心称为施主-受主对，也称 D-A 对。

施主俘获电子和受主俘获空穴的状态都是电中性的，当它们所俘获的电子和空穴复合时，施主带正电，受主带负电。因此这种复合具有库仑作用，产生一个电离的施主-受主对。

例如，发红光的 GaP LED 是在 p 型的 GaP 中同时掺入 Zn（或 Cd）和 O，形成最近邻的 D-A 对。氧原子和锌原子分别取代相近邻的磷原子与镓原子。氧原子在导带下的 0.89 eV 处形成深施主能级，锌原子在价带上的 0.06 eV 处形成浅受主能级。它们形成一个电中性的发光中心 Zn-O。它的复合发红光（700 nm）。GaP:ZnO LED 的内量子效率可达 35%。

2. 非辐射复合

非辐射复合主要有以下几种。

① 俄歇复合是指电子-空穴对复合时，使另一载流子获得能量而跃迁到更高能量状态，多发生在载流子浓度很高情况下。

② 非发光复合中心复合是指发出的光不在测量范围内。在 LED 中表面复合属于这一种，并起着较大作用。

③ 多声子跃迁过程是指电子-空穴对复合时，多余的能量以多个声子能量放出（即变成热量）。减少非辐射复合是提高 LED 发光效率的一个重要方面。

5.2 p-n 结注入发光

p-n 结处于热平衡状态下，热激发与复合不断地进行着，但产生的光子在通过半导体时又被吸收，见不到发光，必须在半导体内激发出非平衡载流子，即注入正向电流。也就是说，给 p 区接正电压，n 区接负电压，使势垒高度下降，从而打破平衡，使电子从 n 区向 p 区扩散，空穴从 p 区向 n 区扩散，此称为少数载流子注入，注入的少数载流子与多数载流子复合从而发光。

常用的半导体 LED 利用同质 p-n 结（见图 5-10）或异质 p-n 结正向注入电致发光。

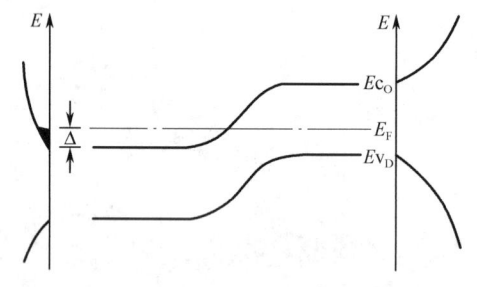

图 5-10 重掺杂后蜕化的 p-n 结

5.2.1 同质 p-n 结

在正向注入流中包含电子流和空穴流，经常是以一种非平衡载流子注入发光为主，因此其特点为：

（1）在 p-n 结中一边重掺杂（$10^{18}/cm^3$），另一边更重掺杂（$10^{20}/cm^3$），这样 p 区、n 区本身的电阻率都很小，通电流时发热少；

（2）更重掺杂区使费米能级进入导带（如 n 区为更重掺杂），使 n 区导带的电子进入 p 区导带的势垒比轻掺杂时低了 Δ，而 p 区价带空穴进入 n 区价带的势垒仍为 V_D，造成了一种载流子占优势；

（3）重掺杂引起能带收缩，收缩量 $\Delta E_g(\text{eV})=-1.6\times 10^8(N_D^{1/3}+N_A^{1/3})$，由 n 区导带注入到 p 区与其中多子空穴复合后发射的光子能量为 $\Delta E_g-\Delta$，通过半导体时被吸收少；

（4）由于掺杂浓度高，使得结区空间电荷层厚度只有 10 mm，容易发生隧道效应，即正向注入容易。

LED 中用异质结为多数，上述例子实为一个准异质结。

5.2.2 异质结

异质结的典型能带图如图 5-11 所示，具有代表性的 P-GaAs-N-GaAlAs 异质结的带图如图 5-12 所示，其特点为：

（1）p 型 GaAs 衬底外延一层 n 型 $\text{Al}_x\text{Ga}_{1-x}\text{As}$，皆为重掺杂；

（2）GaAs 的带宽 $E_{g1} < E_{g2}$（$\text{Al}_x\text{Ga}_{1-x}\text{As}$）；

（3）电子由大 E_g 的 n 区注入到小 E_g 的 p 区遇到的势垒高度为（$eV_D-\Delta E_C$）；

（4）空穴由小 E_g 的 p 区注入到大 E_g 的 n 区遇到的势垒高度为（$eV_D+\Delta E_V$）；

（5）即使 N_D 和 N_A 都不是很大，仍有较高的注入效率，本例中的电子注入是空穴注入的 7.4×10^5 倍；

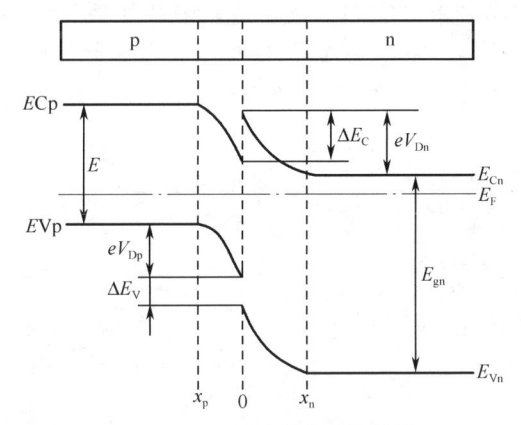

图 5-11 异质结的典型能带图

（6）大 E_g 的 n 区为注入源，小 E_g 的 p 区为发光区，发光光谱主要取决于 p 区衬底，发出的光经过大 E_g 的 n 区时不容易被再吸收；

（7）对载流子有限制作用，如在双异质结中，可使注入的电子利用率高。

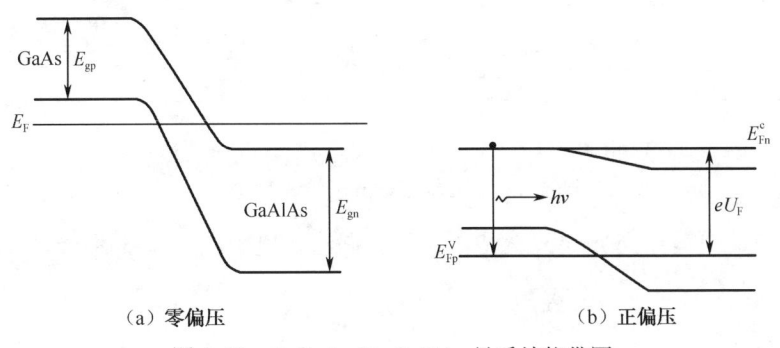

（a）零偏压　　　　　　（b）正偏压

图 5-12 P-GaAs-N-GaAlAs 异质结能带图

5.3 发光二极管的发光效率与提高方法

5.3.1 发光效率

半导体中注入电能转换成所希望辐射的效率取决于三个过程：超额少子的激发；这些载流子的辐射复合；产生的光从晶体中逸出的比例。因此，总的转换效率为

$$\eta = \eta_g \eta_{int} \eta_{opt} \tag{5-16}$$

式中，η_g 为产生超额少子的功率效率；η_{int} 为内量子效率；η_{opt} 为光学效率。

5.3.2 如何提高 LED 的发光效率

设计 LED 参量最重要的原则是提高发光效率。

1. 掺杂浓度的选择

（1）注入载流子中有一部分是通过晶格缺陷和有害杂质形成的俘获中心的非辐射复合的。为此，LED 的材料和工艺应保证晶格完整和避免有害杂质的混入。

（2）扩散流由电子扩散流和空穴扩散流组成，但往往是其中一种对发光贡献大，如发红光的 GsP LED 中主要靠电子扩散流在 p 区复合，应增加电子扩散流在总扩散流中的份额，以使 $N_D > N_A$。但为使 p 区复合有效，N_A 也不能太低。当然高 N_D、N_A 还会有降低串联电阻的益处。

N_D、N_A 过高的缺点是影响晶体完整性、降低电子迁移率和增加空穴注入流，这些都使效率降低。因此 N_D、N_A 都有一个最佳值，由实验确定。

2. 结深的选择（见图 5-13）

假定正向偏置时电子从 n 区注入到 p 区后，不断复合，不断发光，并设光由 p 区出射。为保证充分复合，结深应深一些。但深了会使光在出射过程中的吸收增加，因此结深有一个最佳值。

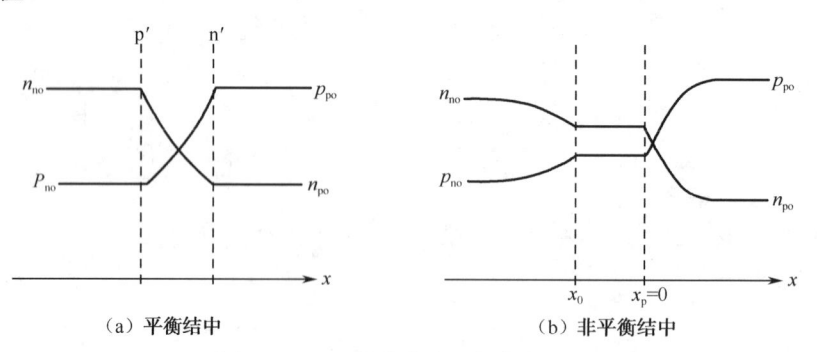

（a）平衡结中

（b）非平衡结中

图 5-13　p-n 结中载流子的浓度分布

取 p 区与空间电荷层交界处 x_p 为原点，则正向注入电子浓度在 p 区的变化为

$$n(x) = n_{po} + n_{po} \exp\frac{eV}{kT} \exp\left(-\frac{x}{L_n}\right) \tag{5-17}$$

$\frac{\partial n(x)}{\partial x}\mathrm{d}x$ 为在 $\mathrm{d}x$ 内 $n(x)$ 的减小量，与该处发出的光通量成正比。这部分光在通过其余结深时会受到衰减，由 p 区射出的总光通量为

$$F = c\int_0^{x_j} \frac{\partial n}{\partial x}\exp[-\alpha(x_j - x)]\mathrm{d}x \tag{5-18}$$

式中，∂ 为结区对光的吸收系数，单位为 1/cm，积分后得

$$F = \frac{C_{np0}}{1-\alpha L_R}\exp\left(\frac{eV}{kT}\right)\left[\exp(-\alpha x_j) - \exp\left(-\frac{x_j}{L_n}\right)\right] \tag{5-19}$$

由 $\frac{\partial F}{\partial x} = 0$，可求得对应于最大 F 的 x_j，即

$$x_{jopt} = \frac{L_n}{\alpha L_n - 1}\ln(\alpha L_n) \tag{5-20}$$

对于发红光（650 nm）的 GaAsP，α=700 cm^{-1}，L_n≈1 μm，代入得 x_{jopt}=2.5 μm，与实验求出的最佳结深基本一致。

3. 结构的选择（见图 5-14）

Ⅲ-Ⅴ族材料折射率（n_r）大，约为 3～4，全反射角小，约为 16°，即使垂直入射到空气界面的光，其反射率也高达 50%。对于平面结构，外量子效率为

$$\eta_{ext} \approx \frac{1}{n_r(n_r+1)^2} \tag{5-20}$$

取 n_r=3.5 代入，得 η_{ext}=1.4%。

改善的措施如下。

(1) 用球形发射表面，如图 5-14（b）所示，这时有

$$\eta_{ext} \approx \frac{2n_r}{n_r(n_r+1)^2} \tag{5-21}$$

以 n_r=3.5 代入，得 η_{ext}=35%，但球形发射面使材料内部光程增大，即吸收增大。

(2) 用折射率大的介质做成圆形窗口，如图 5-14（c）所示。

(3) 在背面设置合适反射面，以充分利用侧面发射的光，如图 5-14（d）所示。

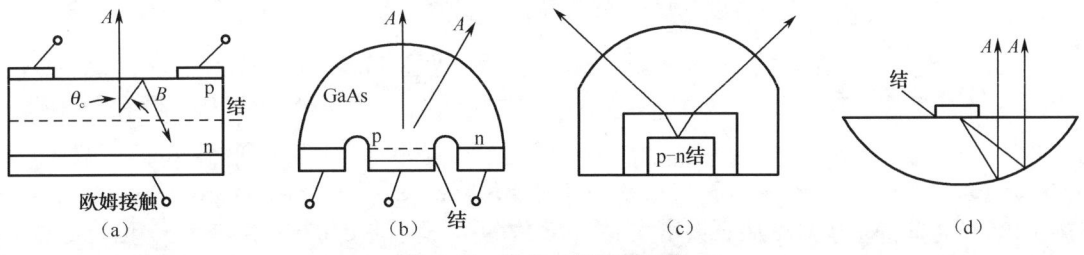

图 5-14 发光二极管截面图

(4) 即使是矩形封装，也可用折射率大、吸收小的透明材料作为 LED 的封装以增加出射光，如 GaAs$_{1-x}$P$_x$ LED 采用环氧树脂（n_r=1.55）封装，θ_c 增加到 25.5°，出射光增加 1.45 倍；如果采用低熔点玻璃（n_r=2.5），η_{ext} 可提高 5～6 倍。

(5) 发出的光在经过欧姆接触层时被吸收最多，适当开窗口可使亮度提高 2～3 倍。

5.4 发光二极管的主要制造工艺

5.4.1 单晶制作技术

为了形成 LED 的 p-n 结发光层，离不开单晶基板，目前单晶基板用的单晶、GaP、GAs 及 InP 等已达到批量化生产。利用水平布里奇曼（Bridgman）法（又称为 HB 法或舟皿生长法）及液体保护旋转提拉法［又称为液体保护切克劳斯基（Czochralski）法或 LEC 法］可以制备这种块状单晶，这两种方法都属于可以获得大型基板单晶体的熔液生长法。

GaP 单晶可由图 5-15 所示的 LEC 法单晶拉制装置来制造。原料为多晶体 GaP（纯度为 99.999%），保护剂采用 B_2O_3，在 N_2 或 Ar 气中，50~70 大气压（7MPa）、1 460 ℃下，利用籽晶拉制单晶，单晶体的直径也可以自动控制。单晶棒直径一般为 2.5 英寸，结晶取向为 <111>和<100>。可以获得的载流子浓度分别为：非掺杂的 N 型为 10^{16} cm^{-3}，掺杂 S 及 Te 的 N 型为 10^{17} cm^{-3}，掺杂 Zn 的 P 型为 10^{17} cm^{-3}。LEC 法单晶的位错密度为 10^4~10^6 cm^{-2}，为了提高 LED 的发光效率及寿命，需要进一步降低缺陷密度。掺杂 In 的实验也在进行之中。

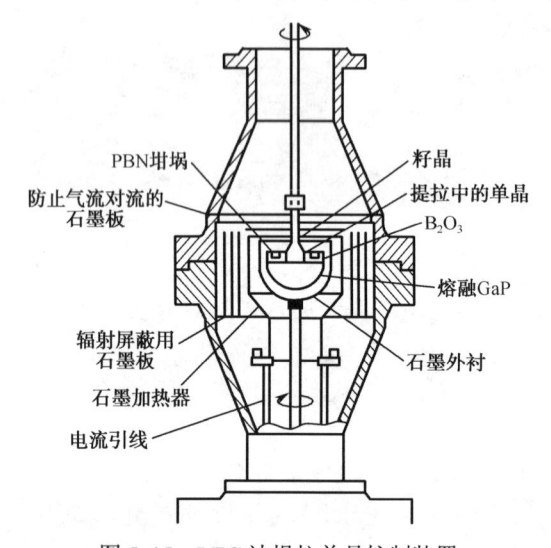

图 5-15 LEC 法提拉单晶控制装置

GaAs 单晶由控制温差的 HB 法制作，在石英管中封入 Ga 和 As，在常压下，使加热熔融的 Ga 与熔点为 1 240 ℃，汽化的 As 发生反应制取单晶。温度分布可以采用图 5-16 所示的三温区 HB 法（3T-HB 法）和梯度场（GR）法，结晶方位只有<111>，可以通过切割的方法获得<100>取向。单晶棒的直径可达 3 英寸，线缺陷密度（Etch Pit Density，EPD）为(3~5)×10^3 cm^{-2}。非掺杂单晶可从石英坩埚混入 Si 成为 N 型，通过掺杂 Cr 或 CrO 可获得高电阻。掺 Cr 单晶的 EPD 为 2 000 cm^{-2}，而掺 In 的 2 英寸单晶棒的 EPD 可减低到 10~500 cm^{-2}。在高辉度的 GaAsP 和 GaAlAs LED 中，目前多使用 HB 法制取的基板单晶体。

由于 LEC 法价格低而且容易获得大尺寸单晶体，所以 GaAs 也可以与 GaP 一样将 Ga（6N）和 As（6N）放入热解氮化硼（Politic Boron Nitride，PBN）坩埚中，在 N_2 或 Ar 气及高气体压力下（0.3~6MPa），以 B_2O_3 为保护剂，从熔融体中利用籽晶拉制单晶。通过施加磁场使熔液对流,控制温度的变化在 0.1 ℃左右,可以使杂质及成分的分布更均匀。采用这种 LEC 法可以获得直径为 5 英寸的单晶,但与 HB 法相比,位错密度要大。无位错单晶,由全保护的切克劳斯基法(Fully Encapsulated Czochralski,FEC),通过采取加厚保护层,防止 As 蒸发等措施而获得。这种方法如果与施加垂直磁场及添加 In 并用,则可以进一步提高结晶性。非掺杂的 GaAs 电阻率很高,混入 B,载流子浓度可达 10^{16} cm^{-3} 以上。为获得光电子集成电路(Optoelectric Integrated Circit,OEIC)用半绝缘性基板单晶,要求必须控制 Si 和 C 的混入量。通过在 GaAs 熔液中混入 As$_2$O$_3$ 的蒸气,可使 C 的浓度控制在 10^{14} cm^{-3} 以下。LEC 基板单晶体已用于红外 LED 中。在 LEC 基板上通过液相外延(Liquid Phase Epitaxy,LPE)来生长基板单晶,以及在 Si 基板单晶上通过 MOVCD 法异质外延法生长 GaAs 层单晶基板,都可以得到大直径、低价格的 LED 基板。

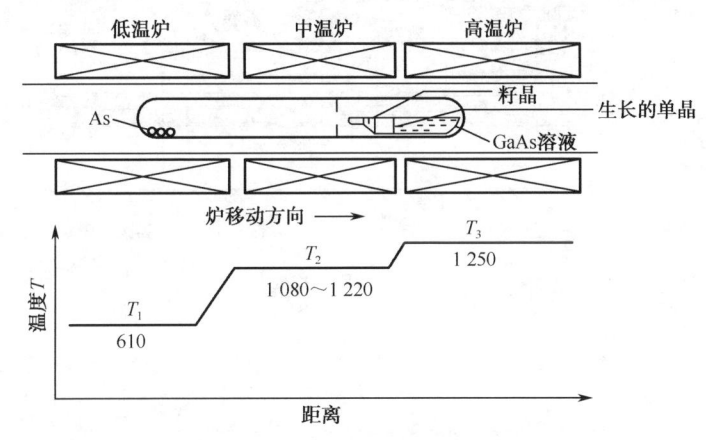

图 5-16 三温区 HB(水平布里奇曼)法生长单晶装置

对于其他材料来说,正在进行制作的有外延三元混晶(GaAsP、InGaP、InGaAs 等)用的基板单晶,如 InGaAs(LEC 法)及 InGaP(蒸气压控制法),Ⅱ-Ⅵ族化合物单晶,如 ZnSe(布里奇曼法、带籽晶的物理气相输运法等)、ZnS(碘输运法)、SiC(升华法)等。

关于单晶生长,今后的研究课题是减少杂质,提高组成及杂质分布的均匀性,减少缺陷及位错密度。因此,生长过程的计算机模拟及生长中的监控越来越重要。目前正在研究开发的有通过装有籽晶的超声波传感器,对生长中晶体的结晶生长进行监控的方法,通过 X 射线透视装置进行监控的方法等。而且,单晶的分析评价技术对于单晶体的制作来说是必不可少的。

5.4.2 外延生长技术

制作 LED 不但需要优质无缺陷的单晶材料,为了形成 LED 中的发光中心,还需要对单晶材料进行可控掺杂。从大直径单晶上切下来的单晶片含有的缺陷量对 LED 来说不符合要求,只能用作衬底,在其上外延生长所希望的优质单晶薄膜。

"外延"一词是指在单晶衬底上生长一层新单晶的技术。新单晶层的取向取决于衬底,并由衬底向外延伸而成,故称"外延层"。外延生长工艺有液相外延(LPE)、气相外延(VPE)、分子束外延(MBE)和金属有机化合物气相沉淀(MOCVD)四种。

1. 液相外延（见图 5-17）

液相外延是指在某种过饱和溶液中在单晶衬底上定向生长单晶薄膜的方法。

将基片在高温下与掺杂基片材料或晶格常数相近材料的溶液接触，渐冷之，就会在基片上淀积一层单晶薄膜，如果要多层外延，则只要多放几个溶液容器依次接触，慢慢冷却即可。

LPE 的优点是装置简单、生长纯度高、生长速度快（0.2～2 μm/min），缺点是欲生长晶体的晶格常数与衬底的晶格常数偏离不能大于 1%；沿生长方向组分不均匀；层厚小于 0.06 μm 时，生长难以控制。

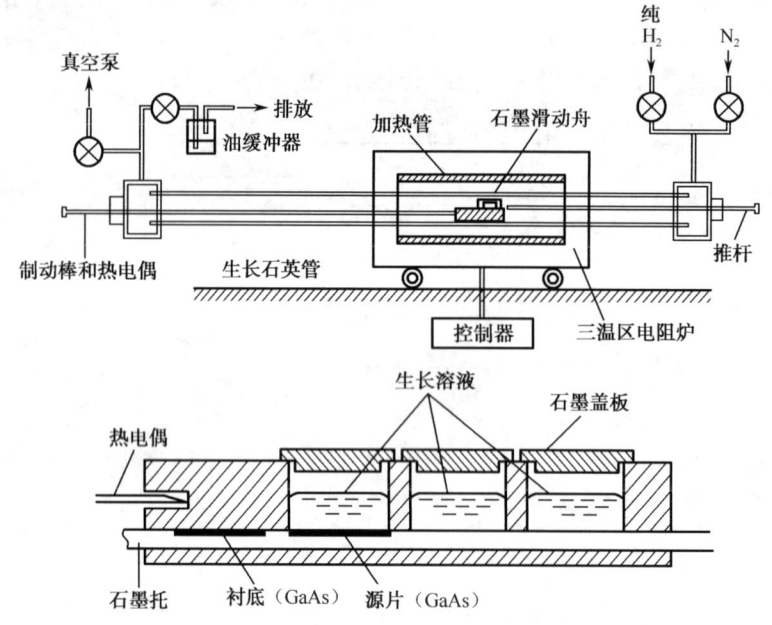

图 5-17　水平滑动舟法液相外延生长系统及滑动石墨舟结构示意

早期的 GaP 等普通发光亮度的 LED 制造多采用该种方法。

2. 气相外延（见图 5-18）

将基片置于反应器中，用射频线圈加热至 800～825 ℃，通入各种成分的氢化物，以氢气作为载体，反应生成单晶薄膜。如果要在 GaAs 基片上生成 GaAsP 外延层，则通入的气体为：AsH_3、PH_3、GaCl（它在另一系统中通过 HCl 与金属镓作用生成）。如果要掺杂（如锌、氮），则引入 $(C_2H_5)_2Zn$、NH_3 等。

控制各种气体的比例就可以得到不同组分、不同掺杂量的单晶外延层。

3. 分子束外延（见图 5-19）

在超高真空 10^{-8}～10^{-6} Pa 下，通过多极分子束与加热的单晶片反应而获得结晶生长膜，每一个炉子装有一个坩锅，它们依次装有希望得到薄膜的某种元素。炉温选择得使分子束的自由蒸气压足够高，各炉子围绕基片环列，每种束流中心与基片交叉。选择炉子、基片温度和炉子与基片间光栅的开合，可以按所希望的依次在基片上生长不同外延层。

MBE 的特点是生长温度低（衬底温度为 630 ℃左右）；生长率低，为 0.1～2 μm/h 或单分子层每秒。因此基片上的分子束流可以容易地用单分子层来控制，如量子阱研究。其缺

点是价格昂贵，设备复杂，不适合生长含有高蒸气压元素（如 P）的化合物单晶。它是研制 III-V 族器件的主要设备，但用作大生产则不合适。

4. 金属有机化合物气相沉淀（见图 5-20）

LEP 技术很难生长高质量、可重复的均匀薄层和陡峭的界面。MOCVD 技术既能弥补 LPE 的不足，又能适用于大生产场合，目前高亮度、短波长 LED 均采用 TMOCVD 技术。金属和非金属均能和有机物作用生成化合物，这类化合物在很低温度下就能挥发和参加化学反应，产生纯度很高的无机化合物。制备四元固熔体 InGaAlP 可使用金属有机化合物，如磷烷、砷烷、硅烷、三甲基镓、三甲基铝、二乙基锌等。MOCVD 采用气相反应使大面积均匀生长成为可能，从根本上消除了容器带来的污染。

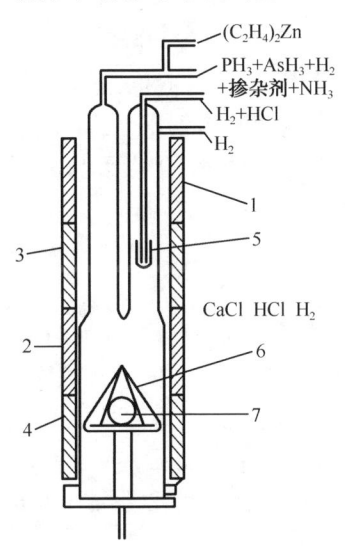

1—生长区；2—混合区；3—Ga 反应区；4—炉；5—Ga 存储器；6—旋转型晶片夹具；7—GaAs 或 GaP 晶片（800～825 ℃）

图 5-18　气相生长氢化物法

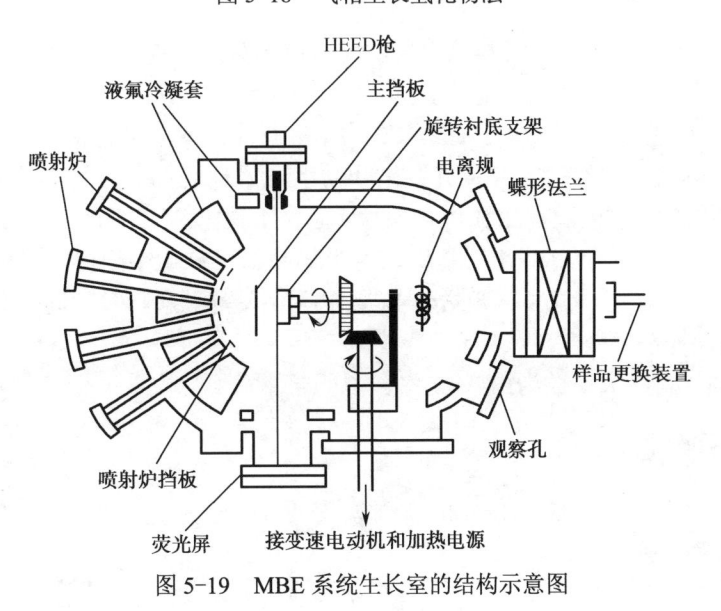

图 5-19　MBE 系统生长室的结构示意图

在最新的 MOCVD 设备中采用了气垫旋转技术，使基片可悬空作行星运动。为了精确控制材料组分和突变界面，采用了无任何涡流的层流设计，如图 5-20 所示。

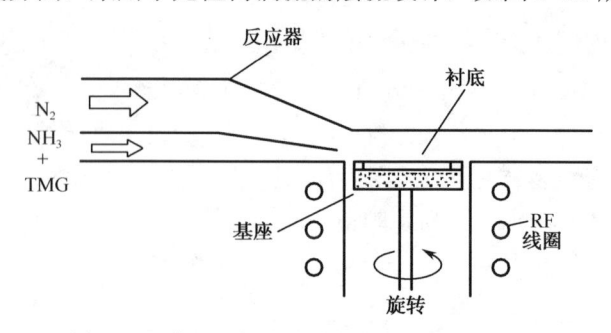

图 5-20 使用了气垫旋转技术的 MOCVD 设备

国际上生产 MOCVD 的厂家以德国 AIXTRON 公司和美国 EMCORE 公司最为著名。其每炉生产量是 2 英寸圆片 15～17 片（每片可切出 0.3 mm^2 的 LED 芯 3 500 个）。

MOCVD 与 MBE 是新型 LED 外延生长的主要方法，但今后的发展主流是 MOCVD，MBE 适合于高校、研究所开发用。

5.4.3 扩散技术

扩散技术用于 LED 制造中的掺杂。扩散过程分为两步：首先通过气相沉积或涂敷的方法，在基片表面上覆盖一层所希望的掺杂剂，使基片表面上含有一定量的杂质，称为预沉积；然后加温使杂质原子向晶体内运动。扩散深度主要取决于温度和扩散时间。对于Ⅲ-Ⅴ族化合物，由于受主杂质Ⅱ族元素比施主杂质Ⅵ族元素更容易扩散，所以常常在 n 型晶体衬底上使用受主杂质 Zn 作为杂质原子进行扩散以形成 p-n 结。

5.5 发光二极管的材料

对应于可见光的光谱范围，材料的禁带宽度应在下列范围内：

$$1.72 \text{ eV} < E_g < 3.1 \text{ eV}$$

Si 的 E_g 是 1.12 eV，不能用；GaAs 的 E_g 为 1.43 eV，用它做的 LED 光谱中心为 0.9 μm，也不行。从能带情况看，Ⅱ-Ⅵ族化合物半导体是很吸引人的，带隙覆盖整个可见光，且是直接能带。但它们有严重的"自补偿"作用，难以制成好的 p-n 结或达不到重掺杂，注入效率不高。所谓"自补偿"是指当对半导体掺入施主杂质时，同时会出现阳离子空穴，起受主作用，补偿了施主；反之，当半导体掺入受主杂质时，同时会出现阴离子空位，起施主作用，补偿了受主。

实用 LED 的材料绝大多数为Ⅲ-Ⅴ族化合物半导体。

5.5.1 二元合金

由 3 种Ⅲ族元素（Al、Ga、In）和 3 种Ⅴ族元素（P、As、Sb）可组成 9 种二元化合物，它们的禁带宽度示于表 5-1 中。

表 5-1 二元合金的禁带宽度

半导体	AlP	AlAs	AlSb	GaP	GaAs	GaSb	InP	InAs	InSb
E_g (E_v)	2.52	2.24	1.69	2.34	1.43	0.81	1.41	0.42	0.236

铝化合物因容易氧化，多不采用，因此只有 GaP 适合，它的 E_g=2.34 eV，是间接能隙，是二元Ⅲ-Ⅴ族化合物中唯一用于 LED 大生产的材料。掺 Zn、O 的 GaP 发红光，外量子效率可达 2%～4%，这是由于 Zn、O 两种杂质原子在 p 型 GaP 材料处于相邻晶格点时形成电中性的分子中心 Zn-O，起电子陷阱作用。

GaP：Te，Zn 发绿光，靠 D-A 对作用发光，外量子效率为 0.5%。

在 GaP LED 的 n 区掺入 N，p 区掺入 O，结果 n 区主要发绿光，p 区主要发红光。其外观为黄色光或橙色光。

5.5.2 三元合金

现有的Ⅲ-Ⅴ族化合物中，直接带隙材料如 GaAs 等的 E_g 不够；而那些 E_g 大的材料（如 GaP）又都是间接带隙，发光效率不高。为了综合这两类材料的优点，把两种Ⅲ-Ⅴ族化合物制成混晶，这便是三元合金。控制混晶的成分可以改变 E_g，从而可以制成发可见光的直接能隙材料，使 LED 多色化。

以 $GaAs_{1-x}P_x$ 为例：x=0 时为 GaAs，E_g=1.43 eV，直接带隙，随 x 增加，E_g 上升，直至直接带隙向间接带隙转变的临界点 $x=x_c$=0.45，该处的 E_g=1.99 eV。显然 x=1 处为 GaP，E_g=2.34 eV，间接带隙（见图 5-21）。AsP 材料可作为显示红色到黄色可见光的 LED 材料；GaAlAs 是显示红色到红外光的激光二极管（LD）的材料；InGaAs 是波长为 1.1～1.6 μm 范围的 LD、LED 材料。

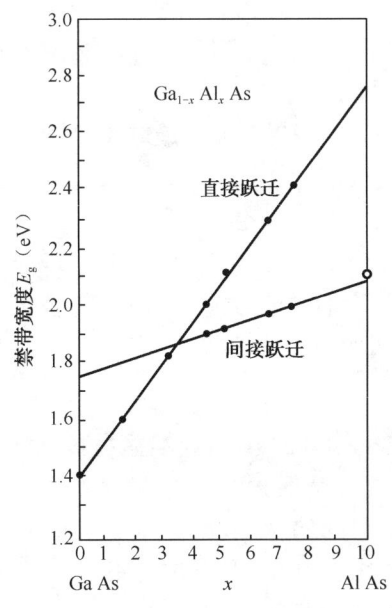

图 5-21 GaAlAs 混晶的能带间隙和混晶比的关系

5.5.3 四元合金

四元合金比三元合金具有更大的自由度，主要是 InGaAlP，它具有以下优点：

（1）是直接跃迁材料，发光复合概率大，发光效率高；

（2）可以制造优良的 p-n 结，且 p、n 型晶体的电阻率都很低；

（3）采用合适的衬底材料 GaAs 和 MOCVD 外延生长技术可制得完好的优良晶体；

（4）带隙宽度可随 $In_{0.5}(Ga_{1-x}Al_x)P$ 固溶体中组分 x 的变化而进行调节，在从红到绿相当宽的波长范围内可实现 LED 的超高亮度。

5.5.4 蓝色 LED 材料

蓝色 LED 材料均为宽隙材料，其 E_g>2.3 eV，被称为继第一代 Si 和第二代 GaAs 之后的第三代电子材料，如表 5-2 所示。

表 5-2 宽隙半导体

材料	带隙类型	带隙宽度（eV）	熔点（℃）	热导率 W×cm^{-1}×K^{-1}	晶格常数（nm）
金刚石	间接	5.5	4 000	20	0.257
SiC	间接	2.9～3.3	2 800	5	0.436
C-BN	间接	6.0～6.4	2 704	0.25～0.13	0.362
ZnSe	直接	2.67	1 520	1.4	0.566
C-GaN	直接	3.4	1 500	1.4	0.451
AiN	直接	6.28	2 000	1.7～2	0.311

1. SiC

SiC 发光器件的研究历史长，技术相对较为成熟。它是一种间接带隙半导体材料，通过杂质能级间接发光，提高发光潜力不高，目前 470 nm 处的外量子效率仍只有 0.05%，发光亮度仅适用于室内，在 1993 年以前占垄断地位。

SiC 掺入 B 发射红光；掺入 Al 发射绿光，最重要的是同时掺入 Al 和 N 或 Ga 和 N 可发蓝光，这是一种 D-A 对辐射复合过程。

SiC 材料在常压下没有稳定的液相，不能拉单晶，只能用升华法获得块状单晶；层间滑移势垒低，使得控制晶体结构困难；难以制作热稳定性好的低接触电阻。这些缺点影响了 SiC 蓝色 LED 性能的提高和成本的降低。目前其水平为 3.0 V、20 mA，峰值波长 470～480 nm，5～6 mcd（辐射功率约为 20 μW）。

2. ZnSe

目前研究最多的是以 ZnSe 为基的Ⅱ-Ⅵ族混晶材料，如 ZnMgSSe、ZnSSe、ZnCdSe 等，其最大特点是带隙宽，可覆盖从绿光到蓝光的范围，发光强度有可能超过目前已实用的 GaAlAs 和 GaInAlP 材料，且其晶格常数与 GaAs 很接近（GaAs 为 5.65，ZnSe 为 5.67），使 GaAs 可作为Ⅱ-Ⅵ族化合物外延生长的衬底。

ZnSe 系列 LED 的寿命不到 1 000 h，因此其可靠性是大问题。另一个问题是 P 型掺杂困难和 P 型欧姆接触电阻大。

3. GaN

GaN 的带隙为 3.4 eV，由 GaN 与 InP（2.0 eV）、AlN（6.3 eV）组成的混晶带隙可在 2.0～6.3 eV 之间调节，即以 GaN 为基的 LED 的发光波长范围为从紫色到绿色。

选择衬底是 GaN 基 LED 制作中最困难的问题，目前尚无法制出实用化的 GaN 衬底，这样同质外延生长就不可能，必须采用异质外延生长，并通过缓冲层（常采用 AlN）来解决这个难题。这样在异质衬底上生长的氮化物中，缺陷密度达到 10^6 个/cm^2。这对Ⅲ-Ⅴ族化合物来说是绝对不行的，但对氮化物 LED 的性能影响不大，发光强度甚至可达到坎得拉级。

选择异质衬底时的主要因素为晶格匹配常数与热膨胀系数。目前常用的是蓝宝石与 SiC。

蓝宝石容易获得，价格适中。由于它与 GaN 晶格失配达 14%，所以可用 AlN 或 AlGaN 作为缓冲层，而后者与 GaN 几乎完全匹配。

直到 1988 年，蓝色 LED 材料的研究实际上都集中在 ZnSe 上，而 GaN 是一种被否定的材料，主要原因是在蓝宝石上生长 GaN 单晶层的温度必须大于 1 000 ℃，而高温对流效应却干扰了单晶生长过程，得不到合格的 GaN 单晶层。日本日亚公司（Nichia）的中村用了 10 年时间取得了重大突破，外延生长出高质量 GaN 单晶层。中村解决了两大难题：一是发明了"双气流"MOCVD 工艺，即在沉淀室顶部加了一个喷嘴，使气流朝下直接吹向基片，有效地抑制了高温对流效应；二是为了防止单晶 GaN 层的龟裂，在 GaN 单晶层与蓝宝石基片之间生长了一层硬度较低的点阵型缓冲层，从而提高了蓝光 LED 的寿命。

中村于 1998 年 11 月制出了高亮度 GaN 蓝色 LED，其亮度为以前蓝色 LED 的 100 倍，同时寿命也得到了保证。SiC 与蓝宝石相比，和 GaN 晶格失配小，还有较好的解理性，热导率比铜还好，只是价格较贵。近年来夏普等多家公司正在对其进行研究。

思考与练习题 5

1. LED 在什么条件下才能发光？
2. LED 的特点是什么？
3. LED 实现白光的机制是什么？
4. LED 的复合机制是什么？
5. 液相外延法的原理是什么？
6. 气相外延法的原理是什么？
7. 分子束外延法的原理是什么？
8. 简述有机金属化学气相沉积方法。

第6章 场发射显示器和场离子显示器

6.1 场发射显示器的显示原理与关键工艺

场发射显示器（Field Emission Display，FED），即场致发射阵列平板显示器或称为真空微尖平板显示器（MFD），是一种新型的自发光平板显示器件，它兼顾了真空电子学与微电子工艺，具有真空电子器件与固体器件的优点，其表现为：冷阴极发射；低的工作电压；自发光和高亮度；宽视角；高速响应；很宽的环境温度变化范围。FED是真空微电子在显示领域的应用，其特征如下：

（1）电子源采用薄膜工艺制成场致发射阵列，可以在室温下工作；

（2）可利用硅集成电路制造场致发射阵列，其电流密度是氧化物热阴极发射电流密度的 $10^2 \sim 10^3$ 倍；

（3）抗辐射能力强，可以工作于极低温度的宇宙空间中；

（4）场致发射阴极阵列本身可以工作到500 ℃以下的高温；

（5）由于电子在极间的渡越距离小于1 mm，所以如果只从电子在真空中的自由路程来考虑，可以工作于低真空中。

因此，FED已被认为是未来将起重要作用的一种平板显示器件和技术。场致发射阴极阵列非常适合于军用器件，同样，场致发射显示器也十分适合于军用。

6.1.1 FED显示原理

FED的工作原理与阴极射线管（CRT）显示原理类似，都是工作在真空环境，靠发射电子轰击荧光粉发光。对于彩色显示,都采用了周期分布的红、绿、蓝三基色荧光粉和黑矩阵结构。不同之处是 CRT 只有 1 根电子束(对于彩色显示则为 3 根电子束),利用电磁偏转场使电子束扫描整个荧光屏;而 FED 中的电子发射源是一个面矩阵,荧光屏像素与阴极电子发射源像素是一一对应的,因此 FED 是平板显示器。如图 6-1 所示为三极管型彩色显示 FED 的结构示意图。它由阳极基板、阴极基板构成,阳极基板上为 R、G、B 三基色荧光粉条。为了保证色纯,它们之间由黑矩阵隔开;阴极基板由可以行列寻址的发射阵列和栅极构成。两基板之间有支撑(spacer)以抵抗大气压力,并在基板之间用低熔点玻璃封接。为了维持器件中的真空度,器件中应放置合适的消气剂。

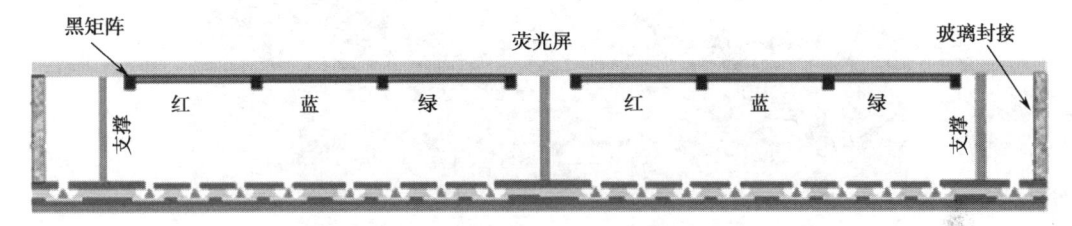

图 6-1 三极管型彩色显示 FED 的结构示意图

图 6-2 所示为一个子像素单元的基本结构,FED 的工作原理为:对栅极施加一定的电压,可以使微尖发射电子,电子被阳极电压加速并打到荧光屏,使荧光屏发光。阴极和阳极间的距离很近,保证电子在传输过程中不会散焦。

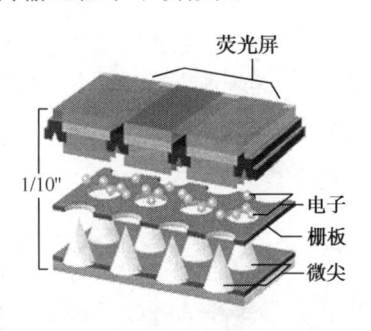

图 6-2 一个子像素单元的基本结构

6.1.2 场致发射电流的不稳定性和不均匀性

受人瞩目的碳纳米管 FED 迟迟进入不了产业化,一个重要的原因是阴极发射阵列发射的不稳定性。即使相邻像素的亮度不均匀性达不到小于 3%,但是只要这个不均匀性不是很大(如小于 10%),则利用高亮度发展的集成芯片,可采用一个亮度校正矩阵来加以解决。采用亮度校正矩阵的前提是整个阴极场发射的不均匀分布是固定的,或至少是慢变的,因为定期修改亮度校正矩阵的数据可以解决慢变化的问题。但是如果亮度的不均匀性分布是不稳定的,则就无计可施了,据说碳纳米管 FED 就遇到了这个问题。

在 FED 产业化的道路中,有许多技术问题需要解决,但是画面的亮度均匀性是一个最需要解决的问题,而这一问题是由场致发射的物理过程本身产生的。实验发现,在场致发射微尖阵列中,工作时只有约 10%的微尖在发射电流,并且发射电流的微尖是在不断变换的,不断地从一个微尖跳至另一微尖。即使在发射电流的微尖中,也不是整个微尖各处都

在发射电流,而只有微尖上的个别点在发射电流,并且发射电流之点也在微尖上各处跳动。总之,微尖阵列发射电流是一个动态平衡的结果。

解决这一问题的方法是在导通的阴极和选通的微尖之间利用一个电阻层来控制电流,而且每一选通的像素制作大量的微尖(如图 6-3 所示),以保证发射的均匀性;另外,高发射密度(1×10^4 微尖/nm)和小的尺寸(<1.5 μm 直径),使得在 100 V 激励电压下,可获得 1 mA/mm^2 电流密度,从而实现高亮度。如图 6-4 所示为加入电阻层后的结构图。

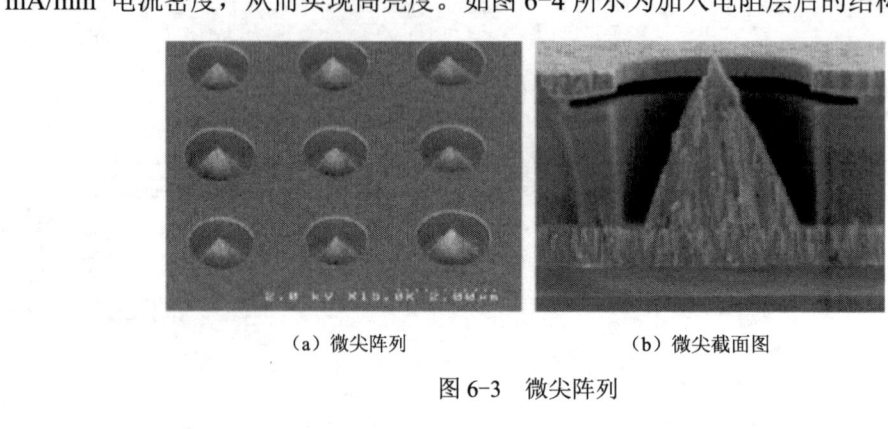

(a)微尖阵列　　(b)微尖截面图

图 6-3　微尖阵列

(a)垂直串联电阻　　(b)横向串联电阻

图 6-4　阴极与微尖之间加入电阻层后的结构图

加入电阻层后每个微尖的发射电流受到负载线的限制,由此可以避免某些微尖的高电流,微尖之间的平均效应得到改善。由于电阻层的存在,也限制了微尖和栅极之间的短路,从而消除了荧光屏上可能出现的图像疵点。

6.1.3　FED 平板显示器的构成

FED 平板显示器是一个真空电子器件,它包含两块平板玻璃,而周边用特殊的玻璃封接而成,如图 6-5 所示。两块平板玻璃之间含 200 μm 间隙,并用玻璃隔离进行支撑。底板上有一个排气管可抽气。显示器件的阴极示于图 6-6 中,它由交叉金属电极网组成,一层金属带连接阴极,正交的金属带连接栅极,两层金属带之间由 1 μm 厚的绝缘层分开,每一个像素由相交的金属带行列的交叉所选通。而每一个金属带交叉点像素中包含大量的钼微尖(>1 000 微尖/像素)。涂有荧光粉的屏对应于像素安放(见图 6-2)。阴极—栅极之间加有低于 100 V 的电压,被选通的像素将发射电子,阳极的加速电压为 200~400 V。

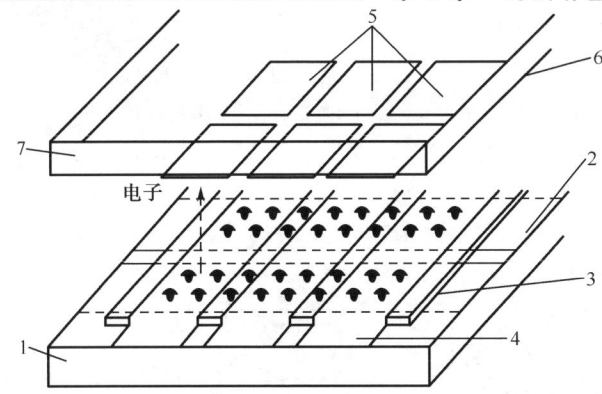

1—玻璃基板；2—阴极带线；3—绝缘层；4—栅极带线；5—荧光粉 RGB；6—透明极；7—前玻璃板

图 6-5　FED 显示器示意图

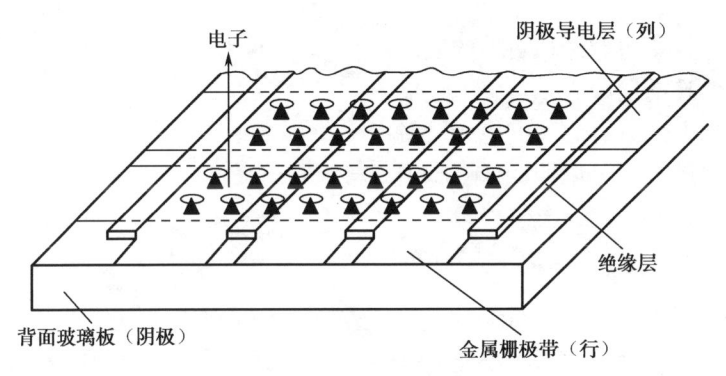

图 6-6　阵列发射阴极结构

6.1.4　FED 关键工艺技术材料

1. 微尖制作工艺

FED 的制造过程与 LCD 很类似：采用的玻璃平板与 LCD 的一样；薄膜沉积和光刻技术也很相似。图 6-7 给出了微尖制作过程。

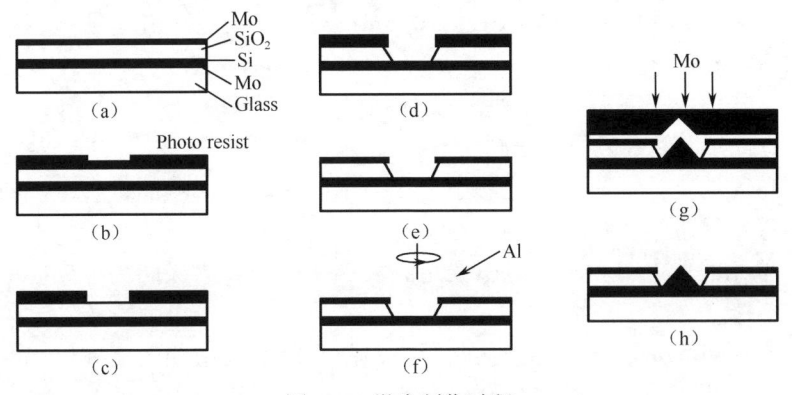

图 6-7　微尖制作过程

首先在玻璃衬底上沉积并刻蚀出钼和非晶硅电阻层（电阻层的作用后面专门讨论）构成的行电极（也称阴极），再沉积二氧化硅绝缘层和栅极金属层，如图 6-7（a）所示。各层

的厚度与栅孔直径有关。对于直径为 1 μm 的栅孔，从下往上各层的典型厚度为 100 nm、200 nm、1 μm 和 100 nm。光刻胶作掩模，用干法刻蚀出列电极，再做一次栅极孔的掩模光刻，并用干法刻蚀刻出栅极微孔和绝缘层上的空腔，如图 6-7（b）～（e）所示，用的刻蚀气体分别为六氟化硫和二氟甲烷。去除光刻胶后，用电子束蒸发厚度 200 nm 左右的牺牲层铝膜，如图 6-7（f）所示。蒸发时衬底所在平面与蒸发束流方向成大约 45°，衬底需要自转。在这一过程中，应该确保铝膜不蒸发到底电极上。下一步是蒸发钼尖、衬底平面与蒸发束流方向垂直。在蒸发过程中，栅极孔径不断缩小，直至最后封死，发射体从圆台逐渐变成圆锥体，如图 6-7（g）所示。最后一步是将牺牲层连同其上蒸发的铝膜一起在氢氧化钠溶液中去除，如图 6-4（h）所示，一个能进行行列寻址的微尖发射阵列就制作完成了。其中两步光刻过程稍微特殊一些：

（1）微孔阵列的光刻，有很高的光刻精度（<1.5 μm），这一步骤可用紫外光步进曝光来实现；

（2）用蒸发和蚀刻可制造自对中的微尖。

用上述方法制造的阴极必须具备下述要求：

（1）在整个表面上具有均匀的电子发射；

（2）提供充分的电流，以便在低电压下获得很高的亮度；

（3）在微尖和栅极之间没有短路。

2. FED 支撑技术

FED 工作在真空环境下，显示屏又是平面型的，为了抵抗大气压力（约为 1 kg/cm^2），可以像屏 CRT 那样采用厚玻璃作为上、下基板，但这不符合平板显示器轻薄的要求。另外，厚玻璃的平整度不理想。例如，可以容易获得的 3 mm 厚度玻璃，其表面不平整度约为 10 μm，而 1.1 mm 及更薄的平板显示器件专用玻璃，其表面不平整度小于 1 μm。为了保证发射电流的均匀性和个层薄膜的附着性，FED 必须采用 1.1 mm 厚度及以下的平板玻璃作为上、下基板。

实践发现，对于 2 mm 的基板玻璃，当对角线尺寸大于 3 英寸时，抽真空后的 FED 玻璃盒就容易炸裂。另外，对于低压型 FED，由于阴阳极间距小，为了保证 95%以上的发射均匀性，要求阳极基板的最大变形不超过 10 μm；对于高压型 FED，则要求阳极基板的最大变形不超过 40 μm。

综上所述，FED 上、下基板之间增加支撑结构是必不可少的。但是 FED 中的支撑结构由于工作的特殊性，受到多方面的限制：

（1）支撑单元的支撑面积必须足够小，在显示图像时不影响图像质量，即在正常观看距离下，人眼感觉不到支撑单元的存在；

（2）支撑单元的体电阻和表面电阻要足够大，使阳极与阴极间由于支撑单元造成的漏电流可以忽略不计；

（3）由于支撑单元是暴露在电子从阴极飞向阳极的途径中的，支撑单元如果是理想的绝缘体，当被电子轰击时必然会发生负电荷积累，引起阴极与阳极间的打火，因此又希望支撑单元材料具有合适的电阻率，能把积累在支撑结构上的电荷及时导走；

(4) 具有足够大的支撑强度。

曾经提出过多种形式的支撑结构，如球状、柱状和墙状。目前用得较多的是使用陶瓷材料的墙状的支撑结构，玻璃材料的耐压强度不够。

对于低电压运用的 FED，利用厚膜技术就能实现 0.1～0.2 mm 间隔的支撑；而对于大量应用的高电压工作的 FED，则必须采用专门制作的支撑结构。该类支撑墙的高度为毫米量级。而墙的厚度为 50～200 μm，因此加工具有一定的难度。

由于支撑墙很薄，又不能密布，所以在实际器件中受到的压力大于 100 个大气压力。考虑到允许垂直度的偏离最大为 2°，则支撑墙应能承受 200 个大气压力，这已经超过玻璃盒石英的抗压能力。此外，在选材上还应考虑膨胀系数是否与基板玻璃匹配，以及抗热冲击性能、加工难度和价格等诸多因素。目前使用较多的是氧化铝陶瓷。

3. 真空度的维持

对于微尖型 FED，维持器件内的真空度尤为重要，因为无论是剩余气体电离后形成离子会轰击阴极微尖，还是从器壁或荧光粉释出的气体吸附在微尖上，都会严重影响微尖的场致发射特性。

根据真空电子器件制造工艺的一般规律，要使封离后的器件能长期保持高真空度，必须做到：排气过程中器件内部去气彻底；封离前器件内的真空度高；用消气剂以维持封离后器件内的高真空。

FED 本身的结构，使得实现上述三条都有困难。

（1）FED 极板间距小，特别是对于低电压运用的 FED，间距只有 0.1～0.2 mm，因此排气时流阻很大，即使真空泵口已达到很高的真空度，极板间的真空度仍很低，会相差 1～2 个数量级。对于高电压运用的大尺寸 FED，也有同样问题。当然，长时间抽气可以部分解决此问题，但在生产线上这是行不通的。因此现在有一种建议，即器件先不封接，在一个大真空室中除气干净后，再在真空容器中将器件封成整体。

（2）FED 中的荧光屏是一个工作中的出气源。荧光粉本身会吸气，在工作中又受电子束轰击，会大量放气。因此，在器件封离前，应给器件加上工作电压，让电子流轰击荧光屏，使其放气被抽走，这个过程必须充分。至于玻璃盒本身的去气，可采用烘箱加热办法这类真空器件排气中的常规办法。

（3）已封离的真空器件，为了维持器件内的真空度，必须安置吸气机构。有的器件中带有小钛泵，如一些微波真空管；有的安置有蒸散型消气剂，如显像管；有的安置有非蒸散型消气剂，如大功率发射真空管等。

FED 的特点是体积与表面积之比很小，即出气的表面积与可容纳气体体积相比很大。这意味着，FED 中只要有一点出气，器件的真空度就会变得很坏。并且器件内可置放消气剂体积很少，更增加了放置消气剂的难度。

必须保证 FED 器件封接的漏气率小于 1×10^{-11} Torr/s，排气台应能抽到 1×10^{-8} Torr 数量级真空度，再将高牢固度室温消气剂安装在内径为 10 mm 的排气管中，基本上可保证器件存放寿命在 2 000 天（即 5～6 年）以上。

在 FED 中，由于结构限制不可能使用吸气能力很强的钡、锶、钙、镁型蒸散型消气剂，因此只能使用锆、钛型非蒸散型消气剂。

4. FED 中的荧光粉

FED 的发光机理与 CRT 相同，都是借电子束轰击荧光粉而发光的，两者的不同之处在于：在 CRT 中荧光粉工作于高电压（几千伏）、小电流条件下，而在 FED 中，荧光粉工作于中、低电压（几百伏至几千伏）及大电流条件下。由此造成 FED 中荧光粉工作时的发光效力处于不利状态。

（1）低电压使用造成发光效力大幅度降低，即使是高电压使用，FED 中荧光粉的发光效力也只有 CRT 中的 1/10 以下，如工作于几百伏条件下，则只有 CRT 中的 0.1%。

（2）低电压工作时，为了获得足够的亮度，必须大大增加电流密度，许多荧光粉在大电流密度下有饱和现象，这进一步降低了荧光粉的发光效力。

（3）由于低电压工作，无法采用阳极基板的蒸铝技术，使得荧光粉失去了铝层保护。阴离子轰击会破坏荧光粉发光结构，并放出有害气体污染发射体。

（4）荧光粉有一个电荷剂量寿命，按照 Pfahnl 定律，荧光粉的寿命决定于沉积在单位面积荧光粉上的总电荷剂量 Q。以无铝层绿色 ZnCd:Cu, Al 荧光粉为例：工作在 400 V 下的电流密度与工作在 5 kV 下且亮度相同的电流密度相比要大 410 倍，这意味着 FED 中的荧光粉更容易受 Q 寿命的限制，即 Q 寿命要缩短为原来的 $\frac{1}{401}$。

由上述内容可知，只有工作在尽可能高的阳极电压下，荧光粉才有大的发光效力和高的寿命。即低电压工作对于 FED 来说是不可取的。

当 FED 工作在小于 500 V 条件下时，只能使用低电压荧光粉，常用的低电压 FED 的荧光粉包括蓝绿粉 ZnO:Zn、红粉 ZnCdS:Ag、绿粉 ZnS:Cu 和蓝粉 ZnS:Ag，其中有些是在 CRT 中常用的，只是现在工作在低电压状态下。低电压下使用时，只有蓝绿粉 ZnO:Zn 效率较高，达到 7 lm/W 以上，其余的效率都很低。硫化物荧光粉的电流饱和值不高，当电流密度超过 10 $\mu A/cm^2$ 时，便迅速达到饱和，并且硫化物荧光粉受离子轰击易分解出硫，会严重污染微尖。

当工作在于 10 kV 的高电压条件下时，就可以采用 CRT 中的红粉 $Y_2O_2S:Tb$ 或 $Y_2O_2:Eu$，其电光转换效率分别达到 18% 和 11%，并且在高电流密度下不饱和。由于高电压 FED 中的阳极电压小于 10 kV，所以铝膜厚度应控制在 0.1 μm 以下。

FED 的场致发射阴极阵列，除了已述的微尖型以外，还有很多类型，但是 FED 的基本结构是一样的，即上述三大工艺和材料的难点对于任何类型的 FED 都是普遍存在的。

6.2 场离子显示器的工作原理与优点

场离子显示器（Field Ion Display，FID）是一种既能够克服 FED 的困难，实现 CRT 平板化，又能保持 CRT 优良图像质量的新型彩色平板显示器。

6.2.1 场离子发射原理

场离子发射是一种常见的电学现象，在 17 世纪电学发展的初期就被发现。大气中的尖端放电实际上就是场离子发射。1747 年，富兰克林曾利用大气中的尖端放电，制成了避雷针。

当气体分子靠近带电导体尖端时能被尖端电场极化，形成偶极子而被尖端吸引。当气体原子与导体尖端表面接近到只有"埃"（即 Å，1 Å=0.1 nm）量级的距离时，它们之间的场强会变得很强。这时，即使带电导体尖端表面原有场强 E 不高，也可使气体原子电离，形成离子，同时被尖端排斥而发射。

场离子发射比场电子发射容易实现。场电子发射要求金属表面场强 E 达到 10^7 V/cm（1 V/nm）以上。而场离子发射，因受气体电离能等外在因素的影响，尖端表面场强 E 低于 10^6 V/cm（0.1 V/nm）仍可产生离子发射。场离子发射在大气压或低气压（10^{-3}～10^{-2} Pa）下都可进行，而不像场电子发射那样，要求在超高真空（10^{-7} Pa）下进行。因此，基于场离子发射的场离子显示器，比基于场电子发射的场发射显示器，在加工难度上要低得多。

图 6-8 表示场离子发射的过程。由于在尖端表面凸起部分的原子上电场较强，因此常吸附有气体原子。当其他气体原子靠近这些吸附原子并达到"埃"量级距离时，气体原子即被电离。

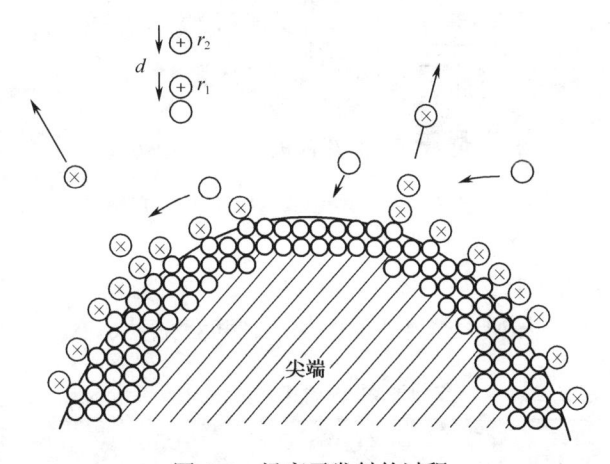

图 6-8 场离子发射的过程

当气体原子中的电子的势能被电场提升到与金属费米能级相等时，电子发生隧道贯穿，产生离子发射，如图 6-9 所示，这时应有如下关系：

$$E(r_1+3r_2+d)+\frac{e}{4\pi\varepsilon d}-\frac{e}{4\pi\varepsilon(r_2+d)}=I-\Phi$$

即

$$E(r_1+3r_2+d)+\frac{144}{d}+\frac{144}{r_2+d}=I-\Phi$$

$$E(r_1+3r_2+d)+\frac{144}{d}+\frac{144}{r_2+d}=I-\Phi \tag{6-1}$$

式中，E（V/nm）为表面场强；Φ（eV）为表面功函数；r_1（nm）为金属原子半径；I（eV）为气体的电离能；r_2（nm）为气体离子半径；d（nm）为气体原子与表面吸附原子间的间距。

由式（6-1）可知：为了降低尖端表面的离化强度量 E，应选择功函数 Φ 较大的导体和电离能 I 较低的气体。

例如，若金属尖端表面材料为铂（Pt）（Φ=5.6 eV），气体选为氩（Ar）（I=15.76 eV），将 Pt 的原子半径（0.135 nm）和 Ar 的离子半径（0.192 nm）代入式（6-1），当 d=0.1 nm

平板显示技术

时，可计算得

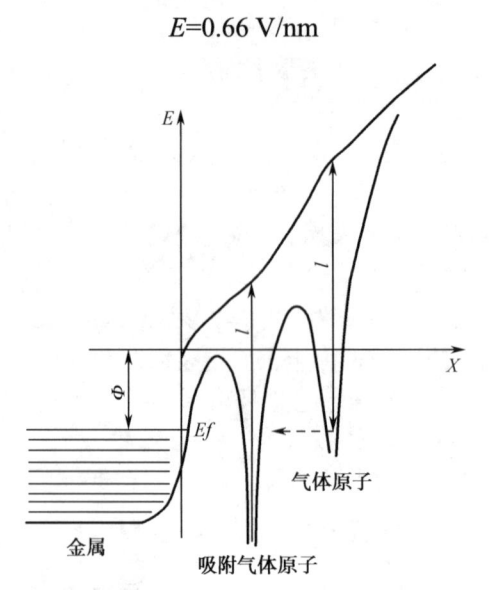

$$E=0.66 \text{ V/nm}$$

图 6-9 气体原子中的电子隧道穿过势垒

也就是说，如果尖端表面场强为 0.66 V/nm，则当氩原子与 Pt 尖端上吸附原子之间的距离为 0.1 nm 时，氩原子即被电离。

影响气体电离的因素，除了 E、Φ、I 和 d 之外，还有金属和气体原子的电子亲和势（Clectron Affinity）。几种气体原子的电离能的电子亲和势见表 6-1。

表 6-1 几种气体原子的电离能的电子亲和势

气体原子	原子序数	离子半径 Å	电离能/eV	电子亲和势/ eV
H	1	1.27	13.59	0.7
He	2	1.22	24.58	−0.53
N	7	0.15	14.54	0.60
O	8	1.32	13.61	2.30
Ne	10	1.52	21.56	−1.20
Ar	18	1.92	15.76	−1.00
Kr	36	2.1	13.97	—
Xe	54	2.3	12.13	—

若要产生正离子发射，则应选用具有正的电子亲和势（即易于获得电子）的金属材料，使金属尖端带正电。而气体则宜选用具有负的电子亲和势（即易于失去电子）的惰性气体，如 He、Ne、Ar、Kr、Xe 等。这些惰性气体不会与显示屏内的其他材料产生化学作用。而且，惰性气体形成的正离子的电极性与电子的电极性相反，当电子被加速轰击荧光屏时，正离子不可能轰击荧光屏，因此不会造成对荧光屏的损害。

离子电流的一般表达式（MKS 制）为

$$i = \frac{SPe}{\sqrt{2\pi mkT}} \cdot \frac{aE^2}{2kT} \quad (6-2)$$

式中，S 为尖端的有效发射面积；P 为气体压力；α 为气体原子的极化率；E 为尖端表面的场强；m 和 e 分别为气体离子的质量和电荷；k 为玻尔兹曼常数；T 为热力学温度。

因为 $E=\beta V$，β 为发射表面的几何因子，当其他条件一定时，离子电流 i 与电压 V 的平方成正比，即

$$i \propto V^2$$

一般来说，FID 的离子电流与所加电压呈非线性关系。

在 FID 中，不能用正离子流直接轰击荧光屏。用离子流轰击荧光屏不但发光效率不高，而且会损坏荧光屏。因此，需要采用微通道板（micro-channel plat）将离子流转换成电子流。

6.2.2 FID 的结构和工作原理

1937 年，E. W. MLler 将场发射尖端引入 CRT 中取代热阴极，意外地在荧光屏上观察到尖端表面原子排列的显微图像，因此发明了场发射显微镜（Field Emission Microscope，FEM）。但由于场发射电子具有横向速度，所以 FEM 的分辨率不高。为了提高 PEM 的分辨率和荧光屏的亮度，1956 年，Muller 在 CRT 中充入 $10^{-3} \sim 10^{-2}$ Pa 的惰性气体，并在尖端加上正高压，使尖端产生正离子发射。又在发射尖端与荧光屏之间加入一块微通道板，用作像增强器，终于在荧光屏上直接观察到尖端表面原子排列的清晰图像，由此发明了场离子显微镜（Field Ion Microscope，FIM）。

FED 实际上是受 FEM 的启发而发明的，但在结构上，FED 是用场发射尖端平面阵列取代 FEM 中的单个发射尖端，其目的不是用作显微镜，而是用作信息显示屏；FID 实际上是受 FIM、FED 的启发而发明的，但在结构上，FID 是用场离子发射尖劈平面阵列取代 FIM 中的单个发射尖端的，其目的也不是用作显微镜，而是用作信息显示屏。

FID 由背板、内板和面板三块间隔几百微米的玻璃平板平行对准组合而成。FID 的总厚度与屏面大小有关，一般为 5~20 mm，周边用低熔点玻璃封接，各平板上的电极引线留在外面，内部充有稀薄的惰性气体，并采用 X-Y 编码选址。如图 6-10 所示为 FID 的整体结构示意，如图 6-11 所示为场离子显示屏的局部结构剖视图。

背板为场离子发射板，蒸镀有发射离子的 X 列线电极系列，每一条 X 列线电极由十几条尖劈形长条电极并联而成。X 列线电极间的中心距和列线的宽度根据要求的显示屏清晰度而定。如果要求清晰度为每平方毫米 100 个像素，则 X 列线中心距为 100 μm，宽度应为 60 μm。

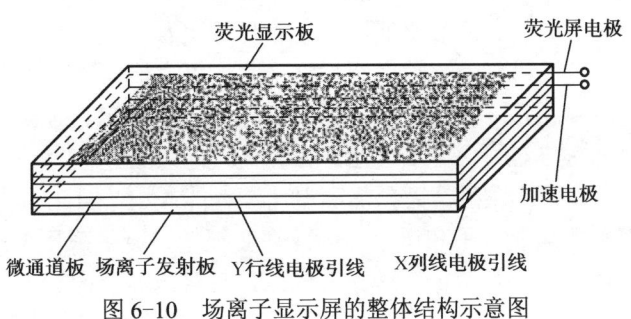

图 6-10 场离子显示屏的整体结构示意图

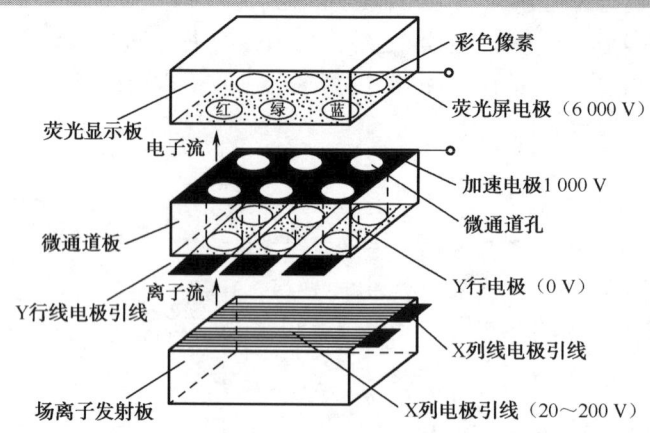

图 6-11 场离子显示屏的局部结构剖视图

内板为微通道板，厚度约为几毫米。在正对发射板的一面蒸镀有 Y 行线电极系列，Y 行线间的中心距和行线的宽度与发射板上的 X 列线电极相同。在每条 Y 行线电极上，与 X 行线电极的交叠处有数百个直径为几十微米的微孔（栅孔），这些微孔以小偏角穿通整个微通道板。内板的另一面蒸镀有加速电极。

面板为荧光显像板，其内侧有红、绿、蓝三基色相间的高压彩色荧光粉像素，并蒸镀有 0.1 μm 厚的铝膜，作为屏幕电极和荧光粉的保护层及反光层。其加工工艺与彩色 CRT 荧光屏的加工工艺相同。

当某一选址点（X_i, Y_i）加有偏压和信号电压时，发射板选址点附近的气体分子就被电场电离，产生场离子发射。离子被电场加速，穿入微通孔撞击孔壁，引起多重二次电子发射倍增。二次发射电子被微孔另一端的加速电极加速，形成强电子束流，并从微孔飞出，经屏幕电极加速并聚焦，轰击到荧光屏对应的像素上发光成像。各电极的参考直流电压如图 6-11 所示。

微通道板在 FID 中具有重要作用，它不但能将离子流转换为强电子流，直接激发高压荧光粉，而且具有 CRT 中显示屏前孔板（荫罩）的分色作用。

6.2.3 FID 的优点及发展前景

与其他显示器相比，FID 具有如下优点。

（1）场离子发射比场电子发射容易实现。FID 的离子发射板只需制成尖劈形长条系列，而不必制成带有栅孔的尖锥阵列。而且 FID 不需要超高真空，加工工艺大为简化。FID 克服了加工难度大、发射不均匀、成品率低、价格昂贵等困难。

（2）FID 利用微通道板将离子流转换为强电子流，可直接激发高压彩色荧光粉。微通道板具有与 CRT 中孔板相同的分色作用，彩色图像质量可达到 CRT 的水平，且结构简单，无附加零件，成本低，具有与 CRT 和 LCD 竞争的潜在优势。

（3）FID 采用场致离子冷发射，无预热延迟，消耗能最小，且工作在气体暗放电区，其消耗的电能几乎全部用于加速离子和电子，因此功耗很低，其效率不但高于 PDP（因 PDP 基于碰撞电离，需消耗能量，且工作在辉光放电区，功耗大），而且高于 CRT（因 CRT 基于热电子发射，需消耗能量），甚至高于需要背光源的 LCD。

（4）FID 具有较高的清晰度，能够做到 100 像素/mm^2，达到了与 FED 同等水平的清晰度。

（5）加大微通道板的微孔直径，同时按比例增加微通道板的厚度，可制成直径更大的微通道板，实现 FID 的大屏幕化。

思考与练习题 6

1. 场发射显示器中为什么要制成微尖阵列？
2. 场发射显示器中为什么要加入电阻层？
3. 微尖的制作工艺流程是怎样的？
4. 场离子显示器中微通道板的作用是什么？
5. 在 FID 器件中是否可以使用电子轰击荧光粉发光？

第7章 真空荧光显示（VFD）

真空荧光显示（Vacuum Fluorescent Display，VFD）是利用真空荧光管进行显示的，简称VFD。这是一种低能电子发光显示器件，它的显示特性与CRT类似，但它克服了CRT体积大、电压高的缺点，而且虽然是真空器件，但工作电压低、体积小和亮度高。它在环境亮度变化大和对低功耗无要求的场合有LCD无法比拟的优点，因此在低中档显示领域，如计算器、汽车、仪器仪表方面有广泛的应用。

VFD利用了氧化锌（ZnO:Zn）这类荧光粉在几十电子伏能量轰击下的发光现象。日本伊势公司的中村正丁1967年最早利用这种物理现象制作了荧光数码管，并用于当时的台式计算机上，将利用辉光放电的数码管替代下来，因此VFD是为适应初期电子计算器和计算机的显示要求而产生的。

VFD的形态大致有三个发展阶段。初期的VFD基本上沿用普通电子管的生产工艺，外形如普通电子管中的拇指管，与现在还在使用的小氖泡类似。这种单管式荧光显示管用于数字或字符显示时，需将多个单管排列，体积大，安装不方便。

到了1972年，使用了6～13位的圆形真空玻璃管，这是第二代产品。它将一个玻璃管横放，管中依次排列多位数码，在使用上方便了很多，但其外形仍未摆脱玻璃泡电子管的形状。

到了1974年，荧光显示管实现了平板多位显示，这是第三代产品。它在玻璃基板上使用厚膜印制和薄膜技术来制造各种主要电极，成为平板型显示器。图7-1给出了一种VFD彩色显示器。

第 7 章 真空荧光显示（VFD）

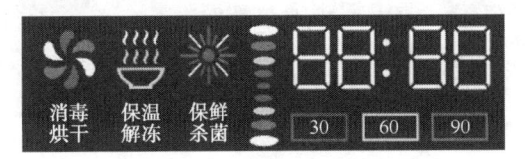

图 7-1 VFD 彩色显示器

7.1 VFD 的结构与工作原理

7.1.1 VFD 的结构

如图 7-2 所示为 VFD 的结构分解斜视图。如图所示，其基本结构包括阴极、栅极、阳极三种电极，阴极由在细钨丝上直接包覆钡、锶或钙的氧化物构成，阴极丝要足够细，以不妨碍显示为限。氧化物的作用是当灯丝上通电加热到 600～650 ℃时，即可放出热电子。为了吸收灯丝加热时产生的热膨胀，灯丝的一端或两端固定在弹簧架上。

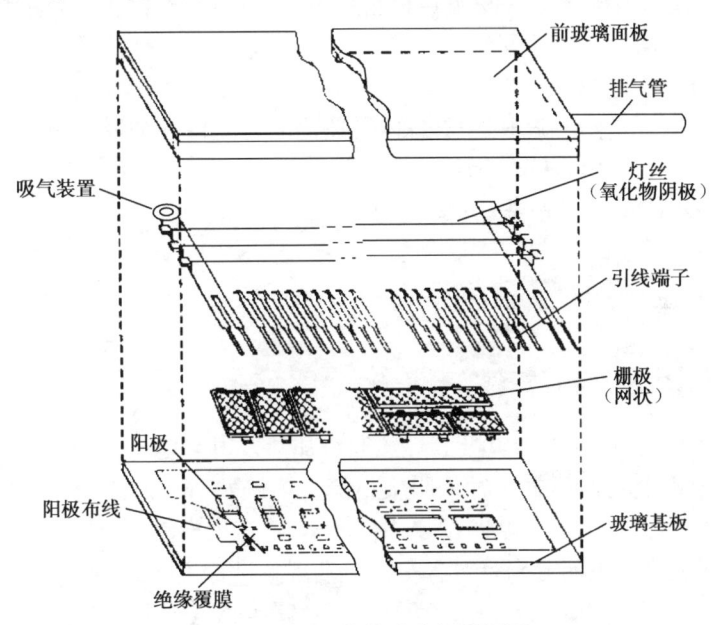

图 7-2 VFD 的构造分解斜视图

位于阳极与阴极之间的栅极是用极薄（厚度约为 50 μm）的金属板光刻出高透明度的细密格子或龟纹形的金属网制成的。阳极和荧光粉层制作在玻璃底板上，利用厚膜印刷技术和烧结工艺在玻璃板上依次制作好引线电极、绝缘层和阳极图形，见图 7-3。先在玻璃基板上制作好电极引线，利用掩模板和蒸发铝膜来形成。然后印刷上绝缘层，这是带少量黑色素的低熔点玻璃粉。绝缘层上留有使层上阳极与层下电极相连的通孔。阳极按需要显示图形的形状，由石墨等厚膜或铝等薄膜形成导体，并通过通孔与绝缘层下的引线电极相连，再按显示图形涂布荧光粉。玻璃底板表面上除了阳极及连接所必需的通孔外，全部由绝缘层包覆。

真空荧光显示管是一个真空容器，其上下是两块内侧镀有导电膜的平板玻璃，四周用玻璃粉进行密封，并且留有一个排气管。为了维持器件内的真空度，还放上一个环状消气器，内装消气剂。排气结束后，使用高频加热把消气剂中的金属钡蒸发到平板玻璃的内侧面，一方面维持真空管内的真空度，另一方面吸收使用过程中器件内释放出来的气体，确保真空度的要求。

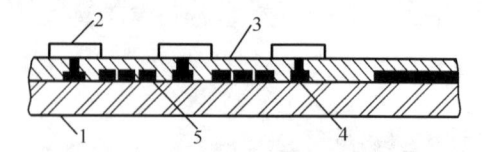

1—玻璃底板；2—阳极；3—绝缘层；4—通孔；5—布线

图7-3 厚膜玻璃底板剖视图

当面板玻璃尺寸变大时，为了支撑大气压力，需要增加玻璃厚度，但这会增加质量，因此以常采用在平板玻璃之间加支撑的办法。

7.1.2 工作原理

在 VFD 中，阴极发射电子（在下述讨论中取为零电位）。阴极发射的电子能否通过栅孔到达阳极，取决于栅极相对于阴极的电位。当栅极电位为正时，阴极发射的部分电子被栅极截获，变成栅流，这部分电流越小越好；部分电子穿过栅孔打到阳极，激发荧光粉发光，而成为阳极电流。当然，这时阳极上必须是正电压。也就是说，栅极和阳极同时为正电压时，才能发光显示，即当阴极为低电位，阳极和栅极同时为高电位时，阴极发射的电子穿过栅极到达阳极，激发荧光粉发光。

7.2 VFD 的电学和光学特性

7.2.1 电压电流二极管特性

VFD 的阴极为直热式氧化物阴极，灯丝通电加热发射热电子，使栅极与阳极连接构成真空二极管，当阳极上施加正电压时，阴极电流（电子发射）与阳极电压的关系如图 7-4 所示。随阳极电压的上升，阴极电流 $I_K=I_b+I_C$，沿着初速度电流区、空间电荷限制区和温度限制区等几个区域上升。下面分别针对各个区域的现象进行说明。

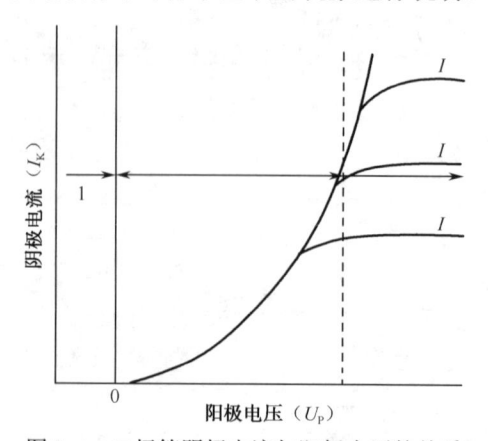

图7-4 二极管阴极电流与阳极电压的关系

1. 初速度电流区

阴极被加热，电子获得热能，以一定的初速度向真空放出，一部分电子在阳极电压为负时就开始能够到达阳极，称此为初速度电流。阳极电压为负的区域称为初速度电流区。

2. 空间电荷限制区

随着阳极电压由负变正，并逐渐上升，到达阳极的电子也逐渐增加，但由于从阴极放出的电子的一部分充满阴极附近，从而从阴极放出的电流逐渐受到限制，该状态所对应的阳极电压-阴极电流特性称为3/2次方定律，由Child-Langmuir公式表示如下：

$$I_K = GU_P^n \tag{7-1}$$

式中，I_K 为阴极电流［阳极电流（I_b）+栅极电流（I_C）］；G 为电子管导电系数（由电极结构决定的常数）；U_P 为阳极电压（二极管连接时）；n 为常数 1.5（VFD 的实测值为 1.7 左右）。

由式（7-1）可以看出，在此区域，阴极电流仅由 U_P 及电极结构等便于控制的参数决定，即 I_K 不容易受下面将要谈到的阴极温度变动及阴极活性度变化的影响，从而可获得稳定的工作状态。一般情况下，作为 VFD 的工作点，应设定在距下述的温度限制区有足够裕度的范围内。

3. 温度限制区

超过空间电荷限制区，再升高阳极电压，则由阴极放出的电子全部被阳极吸收，阳极电压-阴极电流特性达到饱和。该区域称为温度限制区。饱和电流由阴极温度、阴极功函数及电极面积决定。

7.2.2 电气及光学特性

VFD 的发光辉度如式（7-2）所示，由阳极的平均功率密度及荧光体的发光效率决定。

$$L = (1/S)e_b i_b D_u (1/\pi)\eta \tag{7-2}$$

式中，L 为辉度（cd/m²）；e_b 为阳极峰值电压（V）；i_b 为阳极峰值电流（A）；D_u 为阳极电流的占空系数（静态驱动时为1）；S 为阳极面积（m²）；η 为荧光粉的发光效率（lm/W）。

7.2.3 截止特性

在VFD驱动过程中，为了选择显示图案，阳极截止特性和栅极截止特性是必不可少的。

当某一栅极处于正电压的状态下，在属于该栅极的阳极上施加负电压，消除发光的特性属于阳极截止特性；相反，处于正电压下的阳极发光，由栅极负电压消除的特性属于栅极截止特性。阳极截止电压是靠发光体自身的电压下降而起截止作用的，只要发光体电压下降到接近其开始发光的电压即产生效果，因此，很浅的负电压就足以起到截止作用。

7.3 VFD 的构成材料

VFD 用的主要材料包括封装用玻璃、阴极材料、电极及引线端子用金属材料、阳极基板用厚膜材料、荧光粉等。

7.3.1 玻璃

用作 VFD 容器的玻璃,也采用与建筑材料相同的苏打石灰玻璃,但在下述方面有特殊要求:应具有保持真空的气密性,且气体放出量要少;具有能承受大气压的强度;防划伤的硬度;能观察内部发光体的透明性,为成膜而必需的平面性,能承受厚膜烧成的耐热性,电极间的绝缘性等。需要指出的是,由于普通苏打石灰玻璃含 Na 量多,所以当 VFD 用于较高温度时,其绝缘性会变差,且容易与荧光粉发生反应,需要采取对策,如用 SiO_2 层包覆等。玻璃与引线封接时需要两者的热膨胀相匹配,而且为保证内部材料能够承受玻璃封接时的高温,应采用低熔点封接玻璃。

7.3.2 阴极材料

VFD 作为真空管的一种,也采用传统的氧化物阴极。但 VFD 需要采用低功耗、不妨碍精细信号显示,且在钨丝上包覆阴极材料的直热式阴极。将 $(Ba·Sr·Ca)CO_3$ 与有机黏接剂一起电沉积在钨丝上,与排气工序一起通电加热,使黏接剂气化的同时,发生热分解反应 $[(Ba·Sr·Ca)CO_3→(Ba·Sr·Ca)O+CO_2↑]$,得到包覆氧化物材料的阴极。

7.3.3 金属材料

金属材料主要用于引线端子和内部电极。引线端子要穿过封接部位向外引出,因此要求其热膨胀系数应与玻璃基本一致,而且通过表面氧化使其与封接玻璃完全浸润。引线端子材料一般采用铁镍铬 426 合金。为了改善其焊接性,厂家在出厂前要对其进行涂层处理。

电极用金属一般采用不锈钢、426 合金及其他专门开发的合金等。特别是在栅极与玻璃连接的情况下,为了吸收通电时栅极自发热引起的热膨胀,还要巧妙地利用热膨胀系数之差,以及采用具有预先设计的膨胀特性要求的特殊合金等。

7.3.4 厚膜材料

厚膜材料与 VFD 采用的玻璃基板及真空管材料相关,要求在 580 ℃ 以下的烧成温度下便能依次积层,而且要求其向真空中的放气量要少。因此,厚膜技术及材料与已经成熟的混合 IC 中所用的有所不同,需要专门研究开发。

7.3.5 荧光粉

VFD 中使用的荧光粉属于低速电子束激励发光的荧光粉。在大多数情况下,VFD 的阳极电压采用 12~50 V。在这样低的电压下,能产生足够高辉度发光的荧光粉,只有发绿色的 ZnO:Zn。此后,通过在硫化物荧光粉中混入 In_2O_3 等导电物质,达到低电阻化,并实现了多彩色化。尽管从 1978 年开始,这项技术即已达到实用化,但当时的发光效率并不令人满意。

经过荧光粉厂家的不懈努力,如通过荧光粉本身及表面处理等方面的改进,以及在其导电方式及相应工艺等方面的技术开发等,荧光粉的发光效率已经大幅度提高,发光色也

第7章 真空荧光显示（VFD）

从蓝色扩展到红色。现在使用的各种荧光粉的发光光谱如图 7-5 所示。图 7-6 表示相对于阳极电压的辉度特性。

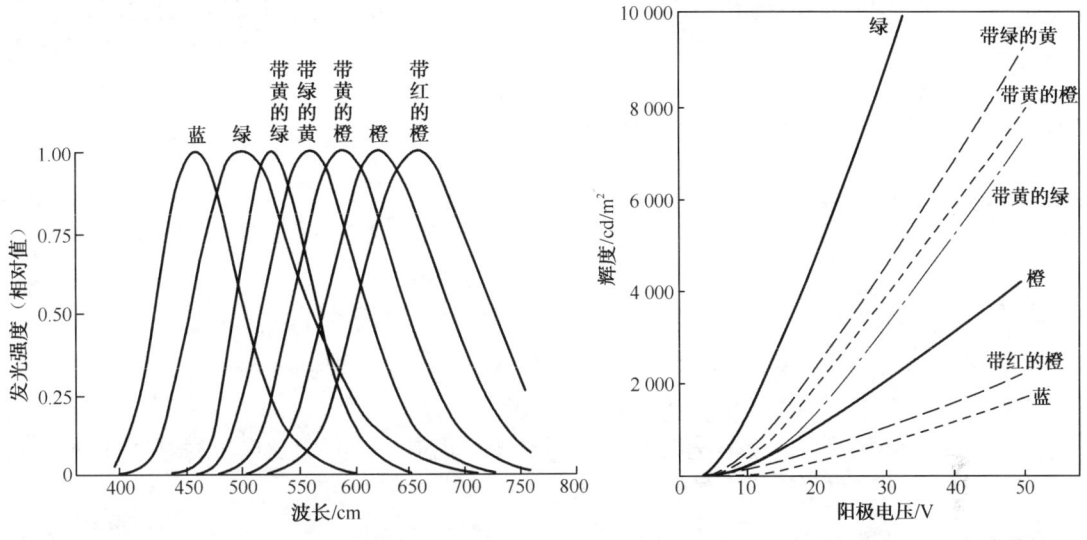

图 7-5 实用化的荧光粉的发光光谱

图 7-6 各种荧光粉的阳极电压-辉度特性

表 7-1 给出了各种荧光粉的色度（如绿色的辉度为 100），其他荧光粉具有相同实感亮度时的相对辉度，以及阳极电压分别为 20 V、12 V 时，各种荧光粉的发光效率及辉度等。

表 7-1 各种实用化低能激发荧光粉

发光色	组成	色度 x	色度 y	理想的相对辉度*/%	20 V（阳极电压）发光效率 η/lm/W	20 V（阳极电压）相对辉度 /%	12 V（阳极电压）发光效率 η/lm/W	12 V（阳极电压）相对辉度 /%
绿（G）	ZnO：Zn	0.235	0.405	100	16	100	14.1	100
带紫的蓝（pB）	ZnGa$_2$O$_4$	0.170	0.130	—	0.80	5.0	—	—
蓝（B）	ZnS：Cl	0.145	0.155	34	1.8	11.3	0.78	5.5
带黄的绿（yG）	ZnS：Cu,Al	0.285	0.615	49	3.42	21.4	2.22	15.7
黄绿（YG）	(Zn$_{0.55}$, Cd$_{0.45}$) S：Ag, Cl	0.370	0.575	—	—	—	4.43	31.4
带绿的黄（gY）	(Zn$_{0.50}$, Cd$_{0.50}$) S：Ag, Cl	0.445	0.520	65	4.85	30.3	2.38	16.9
带黄的橙（yO）	(Zn$_{0.40}$, Cd$_{0.60}$) S：Ag, Cl	0.530	0.460	68	4.21	26.3	1.89	13.4
橙（O）	(Zn$_{0.30}$, Cd$_{0.70}$) S：Ag, Cl	0.605	0.395	42.5	2.73	17.1	1.35	9.6
带红的橙（rO）	(Zn$_{0.22}$, Cd$_{0.78}$) S：Ag, Cl	0.645	0.355	24	1.23	7.7	0.85	6.0

由表中数据可知以下几点。

（1）发光辉度仍以 ZnO:Zn 为最高，但如果将其色度坐标放到色度图中，可发现它很靠近色度图的中心，即色纯性很不好。

（2）ZnO:Zn 的发光亮度已达 200 cd/m^2，其他荧光粉的亮度也在 1 000 cd/m^2 左右，已能满足实用化要求（因为室内使用要求为 600～1 000 cd/m^2，车载使用为 1 800～3 000 cd/m^2）。由于人眼对辉度感觉并不十分精确，所以显示辉度即使有 50%的误差，在使用中也并不会引起问题。

（3）各种彩色荧光粉的开发成功，使彩色荧光显示变得容易了。由于这类荧光粉的光谱曲线宽，所以可以用在 VFD 内表面，紧挨荧光粉层上涂覆彩色滤光器层来实现多色显示。目前已开发出可以承受VFD制作工艺温度、在真空中放气量少的滤光器材料。

（4）荧光体本身的颜色为白色，不需要显示部分在外光照射下具有良好的可见性。为了改善显示时和不需要显示时的对比度，必须采用合适的滤光片。对于车载用 VFD，为了确保太阳光照射下的显示效果，需要选用透过率为3%～5%的滤光片。

7.4 VFD 的驱动

7.4.1 静态驱动

VFD 的基本情况与 LCD、LED 类似，只是 VFD 中有三个电极：阴极用带中间抽头的变压器供电，该抽头接地；栅极连在一起加上正电压；阳极全部分别引出，见图 7-7。可按数据输入，通过译码驱动电路，有选择地给阳极加上正电压。其驱动电压为 10～15 V，适合于位数较少的荧光显示管用，经常用于车载时钟显示。

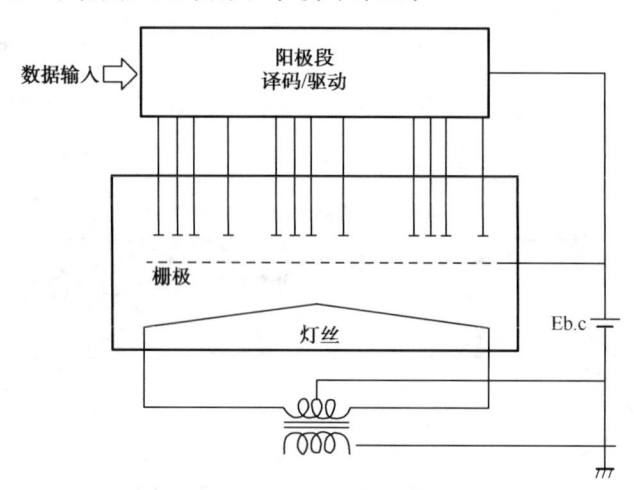

图 7-7 静态驱动的基本电路

7.4.2 动态驱动

动态驱动用于位数较多的荧光显示管。各个位的相同位置上的阳极段电极在管内连在一起，因此段电极的引线数与位数无关。各位中的栅极也连在一起，并分别按位引出。在栅极上按顺序施加选择信号，与其同步，在被选定栅极位上，对应显示的段加阳极信号。如图 7-8 所示是栅极和阳极段信号的动态驱动原理图。而图 7-9 则给出了 7 笔段显示四位数字 4、3、2、1 的实例。

动态驱动的发光为间断式的，利用人眼的残像现象达到连续动画效果。因此，允许的发光时间有一定界限，最长为 20 ms，但为了在有轻微振动的条件下，不产生抖动的视觉效果，希望将其限制在 10 ms 以下。

图 7-8　动态驱动原理图

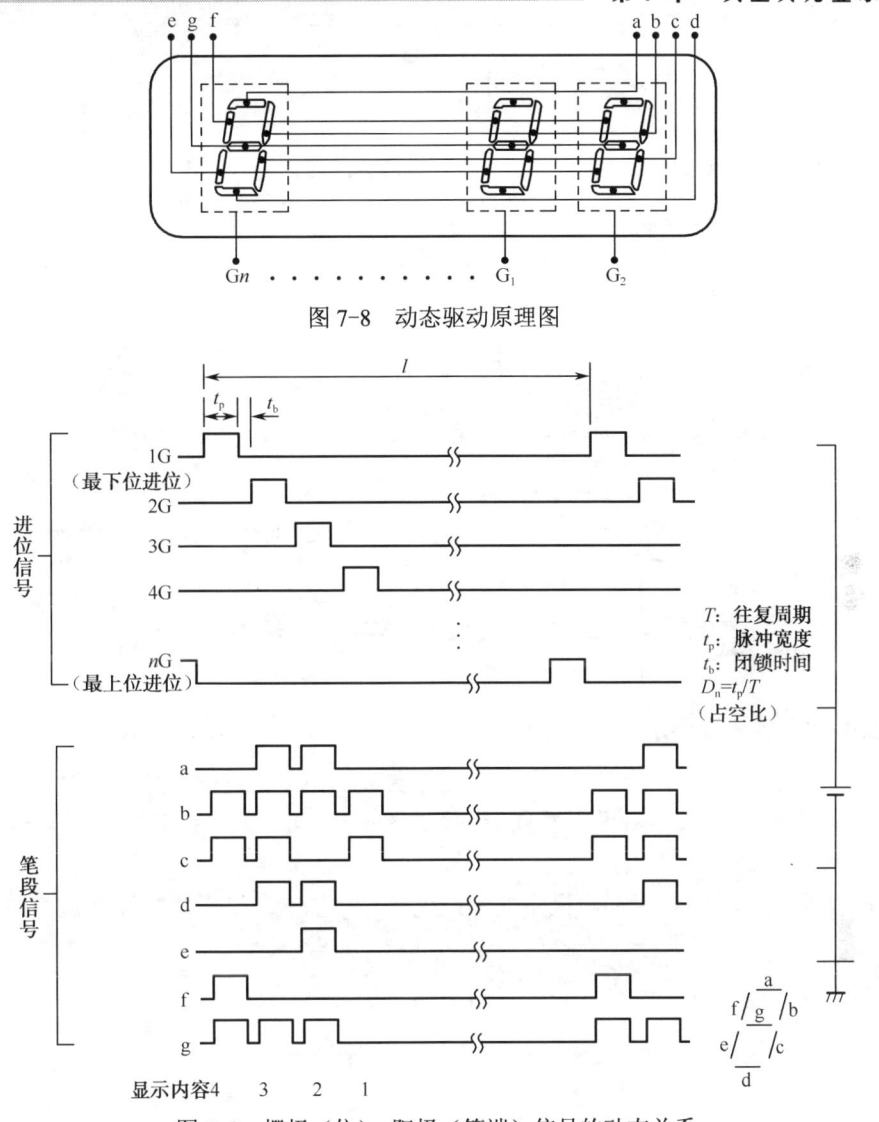

图 7-9　栅极（位）、阳极（笔端）信号的动态关系

7.4.3　矩阵驱动

VFD 用作图像显示时，需采用矩阵方式，分为单矩阵方式和多矩阵方式。

1. 双线栅极型单矩阵显示

双线栅极型结构如图 7-10 所示。在玻璃板上利用 ITO 膜或 Al 膜形成条状阳极，并涂覆荧光粉。线状栅极与条状阳极垂直，而阴极则与阳极平行。驱动脉冲加在相邻两栅极上，两者的相位差为半个行周期，则两条栅极线所夹部位对应的阳极上的荧光粉发光。其工作原理如图 7-11 所示。如果与栅极扫描同步，在阳极加上图像信号，就可以实现图像显示。这种方式的点节距可达 0.3～0.5 mm。像素数为 320×240、400×240，点节距为 0.3～0.375 mm 的高精度图像显示器已达实用化。

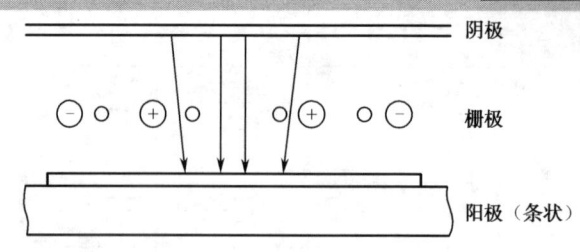

图 7-10 双线栅极型结构图

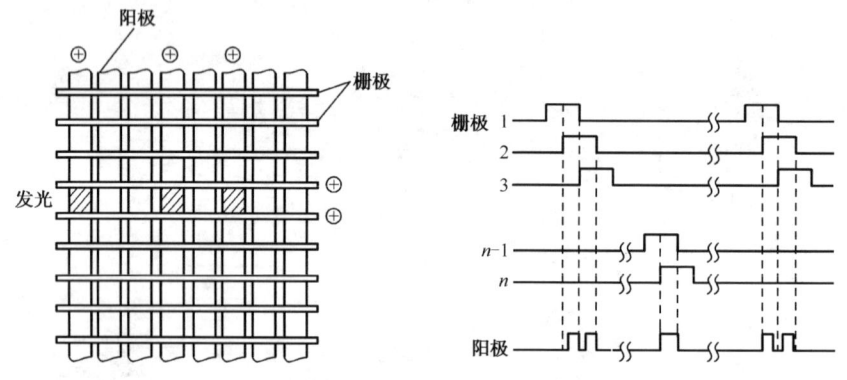

图 7-11 双线栅极型结构的工作原理及动态信号图

2．二层阳极多矩阵显示

二层阳极矩阵显示如图 7-12 所示。阳极与栅极互相平行，但不是上下对齐，而是阳极相对栅极错动半个节距，即阳极正好处于两个栅极的中间位置，而且阳极是隔位相连的。当某一阳极所对应的两条栅极都处于高电平，即为选通态时，则这两条栅极所夹的阳极需要发光时处于高电平，而其相邻阳极必处于低电平，可以避免交叉干扰发光的产生。

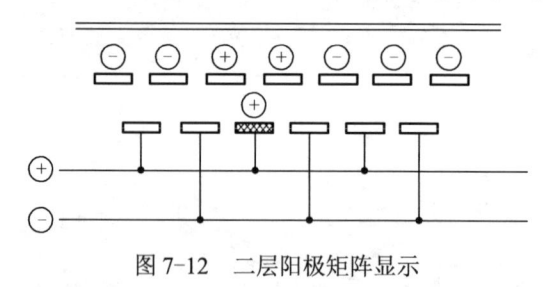

图 7-12 二层阳极矩阵显示

针对图像显示 VFD 的各种驱动方式，已开发出各种模块，将控制、驱动、电源都做在模块中，这样不但外引线减少了，而且可靠性也提高了，使用起来很方便。

3．有源矩阵

有源矩阵 VFD，也分为大面积的 TFT 寻址和硅单晶片上的 MOS 晶体管寻址，至今均未达到批量生产。

7.5 VFD 的制造工艺

图 7-13 表示 VFD 的制造工艺流程，前半工序分别为金属框架、玻璃基板、前面板玻

璃制作。在此之后为组装、封接、排气等工序,最后完成制品。VFD 制作不仅加工工序多,而且多数属于 VFD 所特有的,需要采用专用设备及生产线等。

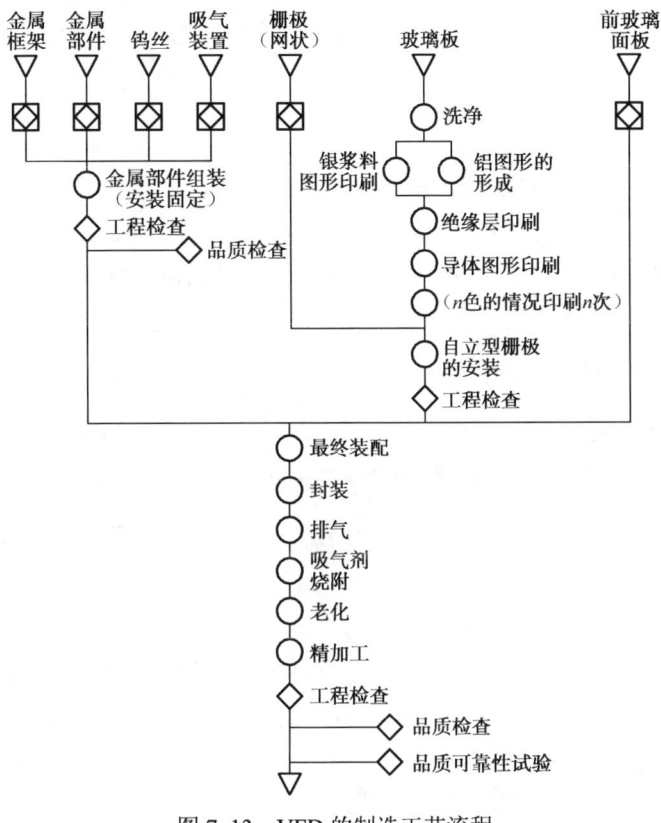

图 7-13　VFD 的制造工艺流程

7.6　VFD 的基本设计

1. 显示内容及色彩

设计 VFD 首先应考虑的因素是显示内容,即需要显示的是数字、符号、图形,还是画面,以及静态、动态、变化频率、显示屏的尺寸大小等,由此决定 VFD 的封接方式、灯丝的结构及固定方式、阳极布线及荧光粉的图形等。在此基础上,决定封装尺寸。同时,还要选定需要显示部位的色彩。

2. 封装因素及允许端子数

由于荧光管内部为真空状态,所以决定封装形式的重要因素是保证其能承受外部大气压。依据强度计算,在兼顾轻量化的同时,往往在显示图形的间隙中增设若干支柱。当然,为降低价格,缩短工期,应尽可能选用标准封装形式。

VFD 可引出的端子数取决于封装尺寸和端子节距。端子节距的标准有 2.54 mm、2.0 mm、1.5 mm、1.25 mm 等几种。容许端子数与驱动方式有关,当端子数不足时,需要采用多路传输连接法引出。

3．辉度、滤光片和使用环境

必要的辉度因使用环境的亮度不同而有很大变化，对于主动发光型元件来说，辉度的设定极为重要。由实验确定的 ZnO:Zn 荧光粉的辉度设计标准值可取为：室内用为 600～1 000 cd/m^2，车载用为 1 800～3 000 cd/m^2。这是在相当亮的环境照度下的必要辉度，而需要在宽范围的照度下使用时，一般要增设辉度调节电路。

对于其他荧光粉来说，其辉度如表 7-1 所示，是以 ZnO:Zn 为 100（2 000 cd/m^2）的完全相同的环境亮度下感知的辉度比（理想的相对辉度）来表示的。实际上，人的感觉并不十分精确，显示的辉度即使有 50%的误差，对于实用来说也不会引起什么问题。

荧光粉本身的颜色为白色，不需要显示时具有良好的可见性，为了改善需要显示时和不需要显示时的对比度，必须采用适合的滤光片。包括 ZnO:Zn 在内的各种荧光粉的发光光谱如图 7-5 所示，由于波长范围宽，为了提高色纯度，或通过滤光片进行色变换，或用多色进行色平衡及颜色修正等。对于车用 VFD，为确保太阳光照射下的显示效果，需要采用上述高辉度设计，并选用透射率为 3%～5%的滤光片。

4．驱动方式、动作条件、驱动器及结构设计

驱动器的允许电压、电流、输出端子数及 2、3 部分所述的内容，决定了驱动方式。既可采用静态驱动，又可采用动态驱动。对于小型 VFD 来说，一般是通过 CPU 中设置的端子进行直接驱动的。

当难以采用直接驱动时，可借助于作为界面的末级前置放大器进行驱动。无论哪种方式，采用动态驱动时，要根据末级前置放大器的输出、VFD 的容许端子数、正极基板的布线等，对栅极和阳极（段电极）进行设计，在结构设计的同时，对其特性进行计算和校核，直至完成设计。

5．可靠性

从本质上讲，VFD 为真空电子管，因此对其寿命、耐振动性能、抗冲击性能均有特殊要求，必须确保其使用可靠性。需要特别考虑的问题有：驱动频率与灯丝固有振动频率的关系，以防止发生共振；驱动频率与电源频率的关系，以防止发生闪动；关于寿命，要考虑灯丝温度、阴极发射电子的能力及工作时间等。

思考与练习题 7

1．VFD 的工作原理是什么？
2．VFD 的截止特性有几种？
3．VFD 中吸气剂的作用是什么？
4．真空荧光管中对容器玻璃的要求有哪些？
5．VFD 是如何利用截止特性进行数码和图像显示的？

反侵权盗版声明

电子工业出版社依法对本作品享有专有出版权。任何未经权利人书面许可，复制、销售或通过信息网络传播本作品的行为，歪曲、篡改、剽窃本作品的行为，均违反《中华人民共和国著作权法》，其行为人应承担相应的民事责任和行政责任，构成犯罪的，将被依法追究刑事责任。

为了维护市场秩序，保护权利人的合法权益，我社将依法查处和打击侵权盗版的单位和个人。欢迎社会各界人士积极举报侵权盗版行为，本社将奖励举报有功人员，并保证举报人的信息不被泄露。

举报电话：（010）88254396；（010）88258888
传　　真：（010）88254397
E-mail：　dbqq@phei.com.cn
通信地址：北京市海淀区万寿路173信箱
　　　　　电子工业出版社总编办公室
邮　　编：100036